黄河三角洲海洋战略性新兴产业发展研究

王秀海　魏学文　著

U0260154

知识产权出版社

全国百佳图书出版单位

图书在版编目（CIP）数据

黄河三角洲海洋战略性新兴产业发展研究/王秀海,魏学文著.—北京:知识产权出版社,2017.5
ISBN 978-7-5130-4949-8

Ⅰ.①黄… Ⅱ.①王… ②魏… Ⅲ.①黄河—三角洲—海洋战略—新兴产业—产业发展—研究
Ⅳ.①P74

中国版本图书馆CIP数据核字(2017)第109502号

内容提要

本书对黄河三角洲海洋战略性新兴产业发展效应进行科学、系统、全面的评价，并根据评价结果提出黄河三角洲海洋战略性新兴产业进一步发展的策略，对黄河三角洲海洋战略性新兴产业发展问题进行分析，同时借鉴国内外海洋战略性新兴产业发展的经验，提出黄河三角洲海洋战略性新兴产业发展对策和黄河三角洲海洋战略性新兴产业的可持续发展对策，具有借鉴意义。

责任编辑：李 娟　　　　　　　　　　责任出版：孙婷婷

黄河三角洲海洋战略性新兴产业发展研究
HUANGHE SANJIAOZHOU HAIYANG ZHANLUEXING XINXING CHANYE FAZHAN YANJIU
王秀海　魏学文　著

出版发行：知识产权出版社 有限责任公司	网　址：http://www.ipph.cn		
电　话：010-82004826	http://www.laichushu.com		
社　址：北京市海淀区气象路50号院	邮　编：100081		
责编电话：010-82000860转8689	责编邮箱：549299101@qq.com		
发行电话：010-82000860转8101	发行传真：010-82000893		
印　刷：北京九州迅驰传媒文化有限公司	经　销：各大网上书店、新华书店及相关专业书店		
开　本：720mm×1000mm　1/16	印　张：19.5		
版　次：2017年5月第1版	印　次：2017年5月第1次印刷		
字　数：308千字	定　价：48.00元		

ISBN 978-7-5130-4949-8

前　言

　　海洋是人类文明的摇篮，也代表着人类社会发展的未来。传统的海洋开发以"渔盐之利、舟楫之便"为中心，是对海洋空间与资源的自由粗放式利用。随着人类对海洋认识的深入，海洋科学技术的快速发展，人类开发利用海洋的能力和水平有了突破性提升，但随之而来的是海洋资源开发与海洋生态环境压力。海洋捕捞、海洋运输、滨海旅游及海水养殖的持续健康发展不断受到资源与环境的制约，海洋生物医药、海洋新能源、海水综合利用、深海矿产开发等新兴海洋产业的发展也对海洋资源和生态环境提出了新的挑战，如何协调海洋资源、环境、经济、技术、文化与社会之间的矛盾，依托技术进步和政策创新，推动海洋开发与海洋生态环境保护的协调发展是沿海各国海洋产业发展的重中之重。

　　《联合国海洋法公约》正式生效后，包括美国、欧盟、日本、加拿大、澳大利亚及俄罗斯在内的海洋大国都纷纷出台了各自国家层面的海洋产业发展政策，力求在维护海洋生态环境的基础上，推动海洋资源的开发利用，并带动沿海经济的发展，维护国家的海洋权益。如日本的《海洋开发规划》，韩国的《海洋21世纪》，澳大利亚的《海洋产业发展战略》，俄罗斯的《国家海洋政策》，加拿大的《海洋战略》《海洋行动计划》，美国的《海洋行动计划》，欧盟的《海洋政策》绿皮书及其具体的产业行动计划《海洋产业集聚对策》《近海风能行动计划》《海洋与海洋产业研究战略》《海洋空间规划路线图》以及英国的《海洋能源行动计划》等，分别从国家战略的高度提出了海洋资源开发与海洋产业发展的对策建议。

　　海洋资源与产业是各国海洋战略的核心。欧盟制定的海洋产业发展战略绿皮书《欧盟海洋政策》提出了推动沿海经济发展的综合方针，重构了欧盟海洋开发计划；美国的《海洋行动计划》则针对海洋产业发展提出了具体对策，包括实现海洋渔业可持续发展，启动国家近海养殖立法，推动近海养殖业发展，加强对外大陆架海洋能源的利用，并支持近海能源开发等措施；加拿大则从海洋经济可持续发展角度出发，提出要各相关部门采取措施，改善并支持对现有海洋产业的管理，推动包括近海油气、矿产开发和船舶制造等在内的海洋产业可持续发展，确保海洋运输的有效性和安全性。此外，推动新兴海洋产业、未来海洋产业及临海开发活动的发展，支持与创新性产业部门的合作伙伴计划也是加拿大海洋产业开发政策体系的重要组成部分。同时，加拿大海洋开发政策还注重沿海区域一体化发展规划，其《海洋行动计划》确定了五大沿海海洋资源开发重点区域，并分别制定了区域海洋开发计划；英国最新发布的《海洋能源行动计划》则对包括近海风电、波浪与潮汐能在内的海洋新能源开发提出了有针对性的环境规划、财政金融、基础设施与供应链优惠政策，以确保国家海洋新能源发展目标的实现。国际海洋开发经验表明：多数国家层面的海洋开发政策不仅包括海洋权益维护及海洋环境资源保护政策，更着重突出了海洋资源利用与海洋产业开发战略，这些措施有效地推动了各国沿海地区海洋产业的健康发展，国家层面的海洋开发政策成为区域海洋经济发展的重要支撑。

我国是传统的"陆地大国"，海洋开发与利用水平长期以来一直处于低级发展阶段。尽管我国拥有丰富的海洋资源、漫长的海岸线和广阔的海域空间，但对海洋的开发利用却局限于传统的海洋捕捞、海盐及盐化工及港口运输活动。直到20世纪80年代，我国的海水养殖、滨海旅游及船舶制造业等新兴海洋产业才有了突破性进展，传统的海洋捕捞、海洋运输产业规模和发展水平也有了显著提升，但随之而来的是近海海洋资源的衰退和生态环境的恶化，给海洋经济的持续健康发展带来很大的冲击，在很大程度上制约了海洋经济的持续深入发展。进入21世纪，针对海洋资源开发和海洋环境保护，国家出台了一系列的法律法规和政策措施来推动海洋资源的科学利用和海洋生态环境的健康发展，包括《海域使用管理法》《海岛保护法》等海洋法律，国家《"十一五"海洋科学和技术发展规划纲要》《全国科技兴海规划纲要》《国家"十二五"海洋科技发展规划纲要》等海洋科技政策以及《全国海洋经济发展规划纲要》《国家海洋事业发展规划纲要》等推动国家海洋经济发展的具有战略意义的宏观指导性文件，极大地促进和保障了东南沿海海洋经济的发展，使海洋经济成为很多沿海地区重要的经济增长点。

从世界经济发展的历史来看，大江大河入海口三角洲是孕育人类文明的摇篮，是区域经济社会发展的龙头。泰晤士河三角洲伦敦、莱茵河三角洲鹿特丹、密西西比河三角洲新奥尔良、尼罗河三角洲开罗等城市，都是伴随着三角洲地区大规模开发而迅速兴起，有力地促进了流域经济社会发展。在当今世界，仅占全球面积3.5%的大江大河三角洲地区，集中了世界上2/3的大城市，养育着世界80%的人口。我国珠江三角洲、长江三角洲地区的深圳特区、浦东开发区快速崛起及天津滨海新区的开发启动都表明，随着大江大河三角洲开发深度和广度的加大，必然形成较大的中心城市和经济增长极，通过集聚要素、膨胀规模、增强辐射，最终形成具有强大影响力、竞争力的新经济区。

黄河三角洲与长江三角洲、珠江三角洲并称为我国三大河口三角洲，这里资源丰富、区位优越，正处在全面开发建设的起步阶段。20多年来，黄河三角洲的开发得到国内外高度关注。早在20世纪90年代中期，联合国开发计划署（UNDP）在这里实施了"支持黄河三角洲可持续发展"项目，作为联合国支持中国21世纪议程的第一个优先项目；新世纪初，国家把"发展黄河三角洲高效生态经济"列入"十五"计划纲要、"十一五"规划纲要；2009年1月，山东省省政府在北京组织召开《黄河三角洲高效生态经济区发展规划》专家论证会，为将规划上升到国家战略层面做准备。2009年11月23日，《国务院关于黄河三角洲高效生态经济区发展规划的批复》（国函〔2009〕138号），批复《黄河三角洲高效生态经济区发展规划》。国家层面上的黄河三角洲高效生态经济区的定位是：立足山东半岛城市群，依托环渤海，面向东北亚，大力发展循环经济，建设全国重要的高效生态经济示范区、特色产业基地和后备土地资源开发区，成为环渤海地区重要的增长区域。

近年来，天津滨海新区、辽宁沿海经济带、江苏沿海经济区、广西北部湾经济区、福建海峡西岸经济区、海南国际旅游岛等一系列临海经济区规划相继纳入国家战略。此后，山东省、浙江省、广东省、福建省海洋经济发展试点规划及舟山国家海洋经济新区规划也相继获批进入实施阶段，海洋大开发成为沿海各省市区域经济发展的中心任务，也成为国家区域经济发展的重中之重。山东省是我国海洋资源大省，海洋产业门类较为齐全。海洋渔业、海洋盐业、海洋工程建筑业、海洋电力、海洋化工、海洋生物医药、滨海旅游业及海洋装备制造业等居于国内前列。山东海洋经济发展的龙头，省内海洋科技人员占全国一半以上，拥有数十家国家级科技兴海示范基地、涉海科研、教学单位及省部级海洋重点实验室，是国内名副其实的海洋科技第一强省。海洋强国战略为山东省突破传统障碍，统筹海陆发展，实现海洋强省建设提供了重要的机遇。

21世纪，沿海国家和地区纷纷将竞争的视野转向海洋，加快调整海洋战略，制定海洋开发政策，促进海洋经济的可持续发展。在新一轮海洋竞争中，中国在海洋产业、海洋经济、海洋科技、海洋生态环境保护方面取得了长足进步，海洋资源开发能力显著上升。但是，与世界发达国家相比还有很大的差距。因此，党的十八大报告提出了"提高海洋资源开发能力，发展海洋经济，保护海洋生态环境，坚决维护国家海洋权益，建设海洋强国"的战略目标，体现了党中央对海洋事业的高度重视和充分肯定。而要实现海洋强国的建设目标，海洋经济发展规律和国外经验证明，必须走产业结构优化和质量提升的道路，培育和壮大海洋战略性新兴产业在其中具有关键性的地位。同时，《中国海洋发展报告（2011）》也明确提出了"'十二五'期间，中国海洋战略性新兴产业整体年均增速将不低于20%，产业增加值实现翻两番"的发展目标。在此背景下，中国选择和培育海洋战略性新兴产业不仅承载着建设海洋强国的历史重任，而且也有着明确的战略目标和发展规划。因此，作为黄河三角洲高效生态经济区国家发展战略的海洋战略性新兴产业的问题，亟须理论界给出理论指导和决策支持。

在此背景下，由王秀海、魏学文同志撰写的《黄河三角洲海洋战略性新兴产业发展研究》一书，对黄河三角洲海洋战略性新兴产业问题进行了专项性研究。本书是2015年山东省海洋与渔业厅项目"黄河三角洲（滨州）海洋经济创新发展服务体系建设"的研究成果。同时，也是2013年滨州学院重大科研基金项目：山东省海洋战略性新兴产业发展战略研究（2013ZDW02）；2013年度山东省高校科研发展计划项目：低碳经济下山东省海洋战略性新兴产业发展研究（J13WF10）；2016年度山东省社科联人文社科年度课题：山东省海洋产业供给侧结构性改革的实现路径研究（16-ZZ-JJ-10）项目阶段成果，得到了多方的支持和帮助。全书分为十章，研究思路是按照发现问题、分析问题、解决问题展开的。

首先，阐述了海洋战略性新兴产业和其他相关理论。对于该问题，书中主要采取文献梳理和实践考察相结合的视角，分析海洋产业战略性新兴产业的概念体系，对比分析海洋产业、海洋新兴产业、战略性新兴产业等相关理论界定和现实选择，最终将海洋战略性新兴产业界定为体现国家的海洋战略意图，关系到国民社会发展和海洋产业结构的优化升级，在海洋经济发展中处于产业链条高端，具有战略前瞻性、科技支撑性、产业关联性、市场潜力性、新兴产业性、海洋归属性等一系列属性的产业技术附加值高、经济效益显著、资源消耗低的知识密集、技术密集、资金密集的产业。同时整理了与战略性新兴产业发展相关的其他理论，有产业发展状况评价理论及模型、主导产业选择理论与方法、产业布局评价及优化相关理论和产业可持续发展理论，这些理论和方法都为研究海洋战略性新兴产业发展提供了理论支撑。所以该问题的解决不仅有利于解决当前理论界对海洋战略性新兴产业界定混乱的现状，更是奠定了海洋战略性新兴产业发展状况评价及发展对策研究的理论基础。

其次，对黄河三角洲海洋战略性新兴产业发展状况进行了评价，找出了发展中存在的问题。对于该问题，书中主要通过多角度选择论证的思路，为评价黄河三角洲海洋战略性新兴产业提供了多套科学的选择理论和方法。先是对黄河三角洲海洋战略性新兴产业发展现状进行了研究，通过文献搜集和实地调研掌握了第一手资料，包括黄河三角洲范围内的海洋高效渔业、海洋新能源产业、海洋高端装备制造产业、海水综合利用产业、海洋生物医药产业、深海资源开发产业等；然后构建海洋战略性新兴产业发展评价模型及指标体系，设立了评价指标体系选取原则、数据选取及标准化；根据现状数据对黄河三角洲海洋战略性新兴产业发展进行定量评价；最后根据评价结果找出黄河三角洲海洋战略性新兴产业发展存在的现实问题。该问题的解决为黄河三角洲高效生态经济区和我国及各地区海洋战略性新兴产业的评价及存在问题分析提供了一定的选择理论和决策参考。

　　最后，提出了黄河三角洲海洋战略性新兴产业发展的对策建议。对于该问题，书中采取理论与实证相结合的研究思路。第一，在把握海洋战略新兴产业发展的基本理论及国内外典型国家和地区发展经验基础上，依据前部分海洋战略性新兴产业的理论基础，提出黄河三角洲海洋战略性新兴产业发展对策，主要从黄河三角洲海洋战略性新兴主导产业定位、海洋战略性新兴产业布局优化、海洋战略性新兴产业发展模式、海洋战略性新兴产业发展路径、海洋战略性新兴产业发展的区域、国际合作和黄河三角洲海洋战略性新兴产业发展的支持体系构建这几大方面提出发展对策建议；第二，研究了黄河三角洲海洋战略性新兴产业的可持续发展，根据海洋战略性新兴产业的可持续发展理论基础，对黄河三角洲海洋战略性新兴产业的可持续发展状况进行评价，找出黄河三角洲海洋战略性新兴产业的可持续发展存在的问题，提出黄河三角洲海洋战略性新兴产业的可持续发展对策建议和可持续发展保障措施。该问题的解决，不仅为黄河三角洲和我国海洋战略性新兴产业发展提供了一套理论体系，也为黄河三角洲及我国其他海洋战略新兴产业发展提供实践应用指导和参考。

目　录

第一章　绪　论

第一节　研究背景及意义

一、研究背景

当今人类社会发展面临着人口增长、粮食短缺、环境恶化、能源资源短缺等问题的严峻挑战，鉴于陆地资源的开发利用日趋极限及陆地生存环境的日益恶化，人类的生存和发展受到了严重威胁，寻找新的生存发展空间已成为各国政府和科学家面临的重大课题。为了摆脱危机，人类又将目光转回到了孕育生命的起点——海洋，探索蓝色波涛之下的丰富资源。从陆地资源的利用转向海洋资源的开发和管理，向海洋要财富，变海洋资源为经济产品，已成为越来越多人的共识，海洋因此将成为人类赖以生存与发展的"第二疆土"，对于国家发展和人类生存具有重大的战略意义，是21世纪人类社会可持续发展的物质基础。20世纪90年代以来，世界海洋经济的发展突飞猛进。在2000—2005年期间，世界海洋经济产值从15000亿美元增长至19000亿美元，年均增长率达到11%，远超世界GDP增速，在世界国民生产总值中的比重也从16%提高到20%，其经济战略地位日益凸显。2015年，全球沿海国家海洋经济产值达到56000亿美元，占GDP的11%。美国、加拿大、澳大利亚、日本、俄罗斯、德国、法国、韩国、印度等沿海国家都纷纷制定专属海洋战略，建立专门研究机构，设定海洋专项研发基金，加快对海洋技术的研发，力争在未来竞争中立于不败之地。

我国拥有约360万平方千米的海洋国土，海岸线长达18000千米，有海岛

6500多个，为我国海洋经济的可持续发展提供了广阔的空间和巨量的能源。在1991年1月召开的全国首次海洋工作会议上，确定20世纪90年代我国海洋工作的基本指导思想是：以发展海洋经济为中心，围绕"权益、资源、减灾"几个方面展开。党的十四大以来，我国领导人从战略的高度强调重视发展海洋事业，推动国民经济和社会发展，曾先后作出了"振兴海业，繁荣经济""管好用好海洋，振兴沿海经济"等重要指示。1998年我国政府发表了《中国海洋事业的发展》白皮书，较全面系统地阐述了中国海洋事业的发展中遵循的基本政策和原则，对我国海洋事业的发展发挥了指导作用。2004年3月10日，胡锦涛同志在中央人口资源环境工作座谈会上强调："开发海洋是推动我国海洋经济发展的一项战略性任务，要加强海洋调查和规划，全面推进海域使用管理，加强海洋环境保护，促进海洋开发和经济发展。"在2006年召开的全国科学技术大会上，胡锦涛同志又特别强调"要加快发展空天和海洋科技，和平利用太空和海洋资源"。温家宝同志同时指出："空天和海洋技术是综合国力的重要表现，我国海洋科技与国际差距较大，我们要以发展海洋生物资源可持续利用技术、海底资源勘探和深海技术等为重点，促进海洋经济的发展，维护国家利益。"为体现将海洋经济作为长远战略性目标去努力的重视度，国家还从政策法律层面上予以规定。1996年3月通过的《国民经济和社会发展"九五"计划和2010年远景目标纲要》第一次在国家长远战略性文件中把海洋提到重要地位，明确提出要"加强海洋资源调查，开发海洋产业，保护海洋环境"。《中华人民共和国国民经济和社会发展第十一个五年规划纲要》提出，要"强化海洋意识，维护海洋权益，保护海洋生态，开发海洋资源，实施海洋综合管理，促进海洋经济发展"。国务院发布实施的《国家中长期科学和技术发展规划纲要（2006—2020年）》，则把科学技术列为五大战略重点之一，并从优先主题、前沿技术、基础研究等方面进行了全面部署。其中，海水淡化、海洋生态与环境保护、海洋资源高效开发利用、大型海洋工程技术与装备等应用技术成为重点发展领域的优先主题，海洋技术被列为前沿技术，海洋科学成为基础研究中的重要内容。2012年，党的十八大报告提出，要"提高海洋资源开发能力，发展海洋经济，保护海洋生态环境，坚决维护国家海洋权益，建设海洋强国"。2013年7月30日，习近平同志在主持中共中央政治局第八次集体学习时强调"建设海洋强国是中国特色社会主义事业的重要组成部分"，并从海洋经济、海洋环境、海洋科技和海洋权益四个方面系统阐释了在新时期如何建设海洋强国这一重大战略问题，对下一阶段海洋强国战略实施提出了明确要求，标志着海洋强国战略完成了从认识理念到现实实践的重大转变。

2017年3月，国家海洋局发布了《2016年中国海洋经济统计公报》（以下简称《公报》）。《公报》显示，2016年全国海洋生产总值70507亿元，比上年增长6.8%，海洋生产总值占国内生产总值的9.5%。其中，海洋产业增加值43283亿元，海洋相关产业增加值27224亿元。海洋第一产业增加值3566亿元，第二产业增加值28488亿元，第三产业增加值38453亿元，海洋第一、二、三产业增加值占海洋生产总值的比重分别为5.1%、40.4%和54.5%。据测算，2016年，我国海洋产业继续保持稳步增长。其中，海洋生物医药业较快增长；滨海旅游发展规模持续扩大，新业态旅游成长步伐加快；海水利用业、海洋工程建筑业稳步发展，海水利用项目有序推进，多项重大海洋工程顺利完工；海洋电力业发展势头良好，海上风电场建设稳步推进；海洋渔业，海洋盐业稳步增长；海洋矿业、海洋化工业稳步发展；海洋交通运输业总体稳定，沿海港口生产总体平稳增长，航运市场逐渐复苏；海洋油气产量和增加值同比小幅下降；海洋船舶工业产品结构持续优化，但形势依然严峻。公报显示，在区域海洋经济发展情况方面，2016年环渤海地区海洋生产总值24323亿元，占全国海洋生产总值的比重为34.5%，比上年回落了0.8个百分点；长江三角洲地区海洋生产总值19912亿元，占全国海洋生产总值的比重为28.2%，比上年回落了0.2个百分点；珠江三角洲地区海洋生产总值15895亿元，占全国海洋生产总值的比重22.5%，比上年提高了0.3个百分点。

在海洋经济已经成为世界经济发展潮流的大背景下，沿海各省纷纷出台海洋发展政策，如"海上山东""海上辽宁""山海经"等口号的提出，沿海城市大连、青岛、秦皇岛、连云港、上海、厦门、广州、深圳、湛江等都抓住国家大力发展海洋经济的机遇，加大对海洋经济的投入和研究，力图取得海洋战略产业的制高点从而提升自身竞争力。山东是海洋大省，也是经济和人口大省，在我国经济版图中占据重要地位。在新一轮国家海洋开发战略中，黄河三角洲高效生态经济区、山东半岛蓝色经济区与浙江海洋经济发展示范区、广东海洋经济综合试验区一道，不仅肩负着发展海洋经济、转变发展方式、优化经济结构的重要使命，在建设海洋生态文明、提高综合管理效能、深化体制机制改革等方面也对全国发挥了重要示范带动作用。2009年11月，国务院正式批复《黄河三角洲高效生态经济区发展规划》，这是我国第一个以高效生态为特征的国家区域发展战略，也是山东省第一个进入国家层面的发展规划，为山东转变发展方式、建设生态文明提供了重大战略机遇。省委、省政府坚持以科学发展为主线，牢固树立生态优先理念，不断加大环境保护和生态建设力度，大力发展高效生态经济，在建立生态文明发展模式方面进行了有益的探索，为我国高效生态经济科学发展探索新经验和新途径。经过努力，黄河三角洲高效生态经济区综合实力显著增强，现代产业体系初步建成，特色园区布局初具规模，科技自主创新能力实现新突破，生态文明建设取得新成效，呈现出投入力度大、增长速度快、质量效益好、发展后劲足的良好态势，对全省科学发展发挥着重要的引擎、示范和带动作用，在全国区域经济科学发展上走到了前列，发挥了重要的示范引领作用，得到了国家有关部委的充分肯定。2011年国家发改委发布的《山东半岛蓝色经济区发展规划》中提出，要建成"具有国际先进水平的海洋经济改革发展示范区和我国东部沿海地区重要的经济增长极，为实施海洋强国战略和促进全国区域协调发展做出更大贡献"。山东海洋强省建设既是对海洋强国战略的积极响应，也是我国海洋强国战略的重要组成部分。

截至2014年末，《黄河三角洲高效生态经济区发展规划》（以下简称《规划》）确定的14项主要发展指标中，核心保护区面积、城市污水集中处理率、总供水能力、农业灌溉水有效利用系数、城镇居民人均可支配收入、农民人均纯收入6项指标，已经完成并超过《规划》2015年目标。单位GDP能耗降低、万元工业增加值用水量降低、林木覆盖率、城镇化水平4项指标，预计可完成目标任务。地区生产总值、人均地区生产总值2项指标，随着我国经济发展进入新常态，经济增速由高速转向中高速，任务目标需作适当调整。《规划》提出的各项重点工程项目全面铺开，总体进展顺利。四大临港产业区建设加快推进，16家循环经济示范园区发展势头良好，20家物流园区规模不断扩大，基础设施建设成效显著。土地资源开发、科技创新平台建设、金融创新、开发区升级、综合保税区设立、产业发展等方面的17项重大政策事项，已基本完成或取得重大突破。随着"十三五"的到来，黄河三角洲发展规划的实施仍然要紧紧围绕建设"高效生态"的目标，以科学发展观统领海洋经济发展全局，以体制创新和科技进步为动力，坚定不移地实施"陆海"联动战略，加强海洋资源的综合开发利用，加大海洋资源和环境保护力度，进一步优化海洋产业结构和布局。但当前国内外海洋经济发展处于新时期，面临的国际国内新背景对黄河三角洲高效生态经济区加快发展海洋经济提出了新思路和新要求，同时也带来了新挑战和新机遇。

发展海洋经济是沿海国家和城市发展的必然选择。随着陆地可开发资源的日趋减少，开发海洋资源成为国家或地区间经济竞争的"法宝"，海洋成为国家政治、经济、军事竞争的必争之地，发展海洋经济已是大势所趋。综观当今世界，发达国家和地区大多是依靠海洋走上发达之路，海洋特别是港口都为其成功发展和繁荣昌盛作出了巨大贡献。18世纪中期起，英国借助海洋产业经过百年发展成为世界强国。20世纪初，美国在工业化过程中形成了沿海工业化城市带，一条是沿东海岸的波士顿—纽约—巴尔的摩—华盛顿，另一条是沿西海岸的西雅图—旧金山—洛杉矶—圣地亚哥，发展以海外贸易为主体的海洋经济，成功地带动了区域发展，成为世界经济霸主。20世纪50年代，日本以海外贸易和海运事业为纽带，发展临港工业，促进经济腾飞，形成了东京、神户和名古屋等深水港群与大城市群。20世纪六七十年代，号称"亚洲四小龙"的韩国、中国台湾、中国香港和新加坡的兴起，也无一不是借助海洋经济发展起来的。

经济全球化和新技术革命对海洋经济发展产生了极为深刻的影响。经济全球化使经济资源跨越国界在全球范围内自由流动和配置，使各国经济更加开放和相互融合。新技术革命也从根本上改变了世界经济增长方式，特别是信息产业的迅速崛起，对世界经济发展产生了多重带动效应，带来全球生产、贸易、投资方式和各种经济资源配置方式的显著变化，"地球村"正日益成为现实。

经济全球化的进一步加快，以信息经济、网络经济和高新技术产业为核心内容的新经济已全面渗透和融合到海洋经济中，同时也为其提供了全新的发展环境。例如，远洋捕捞合作，海洋资源共同开发利用，生物医药、海水养殖的国际投资和贸易等，都被赋予了新的时代内容。这就要求发展海洋经济必须全方位、高层次加速融入国际化，在更大范围、更深层次上参与国际合作与竞争，不断拓展发展空间。

发展海洋经济成为我国沿海地区推进现代化的共同战略。随着我国现代化建设进程的加快及海洋意识的不断深化，沿海地区不约而同地把目光瞄准海洋资源，把发展海洋经济作为重大发展战略。近年来，沿海一些省份和城市发挥各自优势，耕海牧渔，依海发展，大唱"海洋经"，相继提出了各有特色的海洋经济发展战略，如山东的"海上山东"战略、广东的"海洋经济强省"战略、辽宁的"海上辽宁"战略、河北的"环渤海"战略、江苏的"海上苏东"战略、福建的"海上田园"战略、海南的"海洋大省"战略、广西的"蓝色计划"战略等，各地海洋经济呈现出竞相发展的新局面，区域间和城市间在不同层面上的竞争已经明显形成。

大力发展海洋经济是我国在后危机时期加快经济结构调整步伐、抢占未来竞争制高点的战略举措。作为黄河三角洲高效生态经济区国家战略实施的关键阶段，区域发展要把发展海洋新兴产业作为构筑海洋现代产业的突破口，不断优化海洋新兴产业的发展环境。以传统资源密集投入、低附加值、自发布局为特征的海洋产业发展已经进入了转型升级的拐点区间，培育和发展以技术创新和新型海洋资源开发为核心的战略性新兴产业将成为黄河三角洲高效生态经济区海洋经济发展的重点。

海洋战略性新兴产业是海洋领域内的战略性新兴产业，它是伴随着战略性新兴产业的提出而提出的。战略性新兴产业的提出，正如其他一切新生事物的出现一样，涉及经济、科技、文化、政治等诸多因素，更有其深刻的时代背景。2008年9月，全球金融危机全面爆发。金融危机使各国经济发展面临着经济增长、资源环境约束和科技等多方面压力，整个世界进入了"后危机时代"。历史经验表明，全球性经济危机往往催生重大科技创新和科技革命，科学技术在"后危机时代"世界经济发展中的作用更加凸显。在世界经济结构调整、经济复苏的要求和新一轮经济繁荣的推动下，世界各国特别是发达国家已经展开了抢占科技制高点的竞赛，把科技创新投资作为最重要的战略投资，以抢占未来世界经济发展的强有力地位。

世界正处在新科技革命的重要机遇期，以高新技术为主要特征的战略性新兴产业适逢大好的发展机遇。于是，战略性新兴产业逐渐变为"后危机时代"各国走向经济复兴的产业发展选择，一些发达国家及地区，如美国、日本、欧盟等，都将注意力转向新兴产业，并给予前所未有的强有力政策支持，寄希望通过战略性新兴产业振兴危机后的本国经济。

为顺应"后危机时代"的发展潮流，积极应对国际金融危机对中国经济的影响，我国领导人和专家学者逐渐认识到中国应对金融危机的根本出路在于培育出新的经济增长点，激发经济增长的内生动力，以抢占科技制高点，归根结底要提高科学技术水平。2010年，海洋战略性新兴产业的培育与发展问题更是被提上了议事日程。中共中央先后发布《国务院关于加快培育和发展战略性新兴产业的决定》《中共中央关于制定国民经济和社会发展第十二个五年规划的建议》，使得发展战略性新兴产业成为深入贯彻落实科学发展观、加快转变发展方式、增强综合国力和竞争力、实现我国经济社会可持续发展的战略决策。

21世纪是海洋的世纪。随着社会经济的进一步发展，资源储量丰富的海洋日益成为人类生存与发展的新空间，海洋经济对国民经济的贡献率正日益提升。中国的海洋经济在21世纪保持了强劲的发展势头，2001—2009年海洋生产总值以年均16.3%的速度增长，高出同期国内生产总值1.4个百分点。2009年全国海洋生产总值更是达到31964亿元，占国内生产总值的9.53%，占沿海地区生产总值的比重达15.5%，海洋经济成为中国经济新的增长点和亮点。在2009年9月温家宝同志连续主持召开的三次战略性新兴产业发展座谈会上，阐述了五个重点领域的产业规划，其中就包括空间与海洋探索。2009年11月3日，温家宝同志在首都科技界大会上的讲话中更是明确指出战略性新兴产业包括空间海洋开发。在国务院对加快培育战略性新兴产业进行总体部署的同时，海洋战略性新兴产业应运而生。2010 年年初，孙志辉同志做出了《展望2010，撑起海洋战略新产业》的讲话，讲话中对海洋战略性新兴产业的定义、特征和意义进行了阐述，并着重强调了海洋科技和高新技术发展对海洋战略性新兴产业发展的极端重要性。继而，国家海洋局海洋科学技术司成立了由局内外知名专家组成的规划战略研究和规划文本编写组，启动了海洋战略性新兴产业规划研究工作。自此，拉开了海洋战略性新兴产业研究与发展的序幕。

二、研究意义

面对国际经济格局的新变化与科技革命形势的新发展，各国都在积极寻求应对国际金融危机和未来可持续发展的有效出路。培育战略性新兴产业，正是我国着眼于争夺经济科技制高点、实现经济赶超和民族复兴而做出的重要战略抉择。作为海洋科技和海洋新兴产业深度融合的海洋战略性新兴产业，既代表着海洋科技创新的方向，也代表着海洋产业发展的方向，能够从根本上推动海洋经济结构的优化和海洋经济发展方式的转变，尽快形成与我国现阶段经济发展要求相适应的海洋科学技术实力与自主创新能力。因此，要结合我国实际情况，积极探索发展海洋战略性新兴产业的方式方法成为当前理论界和学术界的研究要务。随着国家经济政策体系的不断完善，产业政策作为政府为了实现某种经济和社会目标而采用的宏观调控手段，对产业发展的调控和推动作用日趋明显。产业发展政策作为产业政策的重要组成部分，是为实现一定的产业目标而制定的促进产业发展的一系列具体政策，与产业结构政策、产业组织政策共同构成产业政策体系。

本书所研究的黄河三角洲海洋战略性新兴产业发展是在分析黄河三角洲海洋战略性新兴产业发展现状的基础上，总结国内外海洋战略性新兴产业发展对策经验，瞄准国际海洋战略性新兴产业的发展趋势，结合黄河三角洲高效生态经济区经济社会发展阶段性特点和宏观调控要求，研究构建以科学发展观为指导、以增强自主创新能力为主线的新时期海洋战略性新兴产业发展战略框架，为积极推动黄河三角洲高效生态经济区海洋战略性新兴产业发展提供对策建议，同时为我国其他区域制定和实施海洋战略性新兴产业发展战略提供理论和方法上的参考和实践应用指导。

为了更好地实现黄河三角洲高效生态经济区海洋战略性新兴产业的可持续发展，本书从经济学和管理学视角出发，结合黄河三角洲海洋战略性新兴产业发展的现状，运用产业优化理论、产业布局评价理论、可持续发展理论、制度变迁理论等相关理论与方法，对黄河三角洲海洋战略性新兴产业的发展进行系统的研究，具有重要的理论意义和现实意义。

本书的理论意义主要表现在以下两个方面：

第一，本书以海洋战略性新兴产业产业发展的相关理论为基础，以科学发展观为指导，以增强自主创新能力为主线，应用产业优化理论、产业布局评价理论、可持续发展理论、制度变迁理论等，对海洋战略性新兴产业发展进行系统的研究，涉及各相关研究领域的理论内容，对海洋战略性新兴产业发展的理论基础及有效性的认识有所突破。

第二，在对相关理论的研究基础上，从提法、内涵和特征及选择依据的角度界定海洋战略性新兴产业，有利于深化对于海洋战略性新兴产业的理论认识，为海洋战略性新兴产业的研究找到了理论基石和行动方略。

本书的现实意义主要表现在以下两个方面：

第一，有利于推动海洋经济发展方式的转变，促进区域经济可持续发展。我国在"九五"计划中就提出了转变经济增长方式，并于"十五"计划和"十一五"规划及"十二五"规划中进一步强调了转变经济增长方式，海洋战略性新兴产业是应国家调整海洋产业结构、转变海洋经济发展方式的要求而生的。在陆地资源匮乏和环境污染严重的背景下兴起的海洋战略性新兴产业因其具有资源消耗低、综合效益好、节能环保的优势，必将积极推进海洋产业结构调整，一改我国高消耗、高污染和低效益的粗放扩张型的海洋经济增长方式。因此，本书通过研究海洋战略性新兴产业发展策略，能够促进我国和区域海洋产业结构的调整、减少环境污染和生态破坏，进而推动海洋经济的长期可持续发展。

第二，提出了黄河三角洲海洋战略性新兴产业发展的对策建议，有利于区域海洋经济的可持续发展。海洋战略性新兴产业是在金融危机的大背景下，在外部需求急剧减少、国内低端产能过剩的情况下提出来的，是扩内需稳外需、培育新的海洋经济增长点的重大举措。由于战略性新兴产业有强大的劳动力吸纳能力，能创造大量就业机会，因而凭借广阔的市场前景及强劲的产业带动力，可以将过剩的社会经济资源从传统产业转移到新兴产业上来，同时带动许多新的海洋产业发展，拓展海洋经济增长空间。本书从产业定位、产业布局、发展创新机制、区域合作、保障体系、可持续发展等方面提出黄河三角洲海洋战略性新兴产业发展对策，试图勾画出产业发展的一个清晰思路，确定产业发展的重点和方向，从思路上解决黄河三角洲高效生态经济区海洋战略性新兴产业发展中存在的问题，为制定产业发展战略提供参考依据。

第二节　国内外研究综述

海洋战略性新兴产业是我国刚刚提出的一个新称谓，在本书的界定下，其包括的海洋高效渔业、海洋生物医药业、海水淡化与综合利用业、海洋可再生能源业、海洋装备业及深海产业一直夹杂在海洋新兴产业或是海洋高技术产业中予以研究，因此应从这两方面梳理相关的研究脉络。

一、国外相关研究综述

国外对于海洋高技术产业发展政策的研究主要通过国家一系列海洋科技发展战略及规划来体现。自20世纪80年代以来，美国、日本等海洋发达国家对于海洋高新技术的研发倾注大量心血，旨在借由海洋高新技术产业的发展不断开拓海洋开发的新领域，因而纷纷制定相应的海洋科技发展战略及规划优先发展海洋高新技术，突出海洋高新技术产业的战略地位，试图将海洋高新技术产业培育成新的经济增长点。

20世纪80年代，美国就提出了《全球海洋科学计划》，把发展海洋科技提到全球战略的位置，目的在于保持并增强美国在海洋科技领域的全球优势。20世纪90年代，美国的海洋国策就指出美国21世纪海洋政策目标就是充分发挥海洋在提高美国全球经济竞争力方面的作用，以高技术满足海洋产业不断增长的需要，尤其在《1995—2005年海洋战略发展规划》中指出，重点发展海洋监测技术，提高天气、气候、海洋等方面的预报和评价工作；美国国家海洋和大气管理局作为美国主要制定和执行海洋战略的政府机构，认为美国今后海洋技术发展的重点行业在海洋观测、海洋资源开发（如深潜、海洋生物技术）和海洋空间利用方面。2004 年的《21 世纪海洋蓝图》出台后，时任美国总统布什于 12 月 17 日发布行政命令，公布了《美国海洋行动计划》，对落实《21 世纪海洋蓝图》提出了具体的措施。为了实现在 21 世纪"确保美国在海洋和沿海活动领域世界领导者的地位"的战略目标，美国确定了近期的主要目标之一就是继续在海洋工程技术、海洋生物技术、海水淡化技术、海洋能发电技术等高新技术领域居世界领先地位。另外，《绘制美国未来十年海洋科学发展路线——海洋科学研究优先领域和实施战略》《美国海洋大气局 2009—2014 战略计划》是美国当前最新也是最能反映美国海洋科技创新当前需求的两个战略规划，从中可以看出当前和今后一定时期美国海洋科技领域的政策目标和发展重点，对海洋高新技术产业的发展起到了与时俱进的指向作用。

1968 年，日本制定的《日本海洋科学技术》使得海洋领域的先进技术推广活动有了质的飞跃，此后的一系列政策也都极大地促进了海洋高新技术产业的发展。2007 年 4 月，日本众议院通过了《海洋基本法》《关于设定海洋构筑物安全水域的法律草案》。2008 年 2 月，根据《海洋基本法》，日本出台的《海洋基本计划草案》提出："应通过研发引入高端新技术，培养海洋产业方面的人才等手段，维持与强化国际竞争力；为利用海洋资源与空间，应创建新的海洋产业，把握海洋产业的动向。"日本政府在未来重点推进的海洋产业项目包括以下几项：一是海底矿产、可燃冰等资源含量的勘探与开发，计划 2018 年实现商业化开发生产；二是以风力、波浪、潮流、海流、温度差等为代表的海洋再生能源的开发与利用，计划到 2040 年整个日本的用电量的 20% 由海洋能源提供；三是海洋养殖与海洋食品生产系统的建设；四是船舶低碳化和零排放技术研究；五是周边海域的生态环境检测与保护；六是国家海洋技术创新系统的建设。

为进一步突出海洋高新技术的优势地位，积极促进其产业化进程，英国于 2000 年就海洋高新技术未来 5 年的发展战略和行动方案做出了积极指导。在海洋资源可持续利用方面，重点研究海洋开发利用对生态系统的影响、水质保护、海洋生物多样性的作用；在海洋环境预报方面，重点开展跨学科、跨空间的综合研究，海洋与气候变化的相互作用，数据获取与综合集成。2008年6月，英国自然环境研究委员会发布了《2025海洋科技规划》，这是为解决海洋关键科学问题而制定的新规划，由7个在英国居于领先地位的海洋中心设计并执行，是一个应对海洋变化挑战的国家规划。《2025海洋科技规划》确定了以下10个主题：气候、海洋环流和海平面；海洋生物地球化学循环；大陆架和海岸带过程；生物多样性和生态系统功能；大陆边缘和深海；可持续的海洋资源；健康和人类影响；技术发展；下一代海洋预测；海洋环境持续观测的集成。

法国和澳大利亚对海洋高新技术产业的发展方面也尤为重视。法国从20世纪70年代开始，在海洋生物技术、海洋生物资源的开发利用、深海采矿技术、海底探测技术方面制订了相应的研究与发展计划。为进一步加强海洋科技创新能力，法国制定了海洋科技《1991—1995年战略计划》和1996—2000年《法国海洋科学技术研究战略计划》，旨在海洋生物技术业、海洋可再生能源业、深海产业的研究与开发方面再上一层楼。澳大利亚则在1997年提出了实施《海洋产业发展战略》，在全面推进海洋产业健康、快速发展的同时，格外重视海洋高技术产业的发展，积极推进海洋高新技术的研发，重点在海洋生物技术、海水淡化与综合利用技术、海洋可再生能源技术、深海探测技术等对海洋经济发展有显著推动作用的前沿技术方面加大政策倾斜和投资力度，以确保相关海洋产业的国际竞争力。随后，澳大利亚政府于1998年发布了《澳大利亚海洋政策》《澳大利亚海洋科技计划》，并在2003年成立了海洋管理委员会。2009年，澳大利亚战略决策研究中心提出的一份研究报告中指出，澳大利亚未来的战略目标如下：使澳大利亚成为海洋强国；强化对海洋安全和重要性的教育普及；加强区域海洋调控管理能力；增强维护海洋权益的能力。

另外，欧盟委员会在2007年10月颁布的《海洋综合政策蓝皮书》中指出，海洋科学技术是确保海洋事业可持续发展的关键，要加大对海洋研究与技术的投入，发展能在保护环境的同时又能促进海洋产业繁荣的环境友好型技术，使欧洲的海洋产业，如蓝色生物技术产业、海洋可再生能源产业、水下技术与装备产业及海洋水产养殖业等迈入世界先进行列。韩国在2006年颁布实施国家海洋战略——《海洋韩国21世纪》。该战略提出了创造有生命力的海洋国土、发展以高科技为基础的海洋产业、保持海洋资源的可持续开发三大基本目标。海洋产业增加值占国内经济的比重从1998年占国内生产总值（GDP）的7.0%提高到2030年的11.3%。其中，保持海洋资源的可持续开发是指为了实现海洋资源的可持续开发，将水产品中养殖业产量所占的比重从2000年的34%提高到2030年的45%；启动开发大洋矿产资源，到2010年达到每年300万吨的商业生产规模；开发利用生物工程的新物质，到2010年创出年2万亿韩元以上的海洋产值；到2010年推出年发电87万千瓦时规模的无公害海洋能源开发。

二、国内相关研究综述

在实践中，《国务院关于加快培育和发展战略性新兴产业的决定》（2010）和《山东省人民政府关于加快培育和发展战略性新兴产业的实施意见》（2011）文件推进了战略性新兴产业的快速发展。

随着国家对发展海洋科技的重视程度不断提高，我国学者开始重视"科技兴海"的可持续发展战略研究，将对海洋产业的研究聚焦到海洋新兴产业和海洋高技术产业上，研究的广度和深度日益增大，客观上推动了对海洋战略性新兴产业的相关研究。

从著作来看，主要有郑贵斌（2002）的《海洋新兴产业发展研究》，孙洪、李永棋（2003）的《中国海洋高技术产业及其产业化发展战略研究》，栾维新（2003）的《中国海洋产业高技术化研究》等。其中，《海洋新兴产业发展研究》（2002）是郑贵斌研究员主持的山东省重点课题"海洋新兴产业发展研究"系列成果，这些成果通过认真总结山东省"海上山东"战略实施以来取得的成果、经验和需要注意的问题，紧紧抓住21世纪前20年战略机遇期，建立循环经济、发展高新技术产业等几个方面考虑，提出在新的历史时期建设海洋强省的战略措施。课题组对海洋新兴产业发展的研究，对山东省加快发展海洋经济、实施海洋强省战略有重要参考价值，在国家海洋局制定相关海洋政策时起到了重要的参考作用。孙洪、李永棋及栾维新则是结合国内外海洋高技术及其产业的发展，对我国海洋高技术产业化进行了详细的分析，为我国今后海洋高技术及其产业发展提出了对策与建议。需要注意的是，孙洪、李永棋（2003）的《中国海洋高技术产业及其产业化发展战略研究》在充分分析我国海洋高技术及其产业化的基础上，提出了相应的发展战略和运行机制，堪为我国海洋战略性新兴产业研究的奠基之作。刘洪滨、刘康（2009）的《青岛市国家海洋高技术产业基地研究》以青岛市的海洋生物医药业和海洋装备业的基本信息为依托，进行青岛国家海洋高技术产业基地建设研究，对海洋战略性新兴产业园区的建设起到了积极的引导作用。

除相应的著作外，更多的研究成果反映在诸多专家学者的文章中。韩立民（1997）在《建设海洋科技园加快海洋高技术产业发展》中阐述海洋科技园的功能和特点以及管理体制和运行机制，指出建设海洋科技园是加快海洋高技术产业发展的有效途径。孙吉亭（1999）的《海洋新兴产业的发展及对策》针对目前我国海洋新兴产业的发展现状，将海洋科技的进步视为海洋新兴产业发展的原动力，继而提出相应的发展对策。王继业、黄祖亮、杨俊杰（2001）在《海洋高新技术及产业的现状分析》一文中通过分析我国和山东省海洋高新技术的发展现状，指出山东省海洋高新技术产业的发展重点。倪国江、鲍洪彤（2001）对海洋高新技术产业化及其意义进行了分析，并对海洋高新技术产业化模式进行探讨，他们认为海洋高新技术产业化可以采用"合资"模式和"产业园"模式。郑贵斌（2002）在《海洋新兴产业发展趋势、制约因素与对策选择》一文中以山东省海洋新兴产业的发展为突破口，瞄准其对经济发展的巨大推动作用，在分析现有发展状况和制约因素的基础上，从现实角度提出其发展趋势和对策，对促进山东省海洋新兴产业的发展具有积极的推动作用。韩立民、文艳（2004）的《努力构建我国海洋科技产业城》和李芳芳、栾维新（2005）的《新知识经济时代下我国海洋高新技术产业的发展》指出在知识经济背景下海洋科技对于海洋高新技术产业的强大支撑作用，以大力发展海洋科技、积极推动海洋科技创新的角度提出海洋高新技术产业的发展对策。于谨凯、李宝星（2007）在《我国海洋高新技术产业发展策略研究》一文中以美国、日本、英国等发达国家海洋高新技术产业的发展经验为借鉴，结合我国海洋高新技术产业的具体特点，提出相应的发展对策。于谨凯、李宝星（2007）在《海洋高新技术产业化机制及影响因素分析》一文中，分析海洋高新技术产业和海洋高新技术产业化的特点、海洋高新技术产业化机制及海洋高新技术产业化的影响因素。高艳波（2007）在《海洋高新技术产业化问题探讨》一文中指出发展高新技术必须走产业化的道路，这不仅是我国执行"863"高新技术研究的初衷，也是将高新技术转化为生产力，提高国家整体技术水平的必由之路；文章分析了实现海洋高新技术产业化所面临的问题，提出了解决问题的途径和建议。陆铭（2008）在《国内外海洋高新技术产业发展分析及对上海的启示》一文中分析了国内外不同国家和地区在发展海洋高新技术产业方面的现状及发展特点，提出了对上海发展海洋高新技术产业方面的六点启示。杨娜（2010）通过对国内高新技术和产业发展特点的分析，对海洋高新技术产业化的发展进程进行了研究，重点阐释了海洋生物医药业、海水利用业、海洋电力业的发展现状及前景。白锟（2010）在《我国海洋高新技术产业化发展模式研究》一文中在分析我国海洋高新技术产业发展的基础上，探索我国海洋高新技术的出路。刘堃、韩立民（2012）在《海洋战略性新兴产业形成机制研究》一文中提出海洋战略性新兴产业需要从几方面去测评，具体到从海洋资源布局合理性，科技创新成果转化率，环境可持续性等。王新新提出战略性新兴产业必须具备长期性、战略性、科技性、创新性、生态性、高效性等特征。刘洪昌、武博（2010）在《战略性新兴产业的选择原则及培育政策取向》一文中提出定位战略性新兴产业的原则有战略、新兴、低碳、可持续几方面。朱坚真、孙鹏（2010）在《海洋产业演变路径特殊性问题探讨》一文中认为海洋战略性新兴产业是以传统产业为基础，利用新方法、新技术、新方式创造出更新型的产业形态，促进产业转型、优化、提升。李晶、刘小锋（2012）在《福建省海洋战略性新兴产业发展路径研究》一文中提出福建省海洋战略性新兴产业发展路径应该依据经济效益、环境效益、资源配置等要素来制定。宁凌、张玲玲、杜军（2012）在《海洋战略性新兴产业选择基本准则体系研究》一文中提出选择海洋战略性新兴产业的总体准则及生产要素、企业战略和竞争、相关支持性产业发展、预期需求四个子准则。

也有不少学者在其学位论文中对海洋高技术产业和海洋新兴产业进行研究，并取得了一定的成果。吴庐山（2005）在其学位论文《我国海洋高技术产业风险投资体系的构建与对策探讨》中指出，风险投资能够有效地解决海洋高技术产业发展中的资金短缺难题，并促进海洋高技术产业化及海洋经济的快速发展。构建海洋高技术产业风险投资体系是我国海洋高技术产业化的现实选择。乔琳（2009）在其学位论文《面向国际的我国海洋高技术和新兴产业发展战略研究》中以国际化视角探索我国海洋高技术和新兴产业中远期发展战略，开创了发展海洋高新技术产业的国际化视角。包诠真（2009）在其学位论文《我国海洋高新技术产业竞争力研究》中指出，要从产业调整、建立创新体系、打造人才队伍三个角度提升竞争力。随着海洋战略性新兴产业的提出，已经有个别学者专门就此问题进行了探讨。如孙加韬（2012）在《中国海洋战略性新兴产业发展对策探讨》一文中分析了海洋战略性新兴产业科技水平落后、高端制造能力不够、资金投入不足和产业瓶颈等制约因素，建议我国在政策规划、科技攻关、体制机制、专业化基地建设等方面加大扶持力度。

三、已有研究评析

由于中国海洋经济发展在实践方面相对落后，国内学者的大部分研究分析主要是定性分析和理论分析，而缺少足够的数据和定量分析。盖美（2010）以辽宁省为例，运用偏离—份额分析，揭示了海洋产业结构变动对海洋经济增长的影响；黄瑞芬（2010）通过改进区位熵系数对环渤海的海洋产业集群进行测度，通过与长三角经济区的对比，认为环渤海经济区的海洋第一产业集聚过高、第二产业集聚优势不明显，而第三产业集群发展滞后。大部分的定量研究主要集中在对海洋产业结构变化及对海洋主导产业选择等方面，而涉及海洋战略性新兴产业的定量研究基本上没有。

国内外这些研究成果对解决海洋经济发展过程中遇到的问题都具有重大的

理论价值与现实意义,也拓宽了本研究的思路。从国内研究来看,当前国内外对海洋高技术和新兴产业发展的研究重点主要放在关于海洋产业含义及门类、海洋产业结构升级策略研究,文献大多都是从政府对策应用的定性研究,重点是根据海洋经济发展现状或趋势分析提出了比较有意义的对策建议。对海洋战略性新兴产业发展影响因素、产业演变、内生成长路径和模式比较少。

从上述研究来看,国内对海洋战略性新兴产业的研究主要集中在海洋高技术产业和新兴产业发展的现状分析和产业化措施,通过制定发展战略来促进海洋高技术产业和新兴产业的发展,对发展政策中的技术、融资、人才政策虽有涉及但不够系统和全面,需要在今后的研究中不断深入和完善。

综上所述,虽然国内外学者在海洋战略性新兴产业的相关领域进行了大量的研究,但由于海洋战略性新兴产业刚刚提出不久,真正将我国海洋战略性新兴产业作为一个整体进行深层研究的还少之又少,尤其是对黄河三角洲海洋战略性新兴产业发展的系统研究,在国内目前还处于空白,因而本书内容具有很大的理论研究价值和实践指导意义。

第三节 研究内容及创新

一、研究思路及内容

本书对黄河三角洲高效生态经济区海洋战略性新兴产业发展进行研究。

首先,阐述了海洋战略性新兴产业和其他相关理论。分析海洋产业战略性新兴产业的概念体系,对比分析海洋产业、海洋新兴产业、战略性新兴产业等相关理论界定,同时整理了与战略性新兴产业发展相关的其他理论,有产业发展状况评价理论及模型、主导产业选择理论与方法、产业布局评价及优化相关理论和产业可持续发展理论,这些理论和方法都为研究海洋战略性新兴产业发展提供了理论支撑。然后分析总结了国内外典型国家和地区发展海洋战略性新兴产业的经验,为研究提供实践参考。

其次,评价黄河三角洲海洋战略性新兴产业发展状况,找到存在的问题。

先是对黄河三角洲海洋战略性新兴产业发展现状进行了研究，收集到黄河三角洲范围内的海洋高效渔业、新能源产业、高端装备制造产业、海水综合利用、生物医药产业、深海资源开发产业的数据和文献资料；再构建海洋战略性新兴产业发展评价模型及指标体系，设立了评价指标体系选取原则，对数据进行选取及标准化；根据现状数据对黄河三角洲海洋战略性新兴产业发展进行定量评价；然后根据评价结果对黄河三角洲海洋战略性新兴产业找出存在的现实问题。

最后，对黄河三角洲海洋战略性新兴产业发展和可持续性提出相关对策建议。先是在把握海洋战略新兴产业发展的基本理论及国内外典型国家和地区发展经验基础上，再依据前部分海洋战略性新兴产业的相关理论基础，提出黄河三角洲海洋战略性新兴产业布局及创新路径，主要从黄河三角洲海洋战略性新兴主导产业定位、产业布局优化、产业发展模式、发展创新路径、区域、国际合作和产业发展的支持体系构建这几大方面提出发展对策建议；然后研究了黄河三角洲海洋战略性新兴产业的可持续发展，根据海洋战略性新兴产业的可持续发展理论基础，对黄河三角洲海洋战略性新兴产业的可持续发展状况进行评价，找出黄河三角洲海洋战略性新兴产业的可持续发展存在的问题，提出黄河三角洲海洋战略性新兴产业的可持续发展对策建议。

研究的主要内容如下。

第一章：绪论。介绍本书的研究背景、研究的目的和意义，同时对国内外研究现状、研究思路与主要内容、研究的方法和创新之处等问题进行了阐述。

第二章：海洋战略性新兴产业基础理论。先是对海洋产业战略性新兴产业的概念体系进行了总结概述，从海洋产业、海洋新兴产业、战略性新兴产业、海洋战略性新兴产业几方面构建了概论体系；然后阐述了与海洋战略性新兴产业相关的几个理论，产业发展状况评价理论及模型、主导产业选择理论与方法、产业布局评价及优化相关理论、产业可持续发展理论，这些理论为海洋战略性新兴产业联系最为紧密的理论，为海洋战略性新兴产业发展研究奠定了理论基础。

第三章：海洋战略性新兴产业发展的国内外经验借鉴。先是梳理了国外海洋战略性新兴产业发展经验，主要有美国、加拿大、日本、韩国、英国、法国等海洋经济强国；其次具体研究了这些国家的海洋战略性新兴产业的发展政策，主要从海洋生物医药业、海水淡化及综合利用、海洋准备制造业、海洋可再生能源、深海资源开发产业方面；然后对我国海洋战略性新兴产业发展经验进行了总结分析，主要有广东、山东、浙江、福建、辽宁、天津、上海等几个沿海地区；最后研究了国内外发展海洋战略性新兴产业发展对黄河三角洲海洋战略性新兴产业发展的主要启示，重点从政策、管理、科研、投融资、人才等几方面进行了分析。

第四章：黄河三角洲海洋战略性新兴产业发展现状。首先，分析黄河三角洲高效生态经济区整体建设现状，研究了区域综合竞争力、基础设施建设、产业发展状况、生态经济建设的情况；其次，研究了黄河三角洲高效生态经济区海洋产业发展现状，分析了总体发展情况、海洋产业发展状况、海洋资源现状、海洋环境现状；再次，重点分析了经济区海洋战略性新兴产业发展状况，包括海洋生物育种与健康养殖、海洋高端装备制造、海洋生物医药、海水综合利用、海洋可再生能源及深海战略性资源开发；最后，分析了经济区四大港区发展现状，阐述了发展条件、建设情况、发展方向。

第五章：海洋战略性新兴产业发展评价模型及指标体系构建。首先，是研究了产业发展状况评价理论及模型，主要从发展绩效角度去阐述；其次，设定了海洋战略性新兴产业发展评价指标体系选取的原则；再次，依据选取原则，设计了海洋战略性新兴产业发展评价指标体系和测算模型，最后，对数据进行了选取和标准化。

第六章：黄河三角洲海洋战略性新兴产业发展评价。首先，对黄河三角洲海洋战略性新兴产业原始数据进行了统计处理；其次，依据定性和定量方法对指标权重值进行了确定，包括二级指标和三级指标；然后对黄河三角洲海洋战略性新兴产业发展综合绩效进行测算；最后，对黄河三角洲海洋战略性新兴产业发展综合绩效测算的结果进行解释和分析。

第七章：黄河三角洲海洋战略性新兴产业发展存在的问题与成因。首先，对黄河三角洲海洋战略性新兴产业发展问题进行了研究，主要从政策、管理、技术、投融资、人才、合作等几方面找到切入点；然后根据发现的问题，找出黄河三角洲海洋战略性新兴产业发展问题产生的原因，包括发展阶段、科技水平、资金投入、海洋人才几方面进行了论述。

第八章：黄河三角洲海洋战略性新兴产业发展布局与路径。首先，对黄河三角洲海洋战略性新兴主导产业进行准确定位，依据主导产业选择理论，借助钻石模型，设定产业选择指标体系，运用主成分分析模型和黄河三角洲高效生态经济区海洋产业实际数据，提出黄河三角洲海洋战略性新兴产业定位选择的建议；其次，根据黄河三角洲海洋战略性新兴产业定位，对黄河三角洲海洋战略性新兴产业布局进行优化研究，分析了海洋战略性新兴产业总体布局现状，区域城市产业布局情况，运用WT（Weaver-Thomas，威弗-托马斯）评价模型对黄河三角洲海洋战略性新兴产业布局进行评价，根据评价结果分析黄河三角洲海洋战略性新兴产业布局存在的问题，并对问题针对性地提出黄河三角洲海洋战略性新兴产业布局动态优化对策；然后研究了黄河三角洲海洋战略性新兴产业发展创新路径，分析了黄河三角洲海洋战略性新兴产业发展基本模式，提出了海洋战略性新兴产业发展的创新路径；最后，构建了黄河三角洲海洋战略性新兴产业发展的支持体系，主要从制度、科技、投融资、人才几大方面设计构建。

第九章：黄河三角洲海洋战略性新兴产业的可持续发展问题。首先阐述了海洋战略性新兴产业的可持续发展理论基础，包括可持续发展理论、产业理论；然后对黄河三角洲海洋战略性新兴产业的可持续发展进行评价，构建了评价指标体系，设计了评价模型，选取了数据，进行了测算得出结论；再对黄河三角洲海洋战略性新兴产业的可持续发展问题进行深入分析，从资源、经济、科技、环境等几方面找出存在的问题；最后提出黄河三角洲海洋战略性新兴产业可持续发展的对策建议，针对存在的问题，有针对性地提出相关对策建议，以促进黄河三角洲海洋战略性新兴产业可持续发展。

第十章：结论与展望。先是对整本书在黄河三角洲海洋战略性新兴产业发展方面的研究进行总结，给出研究结论，指出本书研究存在的不足；然后对未来的进一步深入研究提出展望，提出今后尚需深入研究的问题和努力的方向。

二、创新之处

本书的创新之处在于以下几个方面：

(一)研究视角新颖

本书从海洋战略性新兴产业角度研究黄河三角洲高效生态经济区建设，这是一个全新视角。研究中借鉴海洋战略性新兴产业理论、产业选择、产业布局、可持续发展理论，建立了黄河三角洲高效生态经济区海洋战略性新兴产业发展分析理论框架，把生态经济与海洋经济结合起来分析问题，理论联系实际，并提出了黄河三角洲高效生态经济区海洋战略性新兴产业发展的定位、模式、路径、产业布局、区域合作、可持续发展等方面的对策建议，为黄河三角洲区域政府、相关单位、工商企业制定海洋战略性新兴产业发展战略、促进区域经济发展具有很强的现实指导和借鉴意义。

(二)研究内容创新

本书以黄河三角洲高效生态经济区海洋战略性新兴产业为主要研究内容，其中通过实证分析了黄河三角洲高效生态经济区海洋战略性新兴产业的发展状况，运用统计学研究方法对黄河三角洲高效生态经济区海洋战略性新兴产业发展效应进行了科学评价，找出黄河三角洲海洋战略性新兴产业发展存在的问题及原因，同时从黄河三角洲高效生态经济区海洋战略性新兴产业发展的定位、模式、路径、产业布局、区域合作、可持续发展等几大方面提出了对策建议，还没有研究者对黄河三角洲高效生态经济区海洋战略性新兴产业发展状况进行过定量评价和分析，对黄河三角洲海洋战略性新兴产业发展对策方面研究也甚少，所以本书在研究内容方面有创新。

(三)研究观点鲜明

本书针对黄河三角洲海洋战略性新兴产业发展方面存在的问题，系统分析海洋战略性新兴产业发展的对策建议，并借鉴国内外海洋战略性新兴产业发展方面的成功经验，在发展模式、路径、可持续发展方面提出针对性强的对策建议，观点鲜明，有的放矢。为黄河三角洲区域政府、相关机关单位制定海洋战略性新兴产业发展措施提供明确指导，指明了方向。

第四节　研究方法

本书采用的研究方法主要有以下几个。

一、理论分析和案例分析相结合的方法

通过收集国内外有关海洋战略性新兴产业研究的文献内容，并通过分析国内外海洋战略性新兴产业发展的典型案例，对海洋战略性新兴产业研究的前期成果进行梳理，就为海洋战略性新兴产业理论及分析模型的构建奠定了基础；海洋战略性新兴产业具有地方区域根植性，具有鲜明的地域性特征，而把该理论模型应用于黄河三角洲高效生态经济区的实践，既是对模型的检验，也是模型应用的成果。

二、定量分析和定性分析相结合的方法

为保证海洋战略性新兴产业研究按照正确的方向发展就必须有一定的定量指标进行监控，然而并非仅有定量指标就可以保证优势产业选择、产业布局优化、可持续发展是正确和可行的，因此定性分析的加入就能够使各个环节结合黄河三角洲区域性质对之做适当的补充。定量分析和定性分析相结合，保证了该研究成果的可行性和可信度。

三、数据整理和实际调研相结合的方法

将产业发展研究分析评价模型应用于黄河三角洲高效生态经济区海洋战略性新兴产业的研究时，文中大量数据和资料的收集既有二手资料的整理，更有实际调研所获得的原始资料，从而保证数据来源可靠。

四、理论应用实践与实践完善理论相结合的方法

本书所提出的产业发展理论与分析评价模型是在总结国内外学者海洋战略性新兴产业理论和实践的基础上得来的，将海洋战略性新兴产业发展分析评价模型应用于黄河三角洲高效生态经济区进行指导实践，与此同时，也可以通过实践不断更正和完善理论，从而保障理论的可修改性和发展性。

五、定量研究法

定量研究法包括调查法、统计分析法、模型分析法。利用调研数据，进行统计学方面的研究，试图找出数字背后隐藏的原理，为黄河三角洲高效生态经济区海洋战略性新兴产业发展状况研究提供数据支撑。并运用SPSS（Solutions Statistical Package for the Social Sciences，社会科学统计软件包）、Excel（微软办公套装软件）、Lingo（Linear Interactive and General Optimizer，交互式的线性和通用优化求解器）等统计分析软件进行定量运算。

第二章　海洋战略性新兴产业基础理论

第一节　海洋战略性新兴产业的含义与特征

海洋是人类社会实现可持续发展的宝贵财富和地球上的最后空间，拥有丰富资源与能源的海洋已成为沿海各国发展经济的重要物质来源。进入21世纪，中国海洋经济得到了各级政府的普遍重视，沿海各地都积极采取措施大力发展海洋经济，出台了"海洋强国""海洋强省""海上山东"等不同层次的海洋经济发展战略。但在对海洋经济的认识上，无论是海洋主管部门，还是理论界都还存在很大的争议。海洋产业的概念与范围如何界定？这些都是困扰着海洋经济统计与研究方面的问题。因此，本部分将结合现有的文献，对海洋产业、海洋新兴产业和海洋战略性新兴产业的概念进行科学的界定，分析这些产业的特征，为后续的研究奠定基础。

一、海洋产业的概念与分类

(一)海洋产业概念界定

海洋经济的概念在中国出现于20世纪80年代初期，90年代开始流行，迄今尚未形成普遍认同的标准。理论界主要从区域经济或产业经济的视角进行界定，或者将两者融合进行研究。事实上，现阶段的海洋经济主要指海洋产业的简单聚合体，还不能称得上独立的经济体系研究范畴。因此，国外对海洋经济的研究较少，主要体现在涉海经济研究中，如美国将涉海经济划分为海岸带经济和海洋经济两大类。而国外对海洋产业的研究相对较多，如澳大利亚、加拿大、欧洲对海洋产业的界定，英国对海洋关联产业的界定等。

1.国外海洋产业的界定

各国对海洋产业的定义基本类似，主要指涉及海洋资源及其利用的相关活动，但其包含的内容却不尽相同，归类标准和体系也存在很大差异。比如，美国将海洋产业定义为：在生产过程中利用海洋资源或因某些源于海洋的特性，生产所需要的产品或服务活动。加拿大的海洋产业是指加拿大海区及与海区相邻的沿海社区为基地的产业活动，或者其收入与海区活动密切相关的产业活动。依据加拿大海洋战略（2002），海洋产业包括在加拿大海域及与此相连的沿海区域内的海洋娱乐商业贸易开发活动以及依赖于这些活动所开展的各种产业经济活动，但不包括内陆水域的产业活动，诸如在加拿大五大湖、运河和河流进行的运输和渔业活动。澳大利亚的海洋产业是指利用海洋资源进行生产，或是把海洋资源作为主要投入的生产活动。

2.国内海洋产业的界定

海洋产业是开发、利用和保护海洋所进行的生产和服务活动，包括狭义和广义两个层面。狭义的海洋产业是指开发、利用和保护海洋所进行的生产和服务活动，主要包括海洋产业及海洋科研教育管理服务业。海洋科研教育管理服务业是开发、利用和保护海洋过程中所进行的科研、教育、管理及服务等活动。广义的海洋产业还包括海洋相关产业及临海产业。海洋相关产业是指以各种投入产出为联系纽带，与主要海洋产业构成技术经济联系的上下游产业，包括涉及海洋农林业、海洋设备制造业、涉海产品及材料制造业、涉海建筑与安装业、海洋批发与零售业、涉海服务业等。在对临海产业内涵与构成的界定上也同样存在不同观点，大致可分成两类：一类是"等同论"。持这一观点的学者认为临海产业等同于临港产业。许进、陈万灵（2005）等是这一观点的支持者。另一类是"差异论"，认为临海产业不同于临港产业。持这一观点的主要有栾维新等（1998）。

上述分类标准与中华人民共和国国家标准《国民经济行业分类》（GB/T4754—2002）和中华人民共和国海洋行业标准《海洋经济统计分类与代码》

（HY/T052—1999）中规定的海洋三次产业的划分在内容上存在许多不同，在海洋产业统计过程中需要根据实际情况进行调整。

因此，中国海洋产业的界定和国外相比，由于标准不同，其内容上存在许多差别，还需要依据"海洋经济"的概念及内涵进一步统一和细化。

本书的海洋产业是指广义的海洋产业，海洋战略性新兴产业将在此范畴内选择。

（二）海洋产业的分类

1.国外海洋产业分类

目前，西方沿海国家对"海洋产业"的表述基本相同，如美国和澳大利亚的"海洋产业"、英国的"海洋相关活动"、加拿大的"海洋产业"及欧洲的"海洋产业"等。虽然各国对于海洋产业的定义基本类似，但其包含的内容却不尽相同，归类标准和体系也存在较大差异。

（1）美国的海洋产业分类。

2003年，Colgan（科尔根）等依据《国民经济统计标准产业代码》将美国的海洋产业划分为七大类，即海洋工程建筑、海洋生物资源（海洋捕捞、海水养殖、海产品加工等）、海洋矿产业（石灰石/沙/砾石、油气钻探和油气生产等）、海洋娱乐与旅游业（海洋娱乐、动物园与水族馆、游艇运营、餐饮食宿、娱乐公园和营地及运动产品等）、海上运输业（货物运输、海洋客运、搜索和航行设备、仓储等）、船舶制造与修理业及其他海洋产业活动（包括各级政府的海洋管理、滨海不动产和海洋教育与研究等）。

（2）澳大利亚海洋产业分类。

澳大利亚于1997年发布的《海洋产业发展战略》将海洋产业归纳为四大类，即海洋资源开发产业（海洋油气业、海洋渔业、海洋药物业、海水养殖业和海底矿产业）、海洋系统设计与建造（船舶设计/建造与修理、近海工程、海岸带工程）、海洋运营与航行（海洋运输业、漂浮或固定海洋设施的安装、潜水作业、疏浚和废物处理）和海洋仪器与服务（机械制造、电信、航行设备、海洋研发与环境监测、教育与培训）。其中，海洋石油和天然气业指海洋石油和天然气开采、提炼和加工及石油和天然气勘探等活动；海洋旅游业指与海洋旅游相关的旅行社和旅游经营活动、出租和运营、空中和水路运输、住宿，娱乐及其他零售贸易等活动；海洋渔业和海产品加工业指海洋渔业捕捞、海水养殖和海产品加工等活动；海港工业指码头装卸、水路运输、港口营运及其他服务和水路运输服务等。

（3）加拿大海洋产业分类。

根据三次产业分类法，加拿大的海洋三次产业分类为，海洋第一产业包括原油和天然气、海洋渔业、采石和砂矿产业；海洋第二产业包括造船和修船业、机电设备业、鱼产品加工业、石油冶炼、海洋建筑业；海洋第三产业包括通信业、省级政府服务、海洋运输及相关行业、仓储存储业、经营服务业、批发与零售贸易业、专业经营服务业、教育服务业、食宿和餐饮服务业、非经营服务业、政府服务业、娱乐和服务消遣业、国防服务业、其他联邦服务业。

（4）英国对海洋产业的分类。

在英国，尽管目前还没有专门的海洋产业统计，但对海洋相关产业活动的研究相对深入。英国政府海洋科学和技术机构委员会于1994—1995年和1999—2000年两次对英国的海洋产业活动进行了系统调查。两次调查包含了与海上、海底等关联的海洋活动，包括18类，即海洋渔业、海洋矿产、海洋制造、海洋工程建筑、海洋运输与通信、商业服务与保险、海洋油气业、海洋教育、科学研究、航海与安全、海底电缆、港口业、海洋国防、海洋设备、海洋可再生能源、许可和租赁业务、海洋环境、休闲与娱乐。这些基本涵盖了现有的海洋产业分类，并且海事保险与金融、海洋污染防治和海军等也包括在内。

从上述海洋产业的界定中可以看出，各国对海洋产业的概念和分类都有自己的标准，目前国外也没有一致的概念。除了海洋娱乐与旅游、滨海不动产、海洋环境、海军建设等类别外，其他所包括的海洋产业类型大体一致，但在产业具体内容上和国内的定义存在一定差异。例如，海盐业和海洋化工在国外的计量中并未明确提出；各国的海洋旅游业只包括涉海的部分内容，除美国单列一类外，其他各国没有单独列出，而是分散在海上交通运输和服务业中。

2.中国海洋产业分类

根据《中国海洋统计年鉴》，目前国内海洋产业的分类标准大体有以下几种：

（1）历年中国海洋统计年鉴中将海洋产业划分为主要海洋产业、海洋科研教育管理服务业和海洋相关产业，部分文献在此基础上增加了临海产业。

（2）根据海洋三次产业划分标准，可以分为海洋第一产业、海洋第二产业和海洋第三产业。海洋第一产业，是指海洋渔业中的海洋水产品、海洋渔业服务业及海洋相关产业中属于第一产业范畴的部门；海洋第二产业，是指海洋渔业中海洋水产品加工、海洋油气业、海洋矿业、海洋盐业、海洋化工业、海洋生物医药业、海洋电力业、海水利用业、海洋船舶工业、海洋工程建筑业及海洋相关产业中属于第二产业范畴的部门；海洋第三产业，是指除海洋第一、二产业以外的其他行业，包括海洋交通运输业、滨海旅游业、海洋科研教育管理服务业及海洋相关产业中属于第三产业范畴的部门。

（3）根据国民经济物质生产部门分类标准，可以把海洋产业划分为海洋农业、海洋工业、海洋建筑业、海洋交通运输业和海洋商业服务业。

（4）根据海洋产业发展的时序和技术标准划分，可以将海洋产业划分为传统海洋产业、新兴海洋产业和未来海洋产业。

（5）根据新的国民经济核算体系作为划分海洋产业的基本标准，海洋经济活动范围覆盖整个国民经济15个门类中的13个，包括31个大类、31个中类、48个小类的经济活动。

（6）根据资源相关性的原则，将海洋产业划分为狭义海洋产业、前向海洋产业、后向海洋产业等。

（7）根据各海洋产业在区域经济社会发展中的地位将海洋产业划分为先行性产业、主导性产业、支柱性产业、服务性产业和发展性产业等。

（8）最后一种是基于资源的视角对海洋产业的分类。根据资源自身的属性及显示的分类状况，可以将海洋资源分为5个基本的类别，即海洋生物资源、海洋矿产资源、海洋化学资源、海洋空间资源和海洋能量资源。其中依靠海洋生物资源而形成的海洋产业有海洋渔业、海洋生物医药业；依靠海洋矿产资源而形成的海洋产业有海洋油气业、海洋矿产业；依靠海洋化学资源而形成的海洋产业有海洋盐业、海洋化工业；依靠海洋空间资源而形成的海洋产业有海洋船舶业、海洋工程建筑业、海洋交通运输业和滨海旅游业；依靠海洋能量资源而形成的海洋产业有海洋电力业和海水利用业。本书主要根据《海洋统计年鉴》标准列出了前两大分类标准。

二、海洋新兴产业的概念与特征

由于早期无节制开发，海洋自然资源的供给能力逐渐衰退、生产力逐渐下降。近年来，各国开始注重对海洋的保护，大力支持发展海洋新兴产业，以转变海洋经济发展模式，实现海洋经济的可持续发展。为了促进沿海地区社会经济的可持续发展，中国相继发布了多个涉及沿海地区海洋资源开发与利用的国家级区域开发战略规划，发展海洋经济被提到了前所未有的高度。对海洋产业特别是对海洋新兴产业的研究也逐渐兴盛。

（一）海洋新兴产业的概念与范围界定

1.国外对海洋新兴产业范围的界定

对于海洋新兴产业，国外学者没有统一的概念界定和相应的划分标准。21世纪以来，各沿海发达国家纷纷制定了海洋发展战略，并根据自身经济发展和海洋开发情况对海洋新兴产业的范围进行了界定。

作为美国主要制定和执行海洋战略的政府机构，NOAA将未来20年海洋技术发展的重点行业定位为：海洋观测、海洋生物技术、深海开发和海洋空间利用等方面，并将海洋工程、海洋生物、海水淡化、海洋新能源等高新技术海洋产业确定为近期目标。

《21世纪日本海洋发展战略（2002）》中，日本明确了海洋新兴科技的主要内容：海洋矿产资源开发技术、海洋可再生能源技术、海洋生物资源开发技术、海水资源利用深海技术等。

《澳大利亚海洋产业发展战略（2003）》中，强调了海洋新兴产业对澳大利亚产业发展的重要意义，并将海洋生物技术和化学品、海底矿产、海洋替代能源（波能、热梯度能等）、海水淡化等产业界定为当时的海洋新兴产业。

2007年，欧盟和韩国也指出了未来海洋新兴产业的发展方向。2007年10月，欧盟委员会颁布了《海洋综合政策蓝皮书》，提出了欧洲海洋新兴产业的范围：蓝色生物技术产业、海洋可再生能源产业、水下技术与装备产业及海洋水产养殖业等。《21世纪韩国海洋发展战略》（2007）中指出，未来韩国新兴海洋产业主要包括海洋生物资源开发、海洋能源开发、海洋装备、海水淡化。

2011年9月，英国政府发布了《英国海洋产业增长战略》。该报告明确对海洋新兴产业的范围做了界定，即海洋装备、海洋商贸、海洋休闲及海洋可再生能源。

可以看出，各国政府根据本国经济环境和产业发展状况而界定了海洋新兴产业的范围。同样也表明，海洋新兴产业是一个动态的概念，因各国发展阶段不同而存在差异。

2.国内对海洋新兴产业的界定与分类

（1）海洋新兴产业的概念界定。

海洋新兴产业一词在20世纪末就开始受到国内学者的关注与探讨，已有文献主要将海洋产业与新兴产业交叉和融合进行了概念界定。郑贵斌（2004）认为，海洋新兴产业是海洋资源大规模开发为背景、以高新技术发展为依托，进入产业成长期的海洋"新"产业。它代表着现代科学技术的新水平、海洋产业进化的新方向、具有产业关联带动和产业集聚效应。刘容子、张平（2010）对海洋新兴产业的概念界定与此类似。他们认为，海洋新兴产业是以海洋高新技术为基础，在海洋经济中处于核心地位，具有战略性、创新性、引领性的产业门类。它反映了海洋经济的发展方向和趋势，体现了一个地区海洋科技研发的水平和实现海洋经济可持续发展的潜力，是发展海洋经济的制高点。因此，与传统的海洋产业相比，海洋新兴产业不仅是利用高新科学技术的海洋产业，而且是低污染、低耗能、高效益、可持续发展海洋经济的产业（于婧、陈东景，2012）。

上述分析表明，国内学者针对海洋新兴产业的概念界定存在较为一致的意见，并具有以下两层含义：首先，从时序维度上考虑，海洋新兴产业是相对于海洋传统产业而言的新产业，反映了海洋经济发展的新方向和新趋势。其次，海洋新兴产业是具有高技术含量的"新"产业。它以海洋高新技术发展为依托，推动海洋相关产业链的发展，具有产业集聚和产业链带动效应。因此，海洋新兴产业可以界定为，以高新技术发展为依托、针对海洋资源开发和利用而发展起来的、具有产业带动和产业集聚效应的高效益、低耗能产业。

（2）海洋新兴产业的分类。

传统海洋产业与新兴海洋产业共同构成了海洋经济的主体部分。与海洋产业的分类标准相类似，学者们根据海洋新兴产业的概念界定和特征，从不同视角对海洋新兴产业进行了分类，主要有：根据产业功能定位进行分类。刘容子（2010）等将海洋新兴产业区分为资源型海洋新兴产业、制造型海洋新兴产业和服务型海洋新兴产业。资源型海洋新兴产业以海洋资源为依托，已经具备一定的生产规模和技术能力，产品市场潜力巨大，对未来国民经济的带动作用较强，包括海洋生物育种和健康养殖业、海洋生物医药业、海水利用业、海洋可再生能源电力业。制造型海洋新兴产业可以分为两大类：一类是具有战略意义和关系国家经济安全与经济社会发展的产业。这类产业为维护国家海洋权益和满足国家安全需要，核心任务是技术创新和自主生产。另一类是产品需求量大、通用性强的产业。这类产业发展的核心任务是提升本国企业在国际市场的竞争力，具体包括海洋船舶和工程装备制造业、海洋新材料、海洋监测仪器设备制造业。

根据产业演进与技术复杂度相结合进行分类，于婧和陈东景（2012）以海洋技术发展为背景，将海洋新兴产业区分为三类群体：第一类是现代海洋渔业，它是将高技术融合到传统渔业中的产业；第二类是本身具有较高技术，且已经较为成熟的海洋产业，包括海洋油气业、滨海旅游业、海洋电力业等；第三类是技术尚未成熟，有巨大发展潜力的海洋产业，如海水综合利用业、海洋生物医药业等。

(二)海洋新兴产业特征

随着海洋开发事业的发展和科学技术的进步，海洋新兴产业有了惊人的发展，也展现出新的特征。

1.高科技性

海洋资源由于其自身的特点，开发难度较大，技术要求高，如深海采矿，不仅需要高端的潜水设备，还需要海底地形探测装备。浅海石油可以采用固定平台与陆地相似，但是深海开采则需要漂浮式的平台，而其对科技水平的要求就较高。从一定意义上来讲，现代科学技术的发展是海洋新兴产业发展的重要原因。海洋技术已被国家列为高新技术。以海洋探测、海底采矿、海洋生物基因工程等为标志的海洋高新技术取得重大推进。这些技术的广泛应用为海洋新兴产业的发展起到积极的推动作用，必将为深海开发提供强有力的支持。

2.高成长性

传统海洋产业依靠劳动密集和低技术，处于产业生命周期的晚期，在海洋产业布局中的地位将逐步弱化甚至退出。依托高技术和较高的全要素生产率，新兴海洋产业处于产业生命周期的初创期或成长期，具有较强的生命力和发展前景，未来将具有更大的成长空间和较大的市场份额。

3.高风险性

海洋战略性新兴产业的未来发展具有相当大的不确定性。海洋战略性新兴产业对"海洋"具有很强的依赖性，自然环境决定了海洋战略性新兴产业本身具有较高的风险。与此同时，海洋新兴产业处于产业发展的萌芽或成长期，往往需要大量的技术、资本等前期投入，短期内难以实现回报，一旦研发或成果转化失败，产业发展也将受到相应的阻碍。

4.高增长性

近年来，新兴海洋产业发展势头良好，呈现出快速增长趋势。2006年，中国海洋新兴产业增加值占海洋总产值的17.99%，2010年这一占比已经达到20.89%。其中，增长最快的几大产业依次为海洋电力、海洋油气业、海洋生物、海洋工程，2010年它们的增长率分别为80.1%、53.9%、29.9%和23.9%，此外，海水利用、海洋能、海洋采矿等其他新兴产业也具有良好的发展潜力。

三、战略性新兴产业的概念与特征

(一)战略性新兴产业概念

战略性新兴产业同时具有战略性和新兴性两大特征，概括地说，它是指一个国家或地区实现未来经济持续增长的先导产业，对国民经济发展和产业结构转换起着决定性的促进和导向作用，具有广阔的发展空间、市场前景、扩散效应及引导科技进步的能力，关系到国家的经济命脉和产业安全。目前，学术界关于战略性新兴产业暂时没有一个统一的概念，主要从以下几方面进行了界定。

第一，从其战略性、新兴性等特性出发对战略性新兴产业进行界定。比如，于淑娥和张炳君（2010）、吴传清和周勇（2010）、王镝和黄成明（2010）等人认为战略性新兴产业是一些掌握先进科学技术、具有良好市场前景、能够拉动上下游产业并对国民经济发展具有重大意义的产业。仲雯雯（2011）等认为，新兴性是有别于传统的，而战略性是关系国家经济安全与未来长远发展的关键问题，视发展水平和历史阶段而存在差异。这与钟清流（2010）提到的"战略性新兴产业是一个利益与风险并存的产业"是一致的。他们都强调，由于战略性新兴产业没有可遵循的已经成熟的发展模式，因而具有探索性。

第二，从科技引领视角界定战略性新兴产业。宋河发、万劲波（2010）等认为，战略性新兴产业是指基于新兴技术，科技含量高、出现时间短且发展速度快，具有良好市场前景，具有较大溢出作用，能带动一批产业兴起，对国民经济和社会发展具有战略支撑作用，最终会成为主导产业和支柱产业的业态形式。姜大鹏、顾新（2011）等也支持这一观点，认为战略性新兴产业代表了当前世界科学技术发展的前沿和方向，具有广大的市场前景、经济技术效益和产业带动效用。冯赫（2010）认为，战略性新兴产业是指在经济发展的特定阶段，以科技重大突破为前提，以新兴技术和新兴产业深度融合为基础，发展潜力巨大、经济效益高的产业。王昌林等（2010）认为，战略性新兴产业是指建立在重大前沿科技突破基础上，代表未来科技和产业发展新方向。李桢

（2012）等认为，战略性新兴产业是一个国家或地区在生产力（科学技术）发展到一定阶段，为转变经济发展方式、探寻经济新增长点、满足社会需求和缓解资源环境压力等需要而培育和发展能够引领未来产业和技术发展方向，并对经济社会发展具有战略性作用的新兴产业部门。陈柳钦（2012）认为，所谓战略性新兴产业，是指伴随信息、生物、纳米、新能源、环保、海洋和空间等新技术的进步而涌现出的一系列新兴的产业部门，它们代表产业发展的未来方向，在各国转变经济增长方式、促进经济发展中将起到战略性的作用。王新新（2011）认为，战略性新兴产业是指随着新一轮技术革命和产业革命而产生的科研成果、技术发明、知识创意、组织形式聚集吸引技术、人才、资金等生产要素形成的对一个国家经济的长期战略发展具有支柱性和带动性的产业，是指一批具有全新社会形态、全新经济形态、全新技术形态、全新组织形态的产业群或产业集群。姜江（2010）认为，战略性新兴产业是指随着新科研成果的发明及新技术的应用而出现的产业。

第三，主要从产业发展和结构演进视角界定战略性新兴产业。贺海强（2007）从产业生命周期的角度指出，"新兴产业是一种处于成长阶段，技术层次尚在萌芽阶段，以科学技术为支撑，未来具有竞争力、前瞻性及市场性的先进技术为基础而衍生出来的产业群聚"。陈柳钦（2012）认为，战略性新兴产业是指在经济发展的特定阶段，以重大科技突破为前提，以新兴技术和新兴产业深度融合为基础，能够引致社会新需求，带动产业结构调整和经济发展方式转变。庄媛媛（2011）认为，战略性新兴产业不同于传统产业，是能够优化中国产业结构升级、带动中国经济持续快速增长的产业。陈柳钦（2011）认为，战略性新兴产业是那些代表着产业未来发展方向，能引致社会新需求，促进产业结构调整与经济发展方式转变的产业。来亚红（2011）认为，战略性新兴产业是指那些对一个国家或地区经济的长期发展具有导向性、支柱性的企业，是产业结构演变的突破口和切入点。李赶顺（2002）认为，战略性新兴产业是以重大技术突破和重大发展需求为基础，对经济社会全局和长远发展具有重大引领带动作用，知识技术密集、物质资源消耗少、成长潜力大、综合效益好的产业。

第四，主要从国家经济安全角度界定战略性新兴产业。刘洪昌、武博（2010）认为，战略性新兴产业是指在国民经济中具有重要战略地位，关系国家或地区的经济命脉和产业安全，科技含量高、产业关联广、市场空间大、节能减排优的潜在朝阳产业，是新兴科技和新兴产业深度融合的产业。王镝和黄成明（2010）认为，战略性新兴产业在国民经济体系中占有重要地位、符合国家未来发展战略目标、具有自主核心技术、能产生良好经济和社会效益的新兴产业。林源园（2010）认为，战略性新兴产业在各国转变经济增长方式、促进经济发展中将起到战略性的作用，它们代表着产业发展的一般方向。张一玲（2010）认为，战略性新兴产业是指关系国民经济社会发展和产业结构优化升级，具有全局性、长远性、导向性和动态性特征的新兴产业。朱瑞博（2010）认为，战略性新兴产业发展前景广阔，是经济增长的先导产业，关系一个国家或地区产业安全和经济命脉。

综合政府及学者的观点，战略性新兴产业可以界定为：在一个国家和地区具有科技引领作用、关系国家经济安全、优先发展的先行主导产业；对国民经济的发展与升级有着巨大的促进与先导作用，以高新技术发展为支撑，知识技术密集、资源消耗少、成长潜力巨大和环比效益高的产业；是关系国家经济命脉的、能够带动市场发育的、具有高科技含量的产业。

(二)战略性新兴产业的特征

与传统产业相比，战略性新兴产业在投入产出、生产方式、成长潜力和综合效益等方面具有较大的区别，主要体现在以下几方面。

1.高风险

主要包括以下三个层面：第一个层面是企业的市场风险。企业生命力的强弱主要体现在对市场的应变能力，能够迅速应对市场变化，实现预期收益的企业往往会得到相应的回报；反之，应对市场反应迟缓，短期内难以获得利益的企业将增加投资风险。第二个层面是行业技术风险。研发和技术的不确定性是战略性新兴产业所面临的另一大重要风险。比如，自金融危机之后，新能源产业和低碳产业并未如预期那样获得技术上的重大突破，有些产业呈现出大幅亏损现象。第三个层面是社会风险。即市场中可能存在垄断等不正当竞争行为及制度缺失所导致的道德风险。

2.高投入

新产业的发展初期需要在各方面投入较高的成本。一方面是产业发展初期的研发和固定资产需要大量的投入；另一方面是企业的规模扩张需要大量的资金和人力投入，产业的持续发展需要大量的融资来源。

3.高回报

由于战略性新兴产业具有主导性和前瞻性的特点，一旦投入生产并打入市场，收益也相对较高，特别是那些占据市场先导优势、具有较大市场份额和较强控制力的企业，在产业成长期具有更高的利润。

4.产业主导性

战略性新兴产业也是对国家经济发展起到重要贡献的主导产业，它不仅具有巨大的发展潜力和成长空间，而且能带动其关联产业的发展，引导相关产业的未来发展方向。

5.生产的智能化

与传统产业机械作业为主导的生产方式相比，战略性新兴产业建立在其强大的智能化生产方式基础之上。数字技术的发展使生产日益智能化，通过电子化信息的采集、传输和处理，极大地节约了时间和成本，大大提高了生产效率。

6.资源利用的有效性

与传统的低资源利用效率相比，战略性新兴产业可以通过资源的循环利用提高资源的有效性，解决过去发展与环境之间的矛盾，实现可持续发展。

四、海洋战略性新兴产业的概念与特征

(一)海洋战略性新兴产业相关概念

1.理论视角的界定

与西方国家相比，国内海洋战略性新兴产业的使用频率相对较高。从字面

意义上理解，海洋战略性新兴产业应该同时兼具"海洋""战略性""新兴性"三者的共性。自从温家宝同志2009年提出战略性新兴产业之后，作为其中之一的海洋经济发展进入了加速发展阶段。2010年年初，在"展望2010，撑起海洋战略性新兴产业"的讲话中，国家海洋局局长孙志辉指出，海洋战略性新兴产业是关系国民经济社会发展和海洋产业结构优化升级，在海洋经济发展中处于产业链条上游、掌握核心技术、附加值高、经济贡献大、耗能低的知识密集、技术密集、资金密集，在海洋经济发展中处于核心地位，引领海洋经济发展方向，具有全局性、长远性、导向性和动态性特征的海洋新兴产业。近两年，国内涌现了大量海洋战略性新兴产业的研究，涉及相关概念的文献主要包括以下几方面。

第一，从国家海洋战略发展视角进行界定。仲雯雯（2010）认为，中国的海洋战略性新兴产业主要是指能够体现国家的海洋战略意图，以海洋高新技术为首要特征，在海洋经济发展中具有广阔市场前景和巨大发展潜力，能够引领海洋经济发展方向，推动海洋产业结构升级和海洋经济增长方式转变的海洋新兴产业。王曙光（2008）认为，海洋战略性产业为海洋高新技术产业，具有战略意义的新兴海洋产业。中国海洋战略性新兴产业主要有海洋生物医药业、海水淡化和海水综合利用、海洋可再生能产业、海洋装备业、深海产业等。

第二，从产业链视角界定。向晓梅（2011）认为，海洋战略性新兴产业是指具有高技术引领性、资源综合利用性、环境友好性、与陆地经济的融合性、对国民经济的主导带动性的产业。姜秉国、韩立民（2011）认为，海洋战略性新兴产业是指以海洋高新科技发展为基础，以海洋高新科技成果产业化为核心内容，具有重大发展潜力和广阔市场需求，对相关海陆产业具有较大带动作用，可以有力增强国家海洋全面开发能力的海洋产业门类。张亿平（2012）认为，海洋战略性新兴产业是指在国民经济中有重要地位，具有自主创新能力强、科技含量高与生态环境和谐等特征，处于海洋产业链条高端，对上下游行业有巨大推动作用，能引领海洋经济发展方向，有较强的全局性、长远性和导向性的海洋新兴产业。

第三，从环境和资源的角度进行界定。姜江口（2011）等认为，当今世界，面对陆地资源日渐枯竭、天空资源开发风险较大等紧迫形势，很多国家都把未来战略重点转向蓝色海洋经济。而海洋战略性新兴产业就是指以海洋高新技术发展和海洋资源大规模开发为支撑的，具有重要引领作用、较强产业关联和巨大发展潜力的海洋新兴产业。宋河发等指出海洋战略新兴产业是科技含量高、产品价值高的先导性产业；是综合消耗少、环境污染小的友好型产业；是促进产业结构优化与升级的导向型产业。

第四，从科技的角度进行界定。李靖宇（2012）认为，海洋战略性新兴产业是以科技为其助推器的海洋产业，其首要特征就是有海洋高新技术的支持。仲雯雯（2010）认为，海洋战略性新兴产业应该具有科技含量高、技术水平高、环境友好的特征，是关系海洋经济的产业结构调整及能够带动整个国民经济不断发展的海洋高新技术产业。孙志辉（2010）认为，海洋战略性新兴产业是拥有新资源开发利用的配套装备和基础设施的高新技术产业。

2.实践视角的界定

自温家宝同志2009年提出海洋战略性新兴产业发展之后，为了贯彻落实《国务院关于加快培育和发展战略性新兴产业的决定》（国发〔2010〕32号），沿海各省分别基于自身发展的情况，界定了海洋战略性新兴产业的发展范围。具有代表性的包括：

（1）山东省。

2009年4月，胡锦涛同志在山东考察时指出："要大力发展海洋经济，科学开发海洋资源，培育海洋优势产业，打造山东半岛蓝色经济区。"目前，山东半岛蓝色经济区建设已经上升为国家战略。山东省委、省政府提出，通过突出发展新材料、新一代信息技术、新医药、新能源和海洋开发等重点产业，力图打造出具有国际先进水平的海洋经济改革发展示范区和中国东部沿海地区重要的经济增长极。主要的海洋战略性新兴产业领域包括：①海洋工程装备和高端船舶产业。覆盖海洋、电子、机械、材料、通信技术、工业设计、精密制造等领域。②海水淡化和综合利用产业。包括海水淡化、海水直接利用和海洋化学资源利用工业，是解决水和化学矿产资源危机的战略途径之一。③海洋生物医药产业。指以海洋生物资源为对象，以海洋生物技术为手段，以海洋药物和具有药用价值的海洋生物制品为主导产品，包含相关功能产品的产业类群。④海洋新能源产业。包括潮汐能、波浪能、潮流能、海洋风能区划及发电技术集成创新和转化应用。⑤深海战略资源开发产业。指以大洋深海资源，包括海底固体矿产（多金属结核、结壳）、深海石油天然气、海底热液硫化物、海底天然气水合物、深海生物及其基因、稀土资源等为对象的勘察和开发利用。

（2）广东省。

根据《广东省海洋战略性新兴产业发展"十二五"规划》，广东省确立了以下几大海洋战略性新兴产业为发展重点：①海水综合利用业。加快研发和推广海水综合利用的技术、工艺和装备并形成产业化，近期目标是实现海水淡化的技术突破，未来目标是海水直接利用，海水提取溴、镁、铀等。②海洋工程装备制造业。发展海水利用成套设备、深海勘探开采设备、海洋新能源开发设备及海洋环保设备制造业，具体包括海上作业平台、深潜设备、大型特种船舶、海洋风力发电设备、深海金属开采设备、海水污染处理设备等，形成具有较强国际竞争力的高端海洋装备制造产业群。③海洋生物医药业。发展海洋生物育种业、深海养殖业、海洋生物基因技术，研发海洋药物、海洋微生物产品、海洋生物功能制品、海洋生化制品等海洋生物医药制品，努力打造国家海洋生物医药的品牌基地。④海洋新能源产业。加快海洋风能、波浪能、潮汐能、潮流能、温差能发电技术的创新和发展，向广袤的海洋索取可持续的能源。⑤海洋环境产业。加快发展海洋资源循环利用技术、海洋污染防治技术、海洋生态保护和修复技术，促进海洋绿色经济的发展。⑥海洋现代服务业。依托海洋中心城市、主要港口和临港工业基地，大力发展现代港口物流、海洋会展业、海洋信息服务业、海洋航运业和海洋金融保险服务业，完善海洋经济产业结构。

（3）浙江省。

围绕浙江省"十二五"规划的阶段特点，浙江省海洋战略性新兴产业发展的重点领域体现在以下几个方面：①海洋工程装备和高端船舶制造业，覆盖海洋、电子、机械、材料、通信技术、工业设计、精密制造等领域。②海水淡化和综合利用业,发挥浙江省现有研发和产业优势,突出技术与装备国产化,巩固提升全国领先地位,增强海水淡化和综合利用业的国际竞争力。③海洋医药和生物制品业。指以海洋生物资源为对象,以海洋生物技术为手段,以海洋药物和具有药用价值的海洋生物制品为主导产品,包含相关功能产品的产业类群;发挥浙江海洋生物资源丰富、产业基础较好优势,坚持自主研发和引进消化结合,加快产业化水平,力争成为中国海洋医药和生物制品业重要基地。④海洋清洁能源业。包括潮汐能、潮流能、波浪能、海水温差能等海洋能和海上风能、海洋生物质能,对推动海岛开发、海洋勘探开发和海洋科研意义重大,发挥浙江省丰富的海上风能、潮汐能、潮流能等清洁能源和示范工程、科研团队优势,推进技术创新和产业化发展,增强海洋开发的能源安全保障能力。⑤海洋勘探开发服务业。指以大洋深海资源,包括海底固体矿产(多金属结核、结壳)、深海石油天然气、海底热液硫化物、海底天然气水合物、深海生物及其基因、稀土资源等为对象的勘察和开发利用,发挥国家海洋二所、杭州应用声学研究所等科研机构优势,加强海洋勘探开发领域技术性与应用性研究,增强浙江省海洋勘探开发和服务能力。⑥港航物流服务业。突出港航服务业作为浙江现代服务业发展重点的战略地位,着力建设以大宗商品交易平台,集输运网络、金融和信息支撑系统"三位一体"的港航物流服务体系,提升港航物流服务发展水平,推进浙江港航强省建成。

(4)江苏省。

江苏省对海洋新兴产业的规划,主要涉及装备、新能源、生物医药、海水资源、海洋服务业等领域,具体包括:①海洋工程装备制造业。技术方面,以创新高新技术为核心,通过高等院校和研发中心进行自主研发,国外企业进行技术引进,来加快工程装备制造业的发展。②海洋新能源利用业。基础建设方面,建设好海上风电场,抓好江苏省11个海洋风电项目的建设;技术方面,引进优秀人才,加强风电的研发、制造和运营。③海洋生物医药业。主要是加快海洋生物基因工程药物与海洋极端微生物的研究;通过对海洋医药技术的新研发,大型的海洋生物产业基地的建设,进而生产出高端的海洋生物技术产品。④海水综合利用业。通过一系列的海水淡化技术的研发,推动和培育海水利用设备制造以及推进示范性项目的建设来实现海水的综合利用。⑤海洋商务服务业。商务服务业需要信息、文化、企业主体、CBD等各种要素来支撑，所以应该加紧各类要素的投入和发展，其核心在于培育和引进涉海类的相关人才来推动现代海洋商务服务业。

（5）河北省。

在《河北省海洋科技及产业"十二五"发展规划》中，河北省提出了海洋战略性新兴产业的发展规划，具体包括：①海水利用业。主要是利用新的技术高效将海水转化成淡水，用以缓解城市中的淡水供给；其次是在海水中提取可利用的化学资源；再是将其两种利用方式结合，合成综合利用的效果。②海洋生物资源利用业。主要是对海洋生物医药的研发、生产加工和市场的开拓以及对这些产品的安全监控。③现代海水养殖业。重点是引进技术，使得传统的养殖方式向现代化新兴养殖方式转变，提高水产养殖的单位增长率，搞好区域示范效应，积极培育出生存力强、抗病能力强的新兴品种，对优秀的品种和科学的方法进行农业推广。

（6）辽宁省。

辽宁省对海洋战略性新兴产业的规划，主要以工程装备、产业基地、能源、海洋医药、海水利用、石化新材料为重点。①海洋工程装备制造业。大力发展海洋工程装备制造，实现辽宁省工程装备制造的产业集群；技术上突破一些核心技术，如大型原油运输船的研发；建设相对集中的产业基地，通过优秀企业作为主体制造生产，最终实现海洋工程制造的规模化、集聚化效应。②海洋新能源的开发和利用业。在海洋能源方面，辽宁省依托先天的自然条件优势，大力开发风电基地，加快建设丹东和葫芦岛风电能源基地，以其为示范拉动辽宁省其他新能源基地的发展。③海洋生物医药业。主要是加快技术的研发和海洋生物制药的基地建设，研发出具有高科技含量的医药产品，形成多个产业基地，吸引外资企业的集聚，刺激整个海洋医药的快速发展。④海水资源综合利用业。以技术的创新和海水装备制造为推动力，加强海水转化成淡水产业的发展，建设装备生产和研发基地，培训和支持重点项目的建设。建设海洋石化加工和新材料基地，加快油田开发和新兴材料的研发。

（7）福建省。

福建省将海洋战略性新兴产业的发展重点则集中在海洋生物医药业、邮轮游艇业、海洋工程装备业、海水综合利用业、海洋可再生能源利用业。

通过以上的分析我们不难看出，沿海各省主要以海洋工程装备和船舶制造业、海水开发与利用、海洋生物医药业、海洋新能源业这四个产业为海洋发展中心，通过这四个产业带动其他相关海洋产业的发展。在此基础上，各省根据自身的发展优势，发展航运、养殖、清洁等可持续发展产业，全面提高其自身的海洋竞争力和海洋产业升级换代的步伐。

3.本书的界定

通过以上对海洋战略性新兴产业的分析，本书从理论视角和实践视角对其概念进行梳理整合。理论视角认为，海洋战略性新兴产业应同时具备战略性新兴产业和海洋新兴产业的双重特征。战略性新兴产业的特点主要体现在对国民经济的主导作用，同时也关系着一个国家的经济命脉安全，对国民经济的发展与升级有着巨大的促进与先导作用，以高新技术发展为支撑，知识技术密集、资源消耗少、成长潜力巨大和环比效益高的产业。海洋新兴产业是社会发展到一定阶段的产物，以科技的创新和发展为基础，推动海洋产业结构的升级优化，创建海洋新兴产业群，推动海洋新兴产业的规模化、社会化，保障其健康可持续发展。海洋战略性新兴产业体现国家的海洋战略意图，关系国民社会发展和海洋产业结构的优化升级，在海洋经济发展中处于产业链条高端，是一个产业技术附加值高、经济效益显著、资源消耗低的知识密集、技术密集、资金密集产业。

从实践的角度来看，由于各省的海洋环境资源、海洋产业发展基础、比较优势等存在差异，沿海省市对海洋战略性新兴产业的界定范围和重点领域存在较大的差异，但上述分析表明，海洋育种与高效养殖、海洋工程装备和船舶制造业、海水开发与利用、海洋生物医药业、海洋新能源业、深海资源开发等产业将是中国海洋战略性新兴产业的最重要领域。

(二)海洋战略性新兴产业的特征

有关海洋战略性新兴产业的研究近两年才开始，相关研究的成果很少。就如何探讨海洋战略性新兴产业特征，学者们所阐述特征的形式多样，但内容基本一致。现有文献主要体现在：

诸大建（2002）等学者从五个方面详细阐述了涉海性是海洋产业的基本特征。王广凤（2007）等学者研究的是海洋主导产业，主要从其对社会经济的作用和影响分析其基本特征。叶向东（2009）学者主要分析了海洋产业的外向性、现代性和关联性。张帆（2009）学者从海洋环境、海洋空间、海洋资源等方面主要论述了区域海洋产业的地域特性，还从科技、效益和风险等角度论述了海洋产业的基本特征。刘大海等（2011）学者也从海洋空间和海洋资源的角度论述了海洋产业的特征。除从以上方面阐述海洋产业的特征外，还从企业的组织结构和对人才的依赖进行描述海洋产业的特征。

刘堃（2011）等学者主要从"全局性、导向性、创新性和高投入性"等特性对海洋战略性新兴产业进行了一些分析，同时从经济学的视角，阐述了其"准公共性、产业关联性、集群性和不确定性"的基本特征。姜秉国（2011）等学者也展开了一些研究，虽然表述的形式、内容不太一样，但实质差不多，也是从"全局性、长期性、关联性及高新科技性、发展潜力性、成长不确定性和政治性"分析了海洋战略性新兴产业的基本特征。徐胜（2011）学者从战略角度，分析出其如下特征："加速经济结构调整和方式转变、资源消耗低、综合效益好、节能环保、带动就业规模和结构转型"。向晓梅（2011）学者通过研究海洋产业发展的自身规律，同时结合战略性新兴产业的特征，认为海洋战略性新兴产业具有"高技术引领性、资源综合利用性、环境友好性、与陆地经济的融合性和对国民经济的主导带动性"五个方面的发展特征。其研究相对比较深入，观点更新颖、全面。

综上所述，笔者认为，要把握海洋战略性新兴产业的基本特征，需要将主导产业、海洋新兴产业和战略性新兴产业的基本特征结合起来分析，既具有它们之间的共性，也有其自身的独特性。作为国家"十二五"规划的重要领域之一，海洋战略性新兴产业将促进国内产业结构升级和加速海洋经济结构调整，具有战略前瞻性、科技支撑性、产业关联性、市场潜力性、新兴产业性、海洋归属性等一系列属性。

1.战略前瞻性

除了具有海洋新兴产业的"新兴"特征以外，海洋战略性新兴产业首先应该具有战略性和全局性。它不仅仅局限于短期的经济增长和发展，而是国家或地区未来发展的关键领域，具有引领未来海洋经济发展方向、提升海洋竞争力的作用。战略前瞻性，是指海洋战略性新兴产业在经济、社会发展和国家安全中具有全局而长远的影响，是关系国民经济发展全局的产业。海洋战略性新兴产业对带动海洋经济发展、提升海洋综合实力具有重大促进作用。海洋战略性新兴产业的发展有利于海洋产业结构调整和海洋经济发展方式转变，有利于解决社会可持续发展中面临的资源环境"瓶颈"，为海洋经济的长期发展提供必要的技术基础，在一些重要领域中能够保持海洋产业技术的领先地位。

从海洋战略性新兴产业概念中"海洋战略性新兴产业是体现国家海洋战略意图的产业"可以看出，海洋战略性新兴产业发展和布局要有战略发展眼光，即有一种战略意图，而这种战略意图集中于某一点上，发现、发展具有发展潜力的产业。应从国家经济发展和产业安全的整体角度出发，积极推进、协同发展。

2.科技支撑性

海洋战略性新兴产业具有推动技术创新和海洋产业结构调整的作用，即科技支撑性。科技支撑性，是指海洋战略性新兴产业以突破关键核心技术为基础，促进海洋科技成果产业化和规模化，增强海洋科技竞争力。海洋战略性新兴产业不仅能够迅速吸收最新的科技成果，而且能够创造出最新的市场价值，从而带动整个海洋产业的技术进步与发展，推动整个海洋产业结构调整与升级，是海洋战略性新兴产业的本质属性与特征。因此，海洋战略性新兴产业体现了海洋科技发展与进步的方向，具有海洋科技优势，从而提高了海洋资源配置的效率。

海洋战略性新兴产业是技术和知识密集型产业，因此相比其他产业来说其对科学技术的依赖性更强，是以海洋科学技术带动发展的产业。海洋战略性新兴产业要改变以往传统产业粗放问题也需要技术指导，因此体现了其科技支撑的属性。

3.高产业关联性

海洋战略性新兴产业具有较强的带动其他产业发展、促进经济发展的作用，即高产业关联性。高产业关联性，是指海洋战略性新兴产业是融合多行业的综合性产业，与其他产业之间存在较强的前向与后向联系，其发展能带动其他相关产业的发展，反过来，其他具有竞争力的相关产业的发展也能影响其发展。高产业关联性主要表现为海洋战略性新兴产业链条长、产业关联度大、带动系数大，具有强大的辐射作用，对海洋产业结构优化与调整的作用大，既是陆地经济向海洋经济的空间延伸，也是传统产业向未来产业在时间上的持续。因此，海洋战略性新兴产业能够形成对相关海洋产业乃至整个海洋经济的发展，产生重大而且广泛的关联扩散效应，形成发展优势。

海洋战略性新兴产业未来要发展成为主导产业，其必然具备某些主导产业的属性，正是这些属性使得主导产业和其相关产业得以发展起来。海洋战略性新兴产业处于海洋经济发展产业链条高端，可以促进海洋产业机构的优化升级，并带动相关产业的发展，体现了其具有产业关联性。

4.市场潜力性

海洋战略性新兴产业具有创造新的市场需求，获得持续较快的发展，即市场发展潜力大的特征。市场发展潜力大，是指海洋战略性新兴产业具有巨大的消费市场发展潜力和空间，能够引导社会市场需求，促进海洋经济整体发展。海洋战略性新兴产业能够技术创新，推动海洋产业结构发展与调整，就是通过扩大市场、增大市场需求起作用的。而通过技术创新和创造市场需求，又能够产生快速的增长，而且是自发形成的，与外在的因素无关，因此能够产生可持续的发展。

海洋战略性新兴产业依靠技术支撑，提高能源利用率，降低污染排放，符合中国和世界产业发展的趋势。从发展的效益上看，产业技术附加值高、经济效益显著，有良好的市场发展潜力。

5.新兴产业性

海洋战略性新兴产业具有新兴产业的一般特征，即新兴产业性。新兴产业性，是指从技术和市场的角度，海洋战略性新兴产业目前还处在技术创新阶段和市场开拓阶段，产业还不成熟、市场还没认知，但未来会突破技术创新和具有发展空间。因为新兴产业出现的时间较短，还没有形成成熟的上下游产业链条，加上产业政策的滞后性，新兴产业缺乏显性需求。因此，在今后一段时间，会有扩大的市场趋势。

海洋战略性新兴产业提倡自主创新和支持产权的自主化，重视核心技术的作用，是具有低污染、低资源消耗特点的朝阳产业，属于节能环保的低碳产业，这些都体现了新兴产业的特性。

6.海洋归属性

海洋战略性新兴产业具有海洋产业的基本属性，即海洋归属性。海洋归属性是海洋战略性新兴产业的基本性质，因为海洋战略性新兴产业首先是海洋产业，就具有海洋产业的基本特征。海洋产业具有外向性特征，世界上海洋是相通的，海洋与陆地的最大差别就是：第一，海洋具有无尽的流动性；第二，海洋难以准确地划分界线加以分割，因此，海洋是完全开放的，使得海洋经济成为开放型、国际型和全球化的经济。海洋产业具有关联性特征，海洋产业具有关联度大、渗透力强、辐射面广的特性。海洋相关产业是指在以各种投入产出关系为纽带，与主要海洋产业构成技术经济联系的上下游产业，涉及的海洋产业链比较长。海洋产业链不仅存在于纵向海洋产业之间，如海洋渔业、海洋盐业等，还存在于海洋产业的横向中，如海洋渔业的内部产业链。海洋产业具有现代性。海洋产业是根植于现代科学技术中的产业体系，对科学技术，特别是高科技的依赖性大。简单来讲，海洋归属性是指海洋战略性新兴产业的发展离不开海洋，其发展速度基于海洋科技的发展，是通过海洋科技，利用海洋资源，发展海洋产业经济。

海洋战略性新兴产业是依托海洋空间、能源、生物和化学等不断发展起来的产业。从概念上来看，海洋战略性新兴产业是把战略性新兴产业限制在海洋这个空间、地理、资源范围内，因此其必然有海洋归属性的特征。

最后，本书总结了战略性新兴产业、海洋新兴产业、海洋战略性新兴产业的概念与特征（见表2-1）。

表2-1 战略性新兴产业、海洋新兴产业、海洋战略性新兴产业的概念与特征

产业类型	概 念	特 征
战略性新兴产业	是一个国家和地区未来优先发展的主导产业，同时也关系着一个国家的经济命脉安全。对国民经济的发展与升级有着巨大的促进与先导作用，以高新技术发展为支撑，知识技术密集、资源消耗少、成长潜力巨大和环比效益高的产业	高风险：技术风险、市场风险和社会风险 高投入：固定资产与规模扩大，投入成本高 高回报：行业利润高 产业主导性：主导和引领相关产业发展 生产的智能化：建立在智能化生产方式基础之上 资源利用效率高：循环使用提高了资源利用效率
海洋新兴产业	海洋新兴产业是社会发展到一定阶段的产物，以科技的创新和发展为基础，推动海洋产业结构的升级优化，创建海洋新兴产业群，推动海洋新兴产业的规模化、社会化，保障其健康、可持续发展	高科技性：科技含量高、开发难度大 高成长性：处于产业生命周期的萌芽阶段或初期，潜力大 高风险性：发展具有相当大的不确定性 高增长性：发展势头良好，呈现出快速增长趋势
海洋战略性新兴产业	海洋战略性新兴产业体现国家的海洋战略意图，关系国民社会发展和海洋产业结构的优化升级，在海洋经济发展中处于产业链条高端，是一个产业技术附加值高、经济效益显著、资源消耗低的知识密集、技术密集、资金密集产业	战略前瞻性：具有全局性和长远性，是未来发展的关键领域 科技支撑性：具有推动科创创新和海洋产业结构升级的作用 产业关联性：与前向后向产业之间高度关联 市场潜力性：能创造新的需求，市场潜力巨大 新兴产业性：处于技术创新和市场开拓阶段 海洋归属性：具有海洋产业的特性

战略性新兴产业是20世纪世界各国重点建设、规划和发展的国家产业，在当今世界格局发生变化的时间，战略性新兴产业发展的阶段直接影响一个国家和地区的经济发展水平和地位，尤其是当陆地资源开发范围的缩小和局限，海洋成为每个国家和地区的发展焦点，也是世界各国竞争的集合点，海洋战略性新兴产业成为各国发展的重中之重。以战略性新兴产业为研究范畴的海洋战略性新兴产业是以海洋资源为依托，以战略性、创新性、可持续性为发展目标，利用现代海洋科学技术，深入开发挖掘海洋资源，形成新型海洋科技成果，满足更多需求的，具有广大发展潜力和较大带动作用的海洋类产业部门。

每个国家对海洋战略性新兴产业的定位不同，分类也有一定区别，结合我国现阶段发展状态，产业主要划分为海洋海底资源开发、海洋生物医药制造业、海洋机械及器材制造业、海洋能源生产和供应业、海水利用、海洋化工、海洋高端船舶制造业几大行业。这些行业的发展要与传统海洋产业的发展有区别，发展的战略规划、政策法规、目标理念、具体措施都要以海洋产业的战略性、可持续性、生态环保性、高效经济性为原则而设定和实施。

海洋战略性新兴产业具有很多传统产业不具有的产业特征，第一是战略性，海洋战略性新兴产业首先要有战略性特点，因为对于海洋资源的开发和使用必须站在战略制高点上，进行长期的长远的规划开发才能更好更全面更高效地开发和利用海洋资源；第二是新兴性，新兴是与传统相对应的，不同于传统产业以资源消耗为开发前提，海洋新兴产业是以低耗能、高产出为发展目标，充分开发海洋资源的同时，降低能源消耗，从而提高投入产出效果；第三是可持续性，海洋资源通过战略规划的长期长远性，还不能完全实现开发与环境的协调发展，只有站在可持续的角度去设计规划实施，才能真正把海洋这样一个蕴含丰富资源的载体，让其循环利用，从而避免传统产业发展的消极影响。

第二节　产业发展状况评价理论及模型

海洋经济发展的综合水平，是指在某一特定时期，沿海区域为了开发保护辖区内的海洋资源、合理利用其海洋空间，促进当地经济社会的发展，在海洋开发保护管理过程中呈现出来的综合发展水平。确立评价的指标体系是进行综合评价的基础，对海洋经济发展水平进行综合评估，需要建立一套具有描述、分析、评价、预测等功能的海洋经济发展水平综合评估指标体系，按照综合水平的内涵，构造一系列相互联系、作用的评价指标，从不同维度反映海洋经济发展的各个层面及联系。

一、海洋经济发展综合水平评价指标体系的构建

(一)海洋经济评估体系设计基础

海洋经济是一个复杂的多层次的系统,任何一个单一的指标都具有一定的解释能力,但又无法完整地反映海洋经济的发展全貌,因此设计指标体系应是能够多层次、系统、全面反映海洋经济发展状况的综合指标体系。海洋经济发展水平综合评价体系的设计应该包含以下三大体系特征。

第一,资源环境体系是海洋经济健康发展的物质保障和基础,是评判海洋经济发展水平不可或缺的组成部分。海洋的资源藏量一方面缓解了陆域资源的短缺,另一方面也带动了整个沿海地区经济发展的产业链条。该层面的设计应包括可利用资源种类、数量、质量、利用率和利用状况,不但从量上反映资源丰富程度,也从质上体现海洋资源的利用效率。随着海洋资源开发和利用的深度和广度,海洋遭到污染和破坏,为了实现海洋资源可持续利用和发展,海洋环境的保护和治理水平至关重要。故该层面的设计应涵盖环境污染程度、环境治理和保护能力。鉴于海洋资源和环境均属于生态系统,且其具有诸多共性和关联性,故将两者结合作为一个分析大类。

第二,产业发展体系是反映海洋经济发展水平最重要和最直观的组成部分,将其涵括在对海洋经济发展的分析内是毋庸置疑、不可或缺的。该层面体现海洋经济体系的基本经济特性,衡量海洋经济发展水平。该子体系考虑海洋经济增长规模、经济增长质量水平,从海洋经济发展的总量及增长、海洋经济的产业结构及比例、海洋经济的发展效益和效率等因素着手。

第三,社会体系是对海洋经济体系的重要补充,海洋资源由人类开发和利用,海洋经济的发展由人类推动,其成果必将由人类共享,最终体现海洋经济社会发展的综合水平,有效地衡量了海洋经济发展的高效健康与否。该体系包括沿海社会人口生活发展水平、海洋科技发展水平和海洋事务综合管理能力,反映社会各方面的因素。特别是山东省蓝色经济区建设项目强调海陆统筹,在评价海洋经济发展水平的过程中把社会发展状况作为考察要素有其必要性和重

要性。难以否认，如果没有海洋这块宝藏，沿海地区的社会发展不会如此迅速，沿海地区社会发展水平极大限度地显现了其海洋经济的发展水平。

(二)指标的选择和释义

海洋经济发展水平的评估不仅体现在海洋产业发展的成果上，更突出表现在科技进步水平、环境保护、资源合理开发与利用及对沿海省份社会发展的推动作用方面。因此，本书选取了此三个角度作为指标体系的大框架，依据指标体系建立的原则结合海洋经济发展水平的数据特征和可得性遴选、构建表征指标，建立了一套能够反映海洋经济发展水平的综合评估指标体系（见表2-2）。该体系分为四个层次：第一层为目标层，即海洋经济发展水平（A）；第二层为系统层，包括海洋资源环境状况（B1）、海洋产业经济发展水平（B2）及沿海地区社会发展水平（B3）三个方面；第三层为准则层，包括海洋资源利用状况（C1）、海洋环境污染与治理状况（C2）、海洋经济发展规模（C3）、海洋经济发展质量（C4）、沿海地区人口与生活质量（C5）、科技发展水平（C6）与海洋综合管理能力（C7）；第四层为指标层（D），最初设定40个综合指标，经过再次甄别经咨询数位经济专家意见和初步计算的权重做二次筛选，最终确定29项指标。下面就选定的评价山东省海洋经济发展水平的29项基础指标加以解释，并对需要经过计算得出的指标计算公式做出说明。

表2-2　海洋经济发展水平的综合评估指标体系

目标层 A	系统层 B	准则层 C	指标层 D
海洋经济发展水平	海洋资源环境状况（B1）	海洋资源利用状况（C1）	海水养殖面积
			盐田总面积
			单位岸线经济密度
			海域利用效率
		海洋环境污染与治理状况（C2）	沿海地区工业废水排放总量
			沿海地区工业固体废物产生量
			沿海地区环保投入占地区生产总值比重
			海洋类型自然保护区面积比重
			清洁、较清洁海域比例

续表

目标层A	系统层B	准则层C	指标层D
海洋经济发展水平	海洋产业经济发展水平（B2）	海洋经济发展规模（C3）	海洋产业总产值增长率
			海洋产业总产值占地区总产值的比重
			海洋生产总值占全国海洋生产总值的比重
			港口货物吞吐量
		海洋经济发展质量（C4）	滨海旅游业的收入
			海洋第二产业产值比重
			海洋第三产业产值比重
			人均海洋产业产值
			涉海就业人员比重
	沿海地区社会发展水平（B3）	沿海地区人口与生活质量（C5）	沿海人口密度
			城镇化水平
			沿海地区人均可支配收入
			恩格尔系数
		科技发展水平（C6）	海洋科研机构数量
			海洋专业数量
			技术人员人均课题数
			海洋科研机构拥有发明专利总数
		海洋综合管理能力（C7）	海域使用金
			滨海观测台
			确权海域面积比重

　　第一，海洋资源利用和环境保护水平包含9项四级指标，均从不同角度诠释和表征其利用和发展水平。

　　海洋资源发展水平是海洋经济健康、持续发展的基本要素，其对区域海洋经济的发展起基础性支撑作用，反映某一沿海区域范围内海洋资源的数量和质量水平。该部分包括海水养殖面积、盐田总面积、单位岸线经济密度和海域利用效率4项指标。其中，海水养殖面积和盐田总面积表示海洋资源的开发利用总量状况，反映海洋资源的利用丰度，单位岸线经济密度和海域利用效率两项指标集中反映了海洋资源利用的质量和效率水平。单位岸线经济密度=海洋生产总值/海岸线长度×100%，表示单位海岸线的经济产出，反映利用海洋的综合产出情况；海域利用效率=海洋生产总值/确权海域×100%，即单位确权海域面积产值，也反映了海域利用的综合产出状况。

海洋环境保护治理水平包括海洋环境污染状况和反映对污染的处理状况两方面。生态环境污染程度的高低是海洋经济增长质量高低的一个重要标志，海洋环境污染因素的指标，主要反映对海洋经济高效、可持续发展的压力，是制约海洋经济发展的负向指标。

沿海地区的工业和生活污水将大量污染物携带入海，给近岸海域尤其是排污口邻近海域环境造成巨大压力，同时陆域与海域相连，陆源污染物对海洋环境的影响严重。因此本书选取了沿海地区工业废水排放总量和沿海地区工业固体废物产生量作为衡量海洋污染状况的指标。海洋环境保护水平包括沿海地区环保投入占地区生产总值比重、海洋类型自然保护区面积比重及清洁、较清洁海域比例3项指标，它们反映环境污染控制能力与控制成效。环保投入越大，沿海地区的环境控制和自净能力越强，海洋环境就越好，海洋保护区可以维护海洋基本生态学过程，保护海洋生物多样性，说明海洋资源的恢复能力和海洋环境保护现状，用其比率反映海洋类型保护区变化情况，清洁、较清洁海域比例反映海洋水质基本情况，表明海洋环境的保护成效，其比例越高，海洋环境质量越高。

第二，海洋产业经济发展水平包括9项指标，分别从经济发展的规模和产业发展结构、效率等角度诠释海洋经济产业发展状况。其中，海洋产业总产值增长率反映海洋经济增长的速度和发展水平，是体现经济增长稳定性的最优指标，计算方法为按可比价格计算报告期海洋生产总值减去基期海洋生产总值的增量，再除以基期海洋生产总值；海洋产业总产值占地区总产值的比重表示地区生产总值几成来自海洋，体现了海洋经济对国民经济的贡献，计算方法为：海洋生产总值/地区GDP×100%；海洋生产总值占全国海洋生产总值的比重是对地区海洋经济发展水平实力的重要补充，体现了地区海洋经济发展竞争力水平，计算公式为：地区海洋生产总值/全国海洋生产总值×100%。港口货物吞吐量是衡量国家、地区、城市建设和发展的量化参考依据，该指标反映港口生产能力大小和生产经营活动成果，一般说来该指标值越大，表明港口基本设施水平越高，从而海洋产业发展能力越强。滨海旅游业的收入可以说明海洋经济发展的质量。

　　海洋经济结构反映海洋经济所处的发展阶段是否协调合理，也是评估海洋经济总体发展水平的重要内容。海洋第二产业产值比重是指海洋第二产业总产值占全部产业总产值的比例，是衡量海洋经济运行结构是否合理的重要评价指标。第二产业所占份额逐渐提高，说明产业结构趋于合理化。公式为：海洋第二产业产值比重=海洋第二产业总产值/海洋产业总产值×100%。同理，海洋第三产业产值比重是指海洋第三产业总产值占全部产业总产值的比例，也是衡量海洋经济运行结构是否合理的重要评价指标，公式为：海洋第三产业产值比重=海洋第三产业总产值/海洋产业总产值×100%。人均海洋产业产值按人口平均的海洋经济发展水平，立足于对地区海洋经济的影响，综合反映了海洋生产力的发展水平，是反映海洋宏观经济效益的一个重要指标。涉海就业人员比重从吸收劳动力的角度反映了区域海洋经济的规模和在区域经济发展中的地位与贡献，计算公式为：涉海就业人员比重=涉海就业人数/山东省就业人员总数×100%，反映涉海就业对促进地区就业情况。

　　第三，沿海地区社会发展水平体系包括11项指标，该指标系列从人口生活、区域社会经济发展水平，科技发展水平和海洋事务综合管理能力着手，以全面反映沿海地区社会发展的水平和潜力。

　　海岸带生态自然环境脆弱，只能承载有限的人口压力，但城市的发展使得人口太过密集，会影响海洋经济发展的综合水平，对沿海地区未来的发展造成一定影响。用沿海人口密度来描述该地区自然环境的人口压力，计算公式为：沿海人口密度=沿海城市人口总量/海岸线长度×100%；城镇化水平、沿海地区人均可支配收入与恩格尔系数都是衡量沿海地区人们生活质量的指标，海洋经济的发展是否改善了沿海地区人民的收入、消费和生活水平，提升了沿海地区的生活层次，可以较好地反映海洋经济发展的社会效益水平。

　　海洋科技对海洋经济的影响渗透到海洋经济发展系统的各个要素，并始终贯穿海洋经济发展的不同历史进程,对海洋经济的稳健、生态发展产生巨大推动作用,利用海洋科技可提高海洋环境保护效率,提升对海洋资源的利用能力。因此,海洋科技发展水平是体现海洋经济发展水平能力和潜力的重要标志。本书选取海洋科研机构数量、海洋专业技术人员数量、人均课题数和海洋科研机构拥有发明专利总数4个表征指标,它们反映了一个地区的科研实力和科技创新能力。

海洋科研工作具有资金密集性和长周期性,因此一个地区的海洋科研机构最能反映地区对海洋科技的投入水平,而只有具有较高海洋经济发展水平的地区才拥有数量较多、质量好的海洋科研机构,因此海洋科研机构可以很好地表征一个地区海洋经济发展综合水平;同时,一个质量优良的海洋科研机构需要配备精良的海洋科研团队和高质量的海洋科研人才,海洋专业技术人员越多,表示该地区海洋科研能力越强,其海洋经济发展水平就越高;海洋科技效率也是反映海洋科研能力强弱的重要指标,显而易见,一个地区的海洋科技效率高,其海洋经济发展程度就高。而大多数海洋科技投入由于海洋科技产出的相对时滞性(特别是应用研究与基础研究)并不会立即显现直接效果,基于数据的可获得性,我们用人均承担的科研课题数量表征海洋科技效率,通常来看,海洋科技活动人员人均承担的科研课题数越多,海洋科技效率越高;同时,一个地区海洋发明专利总数越多,海洋科技创新能力和水平就越高。

随着海洋资源开发程度的加深,人们的海洋事务管理水平日益提升,以改变海洋资源利用的无序和低效状态,通过相关部门和政策引导人们发展海洋经济,实现海洋资源效益价值最大化和最优利用程度。因此一个地区海洋事务管理能力越强,表明其海洋发展的综合实力越强。本书选取了海域使用金、滨海观测台和确权海域面积比重3个指标衡量海洋的管理能力。海域使用金额实现海域使用的有偿性机制,反映海域资源管理深度,滨海观测台的数目体现对海洋灾害、气象等管理投入,确权海域面积用累计确权海域面积/全部海域面积×100%计算,反映了海域管理广度;以上3个指标越大,表明海洋综合管理水平越高。

二、综合评价方法的介绍

(一)基于熵值法的评价指标权重的确定

权重度量了评价指标在整个评价指标体系中的重要程度，反映指标的重要性。对指标进行综合评价时，各个指标对山东省海洋经济发展水平的作用存在差别，在指标体系确定后，必须对各个指标赋予不同的权重系数以体现不同评价指标在评价指标体系中的作用地位及重要程度。确定指标权重是构建海洋经济评价指标体系的重要工作，极大地影响了评价结果能否真实地反映海洋经济发展的实际水平。

目前评价指标体系权重的确定方法大致归为两类：一类是主观赋权法，如层次分析法、专家意见法；另一类是客观赋权法，包括均方差法、变异系数法与熵值法等。主观赋权法是各个专家根据经验和理论水平来确定权重，会造成评价结果可能由于人的主观因素而形成偏差；客观赋权法依据各指标提供的信息量或联系程度决定指标权重，原始信息直接来源于客观环境。本书选用信息熵来确定指标权重，为海洋经济发展实力评估提供科学依据。

熵权法是一种依据各指标值所包含的信息量的大小，来确定决策指标权重的客观赋权法。在信息论中，熵值反映了信息无序化程度，其值越小，系统无序度越小，信息的效用值越大，其权重也应越大；其值越大，系统无序度越高，信息的效用值越小，权重也就越小。即在海洋经济发展水平评估中，某项指标的熵越大，其对海洋经济发展水平的影响产生的有用信息越小，权重系数就越低；反之，某项指标的熵越小，其对海洋经济发展水平的影响评判中产生的无用信息就越小，权重系数就越大。所以，可以根据各项指标效用值的差异程度，利用信息熵计算各指标的权重。

熵值赋权法计算步骤如下：

①构建 m 个评价对象，n 个评价指标的判断矩阵 $R=(X_{ij})_{mn}$，($i=1, 2,\cdots,m; j=1,2,\cdots,n$)。

②将各指标同度量化，计算第 j 项指标下第 i 个样本指标值的比重，即采用

比重法对指标原始值进行了标准化。

$$p_{ij} = x_{ij} / \sum_{i=1}^{m} x_{ij} \qquad (2-1)$$

③计算第 j 项指标的熵值，利用熵值公式计算评价指标的熵值。

$$e_j = -k \sum_{i=1}^{m} p_{ij} \ln p_{ij} \qquad (2-2)$$

其中 $k = \dfrac{1}{\ln m}(i = 1, 2, \cdots, m; j = 1, 2, \cdots, n)$。

④计算第 j 项指标的差异性系数 g_j。熵值越小，指标间差异性越大，指标在综合评价中所起作用就越大。

$$g_j = 1 - e_j \qquad (2-3)$$

⑤用熵值法估算各指标的权重，本质是利用该指标信息的价值系数，最后可以计算得到第 j 项指标的权重定义 w_j。

$$w_j = \frac{g_j}{\sum_{j=1}^{m} g_j} \qquad (2-4)$$

本书采用多层次加权计算综合评价值，对29项基础指标权重，按所在准则层进行加权，而后根据各基础指标权重所占比例重新分配权重，得到调整后的指标权重，依此类推，分别得到准则层和系统层相应指标权重。

(二)灰色多层次综合评价模型

1.灰色评价法的基本思想和原理

1982年我国著名学者邓聚龙教授提出了灰色系统理论，它的研究对象是"部分信息已知，部分信息未知"的"贫信息"不确定性系统，利用已知信息来确定系统的未知信息，数据或多或少都可以分析，对样本量没有严格的要求，也不要求服从任何典型分布规律，且不会出现量化结果与定性分析不一致的情况。

关联分析的基本思想是根据序列曲线几何形状的相似程度来判断序列之间的联系是否紧密，表征了两个事物的关联程度，曲线越接近，相应序列之间的关联度就越大，反之就越小。关联分析是灰色系统分析、评价和决策的基础。

海洋经济系统是一个发展变化的复杂系统，结构关系模糊，层次明显复杂，呈动态随机变化，且我国海洋经济综合实力水平评价指标的样本统计数据样本空间有限，灰色关联度分析方法正好可以弥补样本空间小的劣势，因此，灰色关联度的评价结果在某种程度上说是最适合海洋经济综合实力的评价方法，通过灰色多层次综合评价从整体上得到一个综合性的指标值来反映海洋经济综合水平的演化与发展。

2.基于灰色关联分析的灰色综合评价方法

灰色多层次综合评价具体步骤如下。

（1）确定评价指标。

评价指标反映出评价对象的多种属性和性能，是对评价对象进行比较的依据。设系统有 m 个评价对象，n 个评价指标，则构成原始评判矩阵 X：

$$X = \begin{bmatrix} X_{11} & \cdots & X_{1n} \\ \cdots & \cdots & \cdots \\ X_{m1} & \cdots & X_{mn} \end{bmatrix}$$

（2）确定最优指标集（F^*）。

各评价指标的最优值组成的集合称为最优指标集，它是评价对象间比较的基准。设 $F^* = \begin{bmatrix} j_1^* \cdots j_n^* \end{bmatrix}$，式中 $j_k^*(k=1,2\cdots,n)$ 为第 k 个指标的最优值。在指标中，若某指标取值越大越好，则该取该指标在评价对象的最大值；若取值越小越好，则取评价对象的最小值。选定最优指标集后，最优指标集和评价对象的指标组成矩阵 D：

$$D = \begin{bmatrix} j_1^* & j_2^* & \cdots & j_n^* \\ j_1^1 & j_2^1 & \cdots & j_n^1 \\ \cdots & \cdots & \cdots & \cdots \\ j_1^m & j_2^m & \cdots & j_n^m \end{bmatrix}$$

式中 j_k^i 为第 i 个评价对象的第 k 个指标的原始数值。

（3）计算关联系数，求取评判矩阵。

根据灰色系统理论，将最优数列作为参考数列，将其他数列作为被比较数列，用关联分析法分别求得第 i 个评价对象第 k 个指标与第 k 个最优指标的关联

系数$\varepsilon_i(k)$,

$$\varepsilon_i(k)=\frac{\min\limits_i\min\limits_k\left|j_k^*-j_k^i\right|+\rho\max\limits_i\max\limits_k\left|j_k^*-j_k^i\right|}{\left|j_k^*-j_k^i\right|+\rho\max\limits_i\max\limits_k\left|j_k^*-j_k^i\right|} \tag{2-5}$$

式中ρ为分辨系数，在$[0，1]$中取值，一般取$\rho=0.5$，$\min\limits_i\min\limits_k\left|j_k^*-j_k^i\right|$为两级最小差，$\max\limits_i\max\limits_k\left|j_k^*-j_k^i\right|$为两级最大差，则各指标的评判矩阵即关联系数为$E$:

$$E=\begin{bmatrix}\varepsilon_1(1) & \varepsilon_1(2) & \cdots & \varepsilon_1(n)\\ \varepsilon_2(1) & \varepsilon_2(2) & \cdots & \varepsilon_2(n)\\ \cdots & \cdots & \cdots & \cdots\\ \varepsilon_m(1) & \varepsilon_m(2) & \cdots & \varepsilon_m(n)\end{bmatrix} \tag{2-6}$$

式中，$\varepsilon_i(k)$为第i个样本第k个最优指标的关联系数。

(4) 建立灰色单层次评判模型，$R=E\times W$，式中$R=[r_1，r_2，\cdots，r_m]^T$为m个被评判对象的综合评判结果向量，$r_i=\sum\limits_{k=1}^{n}w(k)\times\varepsilon_i(k)$，$W=[w_1，w_2，\cdots，w_m]^T$为$n$个评价指标的权重分配向量，其中$\sum\limits_{j=1}^{n}w_j=1$。

(5) 系统指标由不同层次构成，建立多层评判模型。

当评价对象的各个指标间分为不同层次时，需采用多层次综合评价模型。灰色多层次综合评判是以单层次综合评价模型为基础，将单层（较低层次）评价结果矩阵作为下一个层次的原始指标列，再重复进行下一层次单层评判计算，依此类推直至最高层。若灰色关联度r_i越大，说明该评价对象与最优指标越接近，即第i个评价对象越优于其他，据此可以排出之间的优劣次序。

(三)层次分析法

美国运筹学家T.L.Saaty教授于20世纪70年代提出了层次分析法（the analytic hierarchy process，AHP），它是将定量和定性分析相结合的一种系统分析方法。层次分析法将一个复杂的多目标决策问题看作一个系统，把一个复杂的问题分解成各个组成因素，并将这些因素按支配关系分解为多指标的若干层次，通过两两比较判断确定每一层次各组成因素的相对重要性，通过定性指标模糊量化方法算出层次单排序（权数），然后得到影响因素对于目标的重要性的总排序。AHP方法的基本原理是：首先根据所要分析的问题建立一个描述系统状况的层次结构，这一层次结构必须是递阶且内部独立的；然后构造判断矩阵对每一层次组成要素进行两两重要性的比较，并根据比较结果计算每一层各要素的权重；最后根据重要性总排序，按最大权重原则确定最优方案。具体分析步骤如下：

1.建立层次结构模型

根据具体问题选定影响因素，找出有隶属关系的要素，将这些影响因素按隶属关系组合分层，由此建立层次结构模型，但要保证各层组成要素间的相对独立性。层次结构目标层、准则层、子准则层、方案层，具体划分应依情况而定。

2.构造判断矩阵

这是层次分析法的一个关键步骤，建立递阶层次结构以后，元素的并列、从属关系就明确了。从层次结构模型第二层开始，对其所支配的下层元素进行两两比较，构造各层因素对上一层每个因素的比较判断矩阵。设某一层次 A 有 B_1，B_2，B_3，…，B_n 个构成要素，这些要素之间应该是相互独立的，构造判断矩阵的目的是比较这些构成因素对层次 A 的影响程度，亦即重要性，也就是计算这些指标在上一层中的比重，对这些构成因素进行影响程度排序。为避免单个专家判断的片面性，应邀请多位专家对层次结构模型进行矩阵判断。每位专家要对每一层次的构成因素进行矩阵判断，两两比较其重要性，做出两两比较判断矩阵。

3.层次排序

层次排序分为层次单排序和层次总排序。层次单排序的目的是对某一层次各元素的重要性排序。考虑到一个专家打分的片面性，可邀请多位专家对层次结构模型做矩阵判断，分别计算每一位专家矩阵判断下的各指标权重，最后取所有专家矩阵判断下权重的算术平均值或几何平均值，再归一化，就可以得到一个指标的权重。利用所有层次单排序的结果，就可以计算出层次总排序，这里所说的层次总排序，主要指针对决策目标的权重排序。

4.判断矩阵的一致性检验

由于被比较对象的复杂性和决策者主观判断的模糊性，出现不一致的情况也是正常的。当判断矩阵的阶数大于2时，构造的判断矩阵往往会出现不一致性问题。但判断矩阵的不一致性应有一个度，要在合理的范围内，如果出现第一个构成因素比第二个因素重要，第二个因素比第三个因素重要，第三个因素又比第一个因素重要的情况，就明显不符合常理，那么判断矩阵就没有什么意义。所以要鉴别判断矩阵是否可以接受，即对判断矩阵进行一致性检验。

第三节　主导产业选择理论与方法

海洋战略性新兴产业为海洋事业的发展指明了方向，引导海洋经济走向健康、良性的发展道路，并且带动相关产业链形成与发展，因而选择合适的海洋战略性新兴产业，对于一国海洋经济发展的意义非常重要。本章通过归纳与梳理国内外关于海洋战略性新兴产业选择的文献资料，为后文进行具体的中国海洋战略性新兴产业选择提供理论依据和方法指导。

从现有国内外学者对海洋战略性新兴及相关产业选择的文献分析，目前主要是从三个方面来研究产业选择的问题，分别是产业选择的理论依据、产业选择的基准原则、产业选择的方法体系。由于战略性新兴产业是在2008年的全球金融危机之后才提出的，现有文献专门针对海洋战略性新兴产业选择的并不太多，其他相关产业的选择也可为海洋战略性新兴产业选择提供借鉴和参考。所以，本章对于每个维度的研究与写作思路主要是从一般产业选择到主导产业、新兴产业，再到战略性新兴产业、海洋新兴产业，最后到海洋战略性新兴产业选择进行展开阐述的。

海洋战略性新兴产业的发展对海洋经济和中国未来经济发展有着举足轻重的作用。基于对现有产业选择的理论依据梳理的总结，按照"主导产业—海洋产业—战略性新兴产业"的发展思路，结合海洋产业的特点和适用性，总结出海洋战略性新兴产业可选择的理论依据，并从狭义的理论依据、选择的主要方向、选择的侧重点和选择的最终目标四个方面进行了论述。提出海洋战略性新兴产业的选择应以主导产业的选择理论为基础，重点把握其对经济发展的高度带动作用，扩散效应与低碳产业链结合，形成产业关联度大，能够形成一批产业链集群的低碳产业链。海洋战略性新兴产业应比其他产业更注重于国家和国际上倡导的向可持续发展和环境友好发展。要突出新兴产业技术核心的特征发展海洋战略性新兴产业，形成以技术为核心的产业化，特别是以自主创新为核心的技术产业化。海洋战略性新兴产业应能为劳动者带来稳定的岗位和劳动场所，改善就业问题。

伴随着世界经济的不断发展，陆地资源的不断匮乏已不能再适应高经济增长的需求，于是海洋产业的发展已经受到越来越多国家的重视。海洋及相关产业占国家 GDP 的比重也在逐年上升。据国家海洋局在其官方网站发布的《2011 年中国海洋经济统计公报》数据显示，2011 年全国海洋生产总值 45570 亿元，比上年增长 10.4%，海洋生产总值占国内生产总值的 9.7%。海洋产业已被列入"十二五"国家战略性新兴产业的规划之中。中国对于海洋战略性新兴产业的研究还处于起步阶段，国内更多的是基于战略性新兴产业的研究。国外对于海洋战略性新兴产业的选择，更多的是依附于对于"主导产业—海洋产业—战略性新兴产业"相关的产业理论的沿袭和继承，并在传统产业选择的基础上更大限度地紧贴海洋产业所具有的一些基本特征，为海洋战略性新兴产业的选择提供了宝贵的经验借鉴和实践积累。鉴于海洋战略性新兴产业的特点和发展方向与主导产业、海洋产业、战略性新兴产业具有密切的关联性和沿袭性，梳理主导产业、海洋产业和战略性新兴产业选择的有关理论依据，对于更进一步把握海洋战略性新兴产业选择的理论依据有很好的指导作用。

一、主导产业选择的理论依据

(一)国外主导产业选择理论

发展极理论又称增长极理论，由法国经济学家佩鲁在 1955 年提出。该理论认为，增长在不同地区是以不同速度进行的。主导产业和那些具有创新能力行业增长速度较快，这些主导产业在空间上的集聚会形成一种中心，这种中心具有规模经济效益，自身增长迅速，并对邻近地区产生强大辐射作用，通过这些中心的优先增长，可以带动周围地区的经济发展。这种发展实际上是主导产业和创新能力行业在空间上的集中。主导产业的发展具有集聚效应的外在表现。

1990年，哈佛商学院的迈克尔·波特在他的《国家竞争优势》一书中提出"国家竞争优势"理论（也称"波特钻石理论"），用于分析某种产业为何会有较强的竞争力。该理论指出决定一个国家的某种产业竞争力的有四个因素：生产要素，需求条件，相关产业和支持产业的表现，企业的战略、结构、竞争对手的表现。该理论对于主导产业选择的借鉴在于，主导产业要想有竞争力，就要从以上几个方面分析自身和对手的状况，以确保自身具有良好竞争力的因素。

Trajtenberg的比较优势理论认为，作为国家在国际市场上的竞争，不是看一国生产的产品的种类繁多，而是生产本国比较有优势的产品而进口本国比较有劣势的产品。由此得出，各国都应充分发展具有比较优势的产业，特别是具有发展潜力、市场广阔并能带动整个产业结构发展的产业。该理论在现有的市场竞争中仍有重要显现，如发展中国家生产低价产品，加工、装配产品具有劳动力优势。发达国家科技发达，其高新电子产品在国际市场上具有竞争优势。

(二)国内主导产业选择理论

王辰认为，在产业序列中，各种产业都需要，但是它们的地位和作用却不相同。主导产业总是处于结构领先地位并带动产业结构的高度化。主导产业对其他产业的推动作用必须建立在产业结构大体协调的基础上。在依据主导产业选择基准的基础上确立主导产业之后，要想保证主导产业作用的顺利实现，还必须有相应的配套条件，尤其如价格机制和产业间要素流动机制等一些制度性因素对主导产业的成长和发挥主导性作用至关重要。

曾国安认为，一个产业部门要成为主导产业部门必须符合较高的生产率、收入弹性、产品用途广泛和关联效应大等方面的标准，但是符合这些标准中的一个或几个的产业很多，并不是所有的都能成为主导产业，我们必须结合一国的资源和发展的实际情况选择主导产业。

卢正惠认为，现代区域的经济增长首先应是区域主导产业的增长。从经济发展的历史来看，特定的产业结构是与一定的经济发展阶段和发展水平相适应的。他认为经济发展的三个阶段伴随着产业结构的演变，分为开发初期的主导产业以农业手工、采矿业为主；到聚集发展阶段的农副产品加工业，扩散期的先进科技制造业；到成熟期的高新技术和信息产业为主。鉴于以上因素在选择区域主导产业时需要考虑，区域的经济背景和环境、发展的阶段和目标以及市场潜力、产业的成长性和生命周期等。

郭克莎根据工业化新时期经济增长所面临的一些问题，提出新兴主导产业能化解这一系列制约因素，并从产业的增长潜力、就业功能、带动效应、生产率上升率、技术密集度、可持续发展性六个方面来对新兴主导产业的选择问题进行了分析。

(三)海洋战略性新兴产业选择要以主导产业选择理论为基础

通过对国内外有关主导产业的主要理论的分析，可以发现主导产业选择的理论依据从最初的单纯着眼于开发未利用的资源而促成经济的快速增长，到选择产业关联性高和带动作用大的产业，再到对主导产业逐渐有更深的认识，了解其周期性结构调整和变化的规律。随着主导产业的理论研究不断深化，主导产业的选择理论也在不断变化，某些具有潜力的产业未来也能发展成主导产业。加之海洋战略性新兴产业是战略性新兴产业在依托海洋资源下的发展，未来将要发展成为主导产业，且在产业发展规律上有一定的沿袭性。因此，它的选择一定要具备主导产业发展的特征，在理论基础的选择上也要以主导产业为依据。经过各国专家多年对主导产业选择理论的研究，至今以主导产业能带动经济的高速发展为基本理论依据，具有产业关联性，增长极理论、比较优势理论等为主要选择理论，还囊括了发展潜力、以科学技术为代表的创新理论并充分考虑环境、就业等因素，鉴于海洋战略性新兴产业选择的理论基础更多地依附于主导产业，并且未来将发展为海洋产业中的主导产业。通过对主导产业选择理论的分析，发现主导产业选择的理论中对于经济影响的依据源于主导产业对经济的高度带动作用；从产业相互关系来看具有产业关联性高、能带动相关产业的发展，从产业竞争力来看具有比较竞争优势；从产业技术水平来看具有创新性高和技术水平密集度高的特点；从产业对民生的影响来看，对增加就业、提高工人的劳动力水平都有积极影响。

二、海洋战略性新兴产业选择的理论依据

(一)现有研究述评

目前，中国具有针对性关于海洋战略性新兴产业的理论研究甚少，且现有的大部分研究也是基于中国大力发展战略性新兴产业的需要而提出的。孙加韬提出要从四个方面分析中国海洋战略性新兴产业的选择，即从国内外海洋产业发展现状、科技发展水平、经济效益和产品的市场需求及对其他产业的带动角度进行分析，并指出中国海洋战略性新兴产业应包括海洋生物育种和健康养殖等领域。韩立民、姜秉国基于对战略性新兴产业的界定，对海洋战略性新兴产业的概念做出了界定，并根据国务院规定的七大战略新兴产业和世界海洋发展现状，归纳出海洋战略性新兴产业的六大门类。向晓梅通过研究海洋产业自身发展规律和战略性新兴产业的特征，认为海洋战略性新兴产业有高技术引领性、资源综合利用、环境友好性、与陆地融合性及对国民经济的主导带动性的特征。基于其特征提出了中国海洋战略性新兴产业发展的三种模式，即高技术引领、资源保护下的综合开发利用及海路资源对接融合的统筹开发模式，为中国未来海洋战略性新兴产业的发展提供了参考。

(二)主导产业、海洋产业、战略性新兴产业、海洋战略性新兴产业的关系

首先，海洋产业、战略性新兴产业的发展方向是主导产业。战略性新兴产业作为国民经济发展的关键性、全局性、战略性产业，通过对其合理引导，未来最终会成为国民经济发展的主导和支柱产业。同样，在全球资源日益匮乏情况下，海洋产业具有巨大的发展潜力且对国民生产具有重要意义，各国对其的关注和投入加大，未来也将成为主导产业。其次，海洋产业、战略性新兴产业的理论依据的选择是基于对主导产业的研究。在理论研究方面，主导产业的研究仍占据主流地位，不容忽视。目前，主导产业选择的理论已被广泛应用于新

兴产业、战略性新兴产业和海洋产业中，主要是沿袭产业各自处于不同的发展阶段的理论。新兴产业依托于科学技术的发展，海洋产业寓于新兴产业之中，而战略性新兴产业未来会发展成为主导产业。它们都具有主导产业相关的特性。因此，对它们的选择也必然符合衡量主导产业的重要标准。再次，基于科技和合理引导未来将会发展成为国家主导和支柱产业的海洋战略性新兴产业来说，必然要沿袭主导产业选择的理论，并结合自身发展的特点，最终成为主导产业，能带动相关产业的发展并成为经济增长点。最后，海洋战略性新兴产业亦是在战略性新兴产业下，通过依托海洋资源而成为其中的一个部分。其依据也是对相关产业理论的沿袭和继承。因此本章认为，海洋战略性新兴产业要在把握主导产业研究的基础上，以海洋产业、战略性新兴产业选择的相关理论为支撑，通过有效把握海洋产业发展规律，紧贴海洋产业发展的基本特征，来推动海洋产业及相关产业的共同发展。

(三)海洋战略性新兴产业选择的理论依据

基于对现有"主导产业—海洋产业—战略性新兴产业"选择的理论论述和海洋战略性新兴产业的可持续发展等特性的认知，根据理论和产业发展的规律，笔者认为海洋战略性新兴产业选择的理论依据和理论基础可以重点从以下四个方面来把握。

一是从狭义的理论依据来看，海洋战略性新兴产业应是对主导产业、海洋产业和战略性新兴产业的一种"扬弃"的继承，以主导产业的选择理论为基础，重点把握其对经济发展的高度带动作用，扩散效应与低碳产业链结合，形成产业关联度大，能够形成一批产业链集群的低碳产业链，同时注重把握海洋产业的发展规律，依托海洋资源、产业发展特点，通过不断"创新"来保持竞争优势。

二是从选择的主要方向来看，海洋战略性新兴产业比其他产业更注重于国家和国际上倡导的向可持续发展和环境友好发展，要以海洋和海洋资源为依托，以高新技术为指导，实现产业生态化。

三是从选择的侧重点上来看，要注重发展海洋核心技术。海洋战略性新兴产业同时要发展战略性新兴产业的科技优势，不断创新并掌握绝对竞争优势。突出新兴产业技术核心的特征发展海洋战略性新兴产业，形成以技术为核心的产业化，特别是以自主创新为核心的技术产业化。从国际层面上来说，面对陆地日益匮乏的能源资源，要重点开发海洋新能源，加快海洋风电、波浪能、潮汐潮流能发电等技术创新和产业化的发展，同时要注意把握不同社会经济发展和战略需求的重点。从现实层面上来说，基于中国广阔的海域和丰富的海洋资源，要改善传统产业的粗放、结构性问题，增加海洋资源的附加值以形成竞争优势。通过产学研相结合，从高校或者科研机构获取海洋科技发展需要的技术支持，带动海洋战略性新兴技术产业的发展，以采取措施深度开发利用海洋资源，实现海洋可持续发展战略性新兴产业。

四是从选择的最终目标来看，海洋战略性新兴产业能为劳动者带来稳定的岗位和劳动场所，改善就业问题。特别是如滨海旅游和航运等海洋第三产业的发展能够解决大批闲置劳动力，并带动地区一国乃至世界经济的发展。通过高技术手段来提高资源利用率、减少污染和有害气体排放，最终实现人、社会、环境的和谐永续发展。

三、海洋战略性新兴产业选择分析方法

作为主导产业选择的经典理论依据，罗斯托基准采用宏观的产业发展历史分析和微观的产业关联分析；赫希曼基准运用投入—产出分析通过投入产出表分析影响力系数和感应度系数；作为"筱原两基准"的收入弹性基准和生产率基准分别使用了弹性分析和成本—收益分析；后来扩充的"国际比较需求增长率标准"和"比较技术进步率标准"基于比较分析。经典理论使用的分析技术被广泛应用于国内主导产业选择研究中。国内主导产业选择定量分析技术主要有投入产出分析、多指标评价、层次分析法（AHP）、因子分析法和灰色聚类分析法。

中国海洋战略性新兴产业选择研究还未起步，相关文献非常稀少，但通过主导产业、海洋产业和战略性新兴产业分析技术的综述，可以得出如下结论。

从定性分析角度来看，作为评价指标和判定基准来源的海洋战略性新兴产业理论依据，应该建立产业选择的经典理论和海洋战略性新兴产业内涵和外延特征结合的基础上。产业选择主流理论中静态分析层面使用波特钻石竞争模型分析具有一定的创新性，另外生态经济学、演化经济学理论、技术革命理论也能提供有益的分析维度，而建立具有针对性的综合评价指标体系，还要综合考虑海洋战略性新兴产业自身特点、政府主导因素、地域产业经济特点和产业周期的现实约束条件。

从定量分析角度来看，运用描述性统计分析海洋战略性新兴产业现状和构建计量分析模型进行实证研究海洋战略性新兴产业选择属于该研究领域前沿，另外构建评价指标体系来评价比较国内沿海区域海洋战略性新兴产业选择结果则更具有创新性和研究空间。

从计量分析方法来看，层次分析无论是单独使用还是与其他技术结合使用，都会被广泛用于产业选择评价。鉴于海洋产业统计资料存在较大缺失，问卷调查和专家意见法也会被用来获取分析数据。因子分析法、主成分分析法也都有其分析使用的空间。用单独灰色关联度分析、灰色聚类法、信息熵法来选择海洋战略性新兴产业能够较好地克服统计资料不全的问题，分析技术也存在足够的创新性。而综合运用多种计量分析技术能够产生更具可信度和学术价值的选择分析结果，同时计量结果的图示分析如雷达图、象限图也具有新颖性。

四、山东省已提出海洋战略性新兴产业及选择依据

（一）山东省已提出海洋战略性新兴产业

1.山东省"十二五"规划中已提出的海洋战略性新兴产业

世界科技革命和产业革命正孕育着新的突破，为山东省发展战略性新兴产业提供了重要的契机，同时也带来了严峻的挑战。2012年11月2日，山东省人民政府印发了《山东省战略性新兴产业发展"十二五"规划》，特强调推动战略性新兴产业成为山东省的支柱产业，实现产业结构优化升级，追随世界经

济潮流,乘势而上。

《山东省战略性新兴产业发展"十二五"规划》对海洋战略性新兴产业的研发主要以海洋生物制造和育种关键技术开发及产业化、海洋工程技术开发及产业化、石油装备关键技术及产业化为重点。

海洋生物制造和育种。面向健康、环保的重大需求,以新医药、生物制造、生物育种为发展重点。通过加强基因工程、生物提取与合成、超临界、膜分离、纳米技术等开发提取海洋活性物质的关键技术,研发治疗肿瘤、心脑血管疾病、艾滋病、糖尿病等海洋系列药物及医用生物材料等;对藻贝类、鱼虾等进行精深加工,开发以蛋白质、糖类、甲壳素、海洋不饱和脂肪酸及海洋药用生物提取物为主要成分的化妆品、功能食品和健康食品;加强生物工程快速育种和繁殖技术的应用,培育一批品质好、生长速度快、抗逆性强的水产新品种,打造山东重要水产品育种基地。

海洋工程技术开发。加强海洋工程技术开发,重点发展临港机械、海洋油气开发、海洋电力、海水淡化、海洋勘测海底布缆、海洋仪器等,开发海洋环境声学探测技术装备、特异灵敏耐腐蚀的各类传感器、海洋遥感技术装备、海洋突发性污染灾害事故应急监测便携式快速测定仪等,实施以海底通信、现代海洋观测、海洋水文预报及海况预测预报为主的"数字海洋工程"。

开展海洋精细化工产业,发展以海水淡化、盐化工一体化的海洋综合利用工程,以海洋高分子材料、海水淡化新材料、海洋无机功能材料为主的海水化学新材料产业,逐步完善我省海洋化工产业链,形成产业集群优势,打造中国重要的海洋精细化工产业基地。

积极开发海洋可再生能源,如潮汐能、海洋风能、波浪能等,建设海洋风电机组,推进百千瓦级波浪和海流能机组、万千瓦级潮汐电站的产业化,鼓励研发、推广应用生物质能技术,建设实验基地,保障能源的有效利用。

石油装备技术。积极研发深海半潜式钻井平台、气体钻井技术及装备、复杂深井钻井技术及装备、膨胀管技术及装备、三次采油技术及装备等大型化、深海化、专业化油气装备和技术,加快推进新型石油勘探、钻井、采油、集输等系列产品的产业化。

2.山东省政府文件或报告中提出的海洋战略性新兴产业

2011年1月，为积极探索海洋经济科学发展之路，山东省政府特制定了《山东半岛蓝色经济区发展规划》。为推动山东海洋经济持续稳定发展，烟台市出台了《2013年全市海洋经济发展意见》，2013年1月25日，山东十二届人民代表大会上的《政府工作报告》强调了海洋经济发展的重要性。

《山东半岛蓝色经济区发展规划》中指出，加快推进海洋新能源、海洋高端装备制造、海洋生物医药等海洋战略性新兴产业的规模化发展，积极推进油气矿产资源的勘探开发、环保产业、高端海洋工程装备及滨海旅游业的发展，形成黄河三角洲高效生态海洋产业集聚区；充分利用丰富的风能、潮汐能、波浪能，发展海洋清洁能源；加强对海洋生物技术的研发，重点发展海洋生物医药、海洋系列化妆品、保健品、海洋生物新材料等，打造山东省高品质海洋生物产业基地。《2013年全市海洋经济发展意见》指出，发展海洋战略性新兴产业是山东省成为中国海洋经济强省的必然选择，优化产业结构，扩大新兴产业的规模，做大做强海洋工程装备制造业，研发培育海洋生物制药，发展海洋矿产及新能源、海水淡化及综合利用技术、海洋环保等新兴产业，打造山东省重要的海洋经济发展区；《政府工作报告》中"加强海洋资源保护利用，落实海洋功能区划"被重点提出，突出"蓝黄"两区的主体战略地位，建设好20个海洋高新园区，预计海洋生产总值达到9000亿元以上，占全国海洋生产总值的比重为18%，打造中国海洋经济强省。

综合来看，从山东省层面提出的海洋战略性新兴产业中，归属于主要海洋产业的有海洋生物制造和育种关键技术开发及产业化、海洋精细化工产业、海洋生物医药、海洋化工业、海洋矿产、海水淡化及综合利用技术；归属于海洋科研教育管理服务的有海洋工程技术开发及产业化、石油装备关键技术及产业化、油气矿产资源的勘探开发、海洋环保产业；归属于海洋相关产业的有海洋高端装备制造、海洋生物新材料、现代海洋服务业；归属于临海产业的有临海新能源产业。

(二)山东省选择海洋战略性新兴产业的现实依据

1.选择的原因分析

(1)海洋经济发展的需要。

2009年4月和10月，胡锦涛同志在两次视察山东时强调："要大力发展海洋经济，科学开发海洋资源，培育海洋优势产业，打造山东半岛蓝色经济区。"胡锦涛同志的这一重要指示，对山东省科学发展海洋经济、优化产业结构、培育新的经济增长点指明了方向，因而，发展战略性新兴产业不仅仅是山东省本身发展海洋经济的需要，更是增强中国海洋经济综合实力、提升国际竞争力的需要。

山东省战略性新兴产业形成了一定规模，新生物、医药产业产量全国领先，新能源产业，如太阳能、风能、生物质能、核能等发展迅猛，海洋开发产业走在全国前列，但是与世界发达的海洋经济大国相比，还有一定差距。因而，在海洋世纪中，发展海洋战略性新兴产业是发展海洋经济、提升综合实力的必然选择。

(2)产业转变的需要。

全球战略性新兴产业迅猛发展，新一轮科技革命席卷全球，新兴技术异军突起，新兴市场不断被开拓，为山东省引进高新技术、高素质人才和发展战略性新兴产业提供了重要的机遇，同时也面临着巨大的挑战。

"十一五"规划以来，山东省的战略性新兴产业已经具备了一定规模，形成了特有的优势，但是还有一系列问题亟待解决：一是发展方式亟须转变。海洋资源的开发利用仍然是处于粗放型模式，浪费资源的同时污染环境，海洋经济的综合利用价值亟待提高，生态建设、海洋环境的保护亟待加强。二是科研能力有待提高。海洋科技研发及成果的转化能力不足，研发投入资金不够，人才支撑力度不强，据统计山东省R&D经费支出长期低于全国平均水平，创新型领军人才及管理型、实用型复合人才缺乏。三是区域竞争压力增大。培育和发展战略性新兴产业已成为东部发达省市再造新优势、中西部地区实施赶超跨越战略的重大举措，围绕战略性新兴产业的区域竞争将更加激烈。因而，转变产业结构势在必行。

（3）环境保护的需要。

近年来，山东海洋环境污染主要表现为溢油污染。据统计，2006—2008年3年间，山东省长岛县海域连续发生了4起溢油污染事件，对海水养殖、捕捞造成严重的影响，当地群众损失惨重。2011年，蓬莱19-3油田溢油事件对海洋生态、滨海旅游、海水养殖乃至水产品出口带来严重影响。因而，采取海上石油污染应急措施，如加强海洋污染预警预测和防治技术、卫星遥感技术、油指纹分析技术，是降低溢油污染的重要保障。其次，发展海洋高端装备制造业，如大型海上漂浮式作业平台、海洋油气钻井平台、大型特种船舶等高技术装备，从源头上防止溢油污染。

2.选择的优势分析

（1）区位及资源优势明显。

山东半岛是中国最大的半岛，濒临渤海、黄海，东与朝鲜半岛、日本列岛隔海相望，西连黄河中下游地区，南接长江三角洲地区，北临北京、天津、河北都市圈，区位条件十分优越；陆地海岸线总长3345千米，约占全国海岸线总长的1/6，沿岸分布海湾200多个，500平方米面积以上的海岛320个，多数处于未开发状态，海洋空间资源综合优势明显，为海洋经济的发展提供了广阔的空间；海洋生物、新能源及海底矿产资源丰富，已探明海洋油气的储量为23.8亿吨，滨海煤田——龙口煤田累计查明资源储量9.04亿吨，地下卤水资源已查明储量1.4亿吨，海底金矿资源潜力在100吨以上，地热资源、风能的开发价值大，波浪能、潮汐能等海洋可再生新兴能源储量大，海洋资源禀赋较好，具有巨大的开发潜质。

（2）产业规模初步形成。

"十一五"以来，山东省的经济总体实力得到了很大的提升，2012年海洋生产总值高达近8000亿元，2011年海洋生产总值达到7900亿元，比2010年增长近15%，尤其是山东省的战略性新兴产业得到了快速发展，形成了一定的产业规模。新医药和生物产业总量全国领先，生物技术发展较快，

2010年拥有42家生物企业，位居全国第一，生物技术研发产业化初具规模，为海洋生物制药的快速发展奠定了基础。新能源发展迅猛，生物质能、风能产业发展较快，涌现出了一批骨干风电设备生产企业、国内领先的核电装备制造企业、海水养殖骨干企业，为海洋新兴产业的发展起到了很重要的引领作用，并形成了产业集群效应。海洋新能源、海洋生物医药等海洋新兴产业及滨海旅游等海洋服务业等发展较快，形成了较为完备的海洋产业体系。

（3）科技的引领作用明显增强。

山东省的科研能力显著提高，科研机构和研发平台建设步伐加快，科技进步对海洋经济的贡献率超过了60%，占据举足轻重的地位。中科院青岛生物能源和过程研究所暨二期工程落户山东省，中科院光电所、中科院兰州化学物理研究所、中科院软件所相继在青岛、烟台设立研发基地，新建或筹建黄河三角洲可持续发展研究院等一批省级科研机构。科研平台数量剧增。目前，山东省已经拥有1个国家综合性新药研发技术大平台、1个国家实验室、10个国家工程实验室、14个国家重点实验室、15个国家地方联合工程实验室（中心）、30个国家工程（技术）研究中心、109家国家认定企业技术中心，新建海洋科学综合考察船和国家超算济南中心；新增一批省级重点实验室、工程实验室、工程（技术）研究中心、企业技术中心等省级创新平台。

（4）国家财政支持力度加大。

国家科研投资基金均往战略性新兴产业的发展和科技创新重点倾斜，并设有重点面向战略性新兴产业发展的专项基金，已获批的4只中央和省财政参股的创业投资基金将专门扶持海洋开发、新能源、生物和节能环保等产业的发展；通过减免各种税收，降低骨干企业和高新技术企业的财务负担；信贷支持的保障作用日益凸显，人民银行济南分行明确规定山东省信贷资金应向战略性新兴产业领域倾斜，国家开发银行山东省分行与省直有关部门建立了生物产业融资会商工作机制，拿出专项信贷资金扶持生物产业发展。

第四节　产业布局评价及优化相关理论

一、相关概念

(一)优势产业

优势产业是指具有较强比较优势和竞争优势的产业，是比较优势和竞争优势的综合体现。海洋优势产业则是指依托海洋资源，充分利用和发挥自身在海洋经济方面的优势，形成自身比较优势和竞争优势的海洋产业。

盲目发展优势产业会产生"比较优势产业刚性"，指一国长期一成不变地依赖传统的比较优势产业来发展对外经济，忽视应有的产业升级，并最终导致该国在国际贸易中虽然能获得利益，但贸易结构不合理，因而总是处于不利地位，从而落入"比较利益陷阱"。

(二)产业布局

产业布局指在一定的区域范围内，所有的产业或部门在空间上的动态分布与组合，它是产业发展规律的一种动态体现和表达。与此相关的理论，即产业布局理论，它表达了随着经济、社会等的发展，产业在空间的扩张和分布。广义上不仅包括生产空间的扩展，还包含生产内容的拓宽。具体的布局措施可概括为统筹兼顾，协调产业间的矛盾，进行合理安排，达到因地制宜、扬长避短、突出重点、兼顾一般、远近结合、综合发展等目标。

(三)产业布局优化

产业布局优化是指根据产业发展的一般规律，通过产业空间组织的合理分布，实现相关资源的充分利用和一定区域内的最大经济效益和社会效益。产业布局优化是一个动态的过程，通过产业布局的调整将一定区域内的资源合理地配置在能发挥其最大化效益的产业部门中。

产业布局的最优状态并不是绝对的，它取决于人们的价值判断。应将产业布局所配置的资源扩展为生态、环境、经济及社会的总资源，最终实现生态、环境、经济和社会各方面的协调、合理、可持续发展。因此，严格意义上的产业布局优化会实现生态效益、环境效益、经济效益和社会效益的总体最大化。

二、主要理论基础

(一)产业区位理论

产业区位理论形成的标志是杜能的农业区位论和韦伯的工业区位论。他们从运输成本最低化的角度出发，以一种静态、单一的方式分析企业或产业的布局。20世纪40年代后，克里斯塔勒提了的中心地理论，廖什则将区位分析由生产扩展到市场，从单个厂商扩展到整个产业。俄林的一般区位论从宏观的角度出发，分析使整个国民经济实现效益最大化的产业最优布局。近代，学者们又从其他的角度提出了相关的理论，如廖什的市场区位理论，建立了以市场为中心的工业区位理论和作为市场体系的经济景观论。可见，产业区位理论经过多年的研究，逐步实现了从静态到动态，从单一因素到多因素，从局部均衡到一般均衡，从微观经济角度到微观与宏观相结合等的改进与完善。

(二)比较优势理论

比较优势理论涉及一定区域内产业布局的相关利益机制，具体来说，主要分为绝对比较优势和相对比较优势。前者由亚当·斯密提出，他指出由于每一个国家或地区的自然条件、社会禀赋等方面存在差异，总是有至少一种对其具有绝对利益的特定产品。因此每个国家应该集中其有利的条件生产该商品，并以其对外进行彼此的交换，这样将使得整个世界的资源及生产禀赋得到最大化的利用，对各个国家都有利。后者由李嘉图提出，他指出每个国家都有相对于别国的、具有自身生产优势的某种商品，各国如果将其生产的并进行相互的交换，即出口有相对生产优势的产品，进口不具有相对生产优势的产品，如此将实现各个国家资源的充分利用，双方都获得收益。与绝对优势理论相比，比较优势理论的条件没有那么严格，更有利于充分利用自身资源，扬长避短，实现产业的合理分配与布局，提高生产效率。

（三）增长极理论

增长极理论最早由佩鲁提出，之后又经过赫希曼和布德维尔的进一步发展和深入，使得该理论成为一种典型的产业布局理论。由于区域经济发展之间的不平衡，增长极理论强调通过不同区域经济发展的促进和带动作用，不仅要实现经济总量的合理增长，还要实现产业结构的合理发展和产业布局的合理优化。它指出某一区域经过一定的发展，在其自身资源、禀赋等条件下会形成自身的主导产业。主导产业作为该区域的增长极，将带动其他产业的发展。因此在进行产业布局时，应首先将其有限的资源集中地配置在其潜在的优势产业上，使之成为区域经济发展的增长极，然后通过向四周的扩散和辐射带动周围地区的发展，实现整体的全面发展和合理布局。

（四）产业集群理论

产业集群理论是指关于在一定的区域内，基于其产业的发展规律，相互关联的企业或产业出现集中分布而形成具有一定规模的产业群的理论。该理论最早由克鲁格曼、波特提出，关注一定区域内所有资源的整合、配置，强调区域内的技术进步与实践创新，实现区域内整体产业群的合理配置和布局。与传统的产业布局理论相比，产业集群理论能够发挥区域内各种资源禀赋的整合和协同，避免区域内各资源的相互割裂，追求区域产业集群内部所有产业的合理、平衡发展，实现适合区域实际情况的布局方式与发展道路，突出了技术和创新的重要作用，共同实现产业群内产业的合理布局。

（五）"点—轴系统"理论

"点—轴系统"理论最早由我国学者陆大道提出，该理论的初期研究领域主要集中在工业交通布局和工业区位因素分析。理论假设一定区域内的经济体系由一系列的"点"和"轴"共同组成，形成一个相互联系、相互作用的布局网络体系。具体说来，"点"是指区域内的中心地域或主导产业，它具有明显的发展潜力和经济优势；"轴"是指连接各个中心地域或主导产业的基础设施带，它依附于中心地域，但反过来也促进各个中心地域的相互发展。"点—轴系统"理论是一种典型的产业布局理论，可以将一定区域内的优势产业集中、有效地向增长极轴线集中布局，实现由点到轴、由轴到面的布局模式，最终实现整个区域内产业的合理布局。

(六)产业生态学理论

产业生态学理论是指研究在社会、经济、技术、生态、环境等多种因素不断发展的情况下，通过合理的方法实现整个产业的合理、可持续发展，而不单方面地考虑经济效益扩大的理论。产业生态学能够避免产业发展对生态、环境的忽视，以一种全面、协调、动态的方法优化产业布局，实现整个物质循环过程的合理优化。从产业生态学的角度来看，产业的合理布局应该使得一定的区域内的物质资源和能量良性循环，使得各个产业在集群的整体内部发挥自身作用，实现整体的良性循环。各个主体产业之间相互依存、相互制约，最终将实现协同进化的布局体系。

三、优势产业布局优化模型构建

(一)优化原则

资源最优配置是实现产业合理布局必须遵循的原则。基于生产函数 $Y_i = AF_i(K_i, L_i)$，劳动的边际产出 $E_i(L) = A\dfrac{\partial Y_i}{\partial L_i}$，资本的边际产出 $E_i(K) = A\dfrac{Y_i}{K_i}$，根据边际效益递减规律，要实现该产业布局的帕累托最优应具备以下的条件。

产业生产的各种要素的边际产出相等，即 $E_i(K) = E_i(L)$。这一点在实际中很难满足，实际的生产中基本上总会存在一定偏差，这点只能是理论上的约束条件。结合实际的发展情况，选择生产要素（劳动和资本）的平均边际产出，即

$$\bar{E} = \frac{1}{2n} \times \sum_{i=1}^{n}[E_i(K) + E_i(L)] \qquad (2-7)$$

作为边际产出的替代是比较实际和合理的做法。进一步的，通过生产要素的边际产出与平均产出的偏离程度，可以得出资源配置合理化系数，最终以此

来衡量产业结构及布局的合理化水平。

定义 i 产业的生产要素资本的边际产出偏离系数

$$S_i(K) = \frac{1}{\bar{E}} \times \left| E_i(K) - \bar{E} \right| \qquad (2-8)$$

生产要素劳动的边际产出偏离系数

$$S_i(L) = \frac{1}{\bar{E}} \times \left| E_i(L) - \bar{E} \right| \qquad (2-9)$$

基于两者构建产业综合边际产量偏离系数为

$$S = \frac{1}{2n} \times \sum_{i=1}^{n} \left[S_i(K) + S_i(L) \right] \qquad (2-10)$$

则产业布局优化系数为 $T = \frac{1}{S}$。从以上的分析看出，资源配置效率与 T 有正相关的关系，T 越大，效率越高，布局越合理。

(二)指标选取

1.区位商

在进行区域产业布局时，首先应明确该区域内的优势产业，即具有区域分工意义、能够发挥该区域的优势、能够为区外服务的产业。通常情况下，如果某一海洋产业形成了专业化部门，而且其专业化水平较高，能够发挥该区域的比较优势，那么这个产业就有了比较优势，在产业布局时应予以重点考虑。区位商 SL_{ij} 则是判断海洋产业区专业化部门的典型指标，其公式为

$$SL_{ij} = \frac{L_{ij} \big/ L_i}{L_j \big/ L} \qquad (2-11)$$

式中，L_{ij} 表示第 i 海洋经济区 j 产业的劳动力人数，L_i 表示该区域内的劳动力总人数，L_j 表示全国 j 产业的劳动力人数，L 为全国劳动力的总人数。若 $SL_{ij} > 1$，说明 j 产业是 i 海洋经济区域的专业化产业。SL_{ij} 值与产业的专门化程度呈正相关，其值越大，产业的专门化程度越高，如果在2以上，说明具有较强的区域外向性。

2.增加值比重

在进行海洋产业的布局时，应该首先根据自身的资源、技术条件合理的布

局海洋优势产业，集中力量发展优势产业才能在最短的时间内实现海洋资源的最充分利用。产业增加值比重 WI_{ij} 是一个较合理表示产业当前优势的指标，其计算公式为 $WI_{ij}=(G_{ij}/G_i)\times100\%$，式中 WI_{ij} 表示 i 海洋经济区域的第 j 海洋产业的增加值比重，G_{ij} 表示海洋产业的增加值，G_i 表示海洋经济总产值。根据一般的研究经验，$WI_{ij}>15\%$ 的海洋产业才有可能成为海洋优势产业。

3. 技术水平

对于大部分海洋产业来说，先进技术对产业的合理布局有很强的引导、带动作用，标志着海洋经济的总体发展水平和未来前进方向。技术进步速度作为技术水平的典型评价指标，应当在进行布局时予以重视。定义 $E_{i(t)}$ 代表第 i 海洋产业在第 t 期的技术水平，$Y_{i(t)}$ 代表第 i 产业在第 t 期的产值，$K^{\alpha}_{i(t)}$ 代表资本总额弹性，$L^{\beta}_{i(t)}$ 代表劳动力价值弹性。根据以上数据，产业技术水平为

$$E_{i(t)} = \frac{Y_{i(t)}}{K^{\alpha}_{i(t)} L^{\beta}_{i(t)}} \qquad (2-12)$$

其值越大说明产业的技术水平越高。产业技术进步速度公式为

$$V_i = \frac{\text{GDPT}_i}{\text{GDP}_i} \qquad (2-13)$$

其中 GDPT_i 是指第 i 海洋产业由于技术进步而获得的 GDP 增量，GDP_i 为第 i 海洋产业总产值。根据公式和定义，产业技术进步速度代表了第 i 海洋产业的技术进步对第 i 海洋产业增加值的贡献度。V_i 值与海洋产业技术进步速度呈正相关。

4. 出口依存度

由于部分海洋产业的产品会涉及国际贸易进出口，因此对于这部分外向型海洋产业来说，出口依存度也是影响其布局的重要因素。根据产业出口依存度的定义，即某一产业的进出口差额占该区域海洋经济总产值的比重，其计算的公式为

$$\mu_i = \frac{TE_i}{\text{GDP}} \qquad (2-14)$$

式中，μ_i 代表海洋产业出口依存度，TE_i 代表海洋产业出口总额。μ_i 值与

产业出口依存度呈正相关。若用 HK 代表产业出口规模，则其公式为

$$HK = \frac{EX_i}{\sum EX_i} \qquad (2-15)$$

即说明了第 i 海洋产业的出口占一定区域内出口总额的比重。HK 值与海洋产业出口规模也是呈正相关。

5. 产业规模

海洋产业的合理布局将使得海洋产业对国民经济有明显的拉动和提升作用，海洋产业规模则能够比较合理地衡量这种作用。根据产业规模的定义，海洋产业规模的计算公式为

$$GY_i = \frac{GDP_i}{GDP} \qquad (2-16)$$

GY_i 即代表了第 i 海洋产业的总产值规模，GDP_i 代表了第 i 海洋产业的生产总值，GDP 则指整个国家的海洋产业生产总值。根据公式看出，GY_i 较为准确地反映出了第 i 海洋产业产值占国家整个海洋产业 GDP 的比重。GY_i 值与海洋产业规模也是呈正相关，其值越大表明该海洋产业规模越大，也就是说明该海洋产业对区域和国家的经济带动作用也越显著。

(三)模型构建

基于威弗-托马斯（Weaver-Thomas）的工业战略产业布局优化数学模型，结合黄河三角洲高效生态经济区的实际情况，将模型进行修正，应用到黄河三角洲高效生态经济区海洋战略性新兴产业布局上，根据模型的结论明确其布局优化的次序。

W-T 模型的主要思路首先假设一个合理的布局，然后将实际布局与之进行比较，并以此来建立一个与之最接近的布局分布。第一步将各个指标进行大小的排序，之后计算其与每一种假设布局分布于实际布局分布差额的平方和，根据结果明确最佳拟合。假设 EN_{ij} 为第 i 海洋产业的第 j 项指标，其取值范围为 $i=1, 2, \cdots, n, j=1, 2, \cdots, n, n$ 为指标个数，m 为海洋产业个数。根据模型的定义，第 n 个产业的组合指数 WT_{ni} 如下。

$$WT_{ni} = \sum_{i=1}^{m} \left(\lambda_i^n - 100EN_{ij} \Big/ \sum_{i=1}^{m} EN_{ij} \right)^2 \qquad (2-17)$$

$$WT = \frac{1}{n} \sum WT_{ni} \qquad (2-18)$$

$$nq_j = \{n : WT_{ij} = minWT_{ki}(k = 1, 2, ..., m\} $$

$$nq = \frac{1}{n} \sum_{j=1}^{n} nq_j \qquad (2-19)$$

式中，$\lambda_i^n \begin{cases} \dfrac{100}{n} & i \leqslant n \\ 0 & i > n \end{cases}$，$WT$ 表示考虑各个指标的海洋产业综合排名值，nq_j 为第 j 指标对应的海洋产业个数，nq 为全部指标对应的海洋产业总个数。WT 为产业的综合竞争力呈正相关，其值越大，产业的综合竞争力越强，应首先考虑其布局。综合的考虑不同时期各海洋产业的 WT 值，并据此确定其优劣势，作为海洋产业合理与否的标准，最终实现区域内效益最大化和布局合理化。

第五节　产业可持续发展理论

一、相关概念

(一)可持续发展概念

可持续发展是在需求和对需求的限定中保持平衡的一个健康发展。可持续发展观念自形成至今已经过了半个世纪。在这半个世纪中，有无数学者对其进行了不同程度的研究和探索。对于可持续发展的概念也都各有千秋，研究的角度都有所不同，但是大家都共同围绕着"可持续"三个字展开的。通过查阅相关资料，发现目前在全球影响力比较大的有四种概括，分别是从自然、经济、社会和科技四种属性提出的。

1.自然属性

在自然属性方面对可持续发展进行研究的比较典型的代表是1991年国际

生态相关组织联合举办的可持续发展为探讨主题的研讨会上提出的观点,主要是从环保的视角,认为对于环境系统的生产活动和其更新能力方面应当做到相应的加强和保护措施。其实,对于持续性这一理念的提出,在自然属性也就是生态方面是相对较早的。因为没有一个适合人类生活的环境就没有未来。在能源消耗、生态维护方面应当做到绿色消费、尽量减少环境污染和资源浪费现象。因此,对于生态的持续性这一问题的思考是保证人类生存环境能够健康持续发展的重要行为。

2.经济属性

国外关于经济方面的可持续发展研究有很多。经济是国家竞争力的表现,因此有着如此重要地位的经济发展便成了可持续发展的核心内容。实现经济利益最大化是发展的绝对目标,不少学者站在这个角度以改善生活环境、节能减排及保护资源、合理利用有限资源为前提,来实现经济价值。针对这个核心,也有学者认为可持续发展不是降低未来实际经济收益为后果的资源利用。

3.社会属性

社会中最重要的构成者就是人。以人为本,是社会属性最大的特征。从社会角度出发,就是可持续发展应当以人类生活的环境为基础,创造一个可供人类生存生活的可持续发展的环境。可持续发展是在两种介质之中找到平衡。而在社会属性中,这种平衡就是存在于地球生态环境的承载能力与人类日常的生活方式和日常的生产方式之间。这里主要强调的是可持续发展最终是人类受到最大的利益,以人类为主体的可持续发展形式存在。因此,要使人类的生活环境和生活质量得到有效的改善和持续,才会得到真正的可持续发展。这也就是《生存战略》中所要表达的思想。

4.科技属性

科技创造奇迹。人类的生活、经济的发展和环境保护措施都离不开科技带来的巨大效果。所以可持续发展应当依靠科技来支撑和持续。在如此重要的属性存在的情况下,不少国内外学者纷纷从这个角度对可持续发展做了很多的研究。他们认为,环境的污染是由于技术不到位,由于科技水平过低,才会造成环境的污染、油气排放量的超标。因此,通过对科技的深入探索与研究,会达到环境的改善和降低资源的消耗。所以不少学者认为，科技水平过低是阻碍可持续发展的根本原因。

总结上述属性，我们认识到，真正的可持续发展就是要达到自然、经济、社会和科技共同可持续，才能实现经济效益最大化和人类最终的可持续发展。

(二)海洋战略性新兴产业可持续发展内涵

结合可持续发展和海洋战略性新兴产业的相关概念，对于海洋战略性新兴产业可持续发展的理解，可以总结归为生态系统与经济系统还有社会系统协同，相互影响和发展的复合发展。对于可持续发展来说，基本条件就是坚持生态环境的可持续发展，再者就是以经济发展为基础，在经济得到良好发展的同时，改善生态环境对可持续发展的阻碍，提高社会对可持续发展的认知和提高人们生活水平，由此可见海洋产业可持续发展应遵循此原则。对于海洋经济这单一方面的可持续的发展，主要在于提高海洋经济在整个地区经济发展中的地位及保持并提高海洋经济的增长率，并坚持以科学技术发展海洋经济，改善强化海洋产业结构，强化发展并优化海洋第三产业，提高海洋第二产业的发展质量，发展壮大海洋经济的规模。对于海洋社会这单一方面的可持续的发展，主要强调的是提高人们的生活质量及加强人们对海洋产业的关注度，对海洋知识的了解及个人文化程度的提离，提高人类整体文化素质并提供公平机制。对于海洋生态这单一方面的可持续的发展，主要强调的是目前生态环境对于海洋生物和人类生存来说的改善政策和保护措施，对于污染物的排放和海域污染状况的治理，对于海洋经济发展过程中造成环境破坏而应进行的管理机制等。

而海洋产业可持续发展不仅是这三个系统的相互作用，还有以人为本的基本思想。站在人的角度，应当与海洋共存，适度地开发和利用海洋资源，不要给海洋环境造成压力。不仅如此，可持续发展最重要的思想就是不能过度使用资源，应该考虑后代人对于资源使用的强度及世界各国各地区之间的使用的合理分配，只有达到以人为本的基本思想并不断强化保障海洋的生态环境，以海洋经济的健康快速的发展为总的发展基础，才能最终达到海洋社会的持续发展，然后实现整个海洋战略性新兴产业的可持续发展。

二、可持续发展相关理论

通过对可持续发展概念和发展历程的研究，笔者发现，可持续发展概念是从四个属性对其进行定义的。包括自然、经济、社会和科技。因此，在可持续发展理论部分也是由这四个属性相关的理论构成。

(一)基础理论

1.生态学理论

因为环境的改变让人类意识到要进行可持续发展，因此生态学理论对于可持续发展理论的构成有着重要作用。从生态学理论的角度来研究可持续发展理论主要从高效原理、自我调节和和谐原理三方面进行的。具体是说在人类利用和开发资源的过程中应当做到高效利用，尽可能少或者不浪费资源和能源，使资源利用率达到最高，不仅要高效利用资源，还要保证资源间的互相依存，不破坏系统中的和谐发展，同时利用生态系统的自我调节能力，从内而外地完善系统的持续性。

2.经济学理论

经济的发展在可持续发展过程中有着标志性作用。包含了很多学科的内容，探讨了资源、人口和经济水平等问题。在可持续发展理论中应用的经济学理论主要以知识经济理论和增长极限理论为主。增长极限理论源于 D.H.Meadows（德内拉·梅多斯），他认为可持续发展理论是应该结合经济、社会和物质关系来系统地研究的理论。科技进步能够加速经济的发展，带来巨大的经济效益，虽然经济的发展受到增长中的人口、减少中的资源、日益严重的污染和日益枯竭的资源所影响，但是可以依靠科技来促进经济发展。不过这种方式也是有限的，经济在科技的支撑下无法达到无限的增长。还有知识经济理论，知识经济理论是以人类为主题，强调人类的知识研究可以加速经济的发展，更多研究表明知识经济理论对于将来可持续发展的研究更加有意义。

3.人口承载力理论

在可持续发展理论中，人口承载力理论是说当科学技术水平的发展和社会的发展到达一定的发展阶段时，能够承受的人口数量对于地球系统中的资源和环境来说是有压力的、有限的。因此，资源环境的承载量是有限的，而人口的繁殖相对来说是无限的，人类对于可持续发展又有着非常重要的意义，所以，控制人口数量是一个非常关键的行动。将人类的活动和人口的数量控制在资源和环境能够承受的范围内显得尤为重要。这个行动将会影响未来人类的可持续发展。

4.人地系统理论

所谓人地系统理论，是指人类社会是地球系统的一个组成部分，是生物圈的重要组成，是地球系统的主要子系统。它是由地球系统所产生的，同时又与地球系统的各个子系统之间存在相互联系、相互制约、相互影响的密切关系。人类社会的一切活动，包括经济活动，都受到地球系统的气候、水文与海洋、土地与矿产资源及生物资源的影响，地球系统是人类赖以生存和社会经济可持续发展的物质基础和必要条件；而人类的社会活动和经济活动，又直接或间接影响了大气圈、岩石圈及生物圈的状态。人地系统理论是地球系统科学理论的核心，是陆地系统科学理论的重要组成部分，是可持续发展的理论基础。

(二)核心理论

可持续发展的核心理论，尚处于探索和形成之中，目前大致可分为以下几种。

1.资源永续利用理论

资源永续利用理论流派的认识论基础在于，认为人类社会能否可持续发展取决于人类社会赖以生存发展的自然资源是否可以被永远地使用下去，基于这一认识，该流派致力于探讨使自然资源得到永续利用的理论和方法。

2.外部性理论

外部性理论流派的认识论基础在于，认为环境日益恶化和人类社会出现不可持续发展现象和趋势的根源，是人类迄今为止一直把自然（资源和环境）视为可以免费享用的"公共物品"，不承认自然资源具有经济学意义上的价值，并在经济生活中把自然的投入排除在经济核算体系之外。基于这一认识，该流派致力于从经济学的角度探讨把自然资源纳入经济核算体系的理论与方法。

3.财富代际公平分配理论

财富代际公平分配理论流派的认识论基础，认为人类社会出现不可持续发展现象和趋势的根源是当代人过多地占有和使用了本应属于后代人的财富，特别是自然财富。基于这一认识，该流派致力于探讨财富（包括自然财富）在代际之间能够得到公平分配的理论和方法。

4.三种生产理论

三种生产理论流派的认识论基础在于，人类社会可持续发展的物质基础在于人类社会和自然环境组成的世界系统中物质的流动是否通畅并构成良性循环，他们把人与自然组成的世界系统的物质运动分为三大"生产"活动，即人的生产、物资生产和环境生产，致力于探讨三大生产活动之间和谐运行的理论与方法。

三、海洋战略性新兴产业评价指标体系

海洋经济可持续发展离不开整个社会的发展，海洋经济发展的过程主要是以海洋经济与社会经济发展的相互作用关系为基础，海洋经济的发展与陆地具有密切的联系，海洋经济的发展需要社会物质、能量、信息的输入以及社会法律、政策、规划、技术、组织、教育、制度的支撑，而且海洋经济活动的产品和废弃物也均参与到社会的大循环中。因此，海洋经济可持续发展评价体系是宏观的，是将海洋、陆地作为整体考虑、全面衡量海洋经济可持续发展状况的海陆大循环评价系统。从指标设置上，不仅囊括了经济系统、资源环境系统的指标，而且更突出地体现在社会系统指标及增长潜力指标，并考虑到数据的可得性，因此集中选择在指标体系中具有代表性和概括性，并能够体现海洋经济可持续发展的指标进行具体评价，具体应该包括以下几个部分。

(一)地区经济发展指标

地区海洋经济是区域经济的重要组成部分，海洋经济不是一个独立的体系，其在区域经济发展中具有重要地位，也是区域经济竞争的一个主要方面。此外，区域经济是区域海洋经济发展的基础和支柱，根据海洋经济发展的特

点，我们看到区域经济在相当大的程度决定着海洋经济发展的水平，同时海洋经济的开发与发展又对陆域经济技术上具有依赖性。另外，海洋产业与陆地产业具有空间的相互依赖性，海洋经济是区域经济的延伸和拓展，而海洋产业的资源需要陆域经济的加工配套。

因此，这部分指标应该包括地区生产总值增长率、人均地区生产总值、恩格尔系数、城市人口比重等指标。

地区生产总值增长率是反映地区经济增长稳定性的指标，其计算公式为：

地区生产总值增长率=（第 t 年的地区生产总值−第 $t−1$ 年的地区生产总值）/第 $t−1$ 年的地区生产总值

地区生产总值增长率为正指标，增长率越接近潜在经济增长率，经济增长的稳定性从长期就越好。

人均地区生产总值即每人所创造的地区生产总值。指标数值越大，反映评价地区的经济发展状况越好。其计算公式为：

人均地区生产总值=地区生产总值/当年地区总人口

恩格尔系数是食品支出总额占个人消费支出总额的比重，是表示生活水平高低的一个指标。简单地说，一个家庭或国家的恩格尔系数越小，就说明这个家庭或国家经济越富裕。当然数据越精确，家庭或国家的经济情况反映也就越精确。其计算公式是：

恩格尔系数=食物支出金额/总支出金额

城市人口比重反映了一个地区城市化的水平，是地区经济发展程度的一个很好反映。其计算公式为：

城市人口比重=城镇人口总数/地区总人口

(二)海洋产业结构指标

海洋产业结构可以反映海洋经济是否协调合理，也是影响海洋经济增长的重要因素。海洋产业结构是诸产业按照社会再生产的投入产出关系有机结合起来的一种经济系统，这一系统在与外界的能量互换中，不断地改变着自身的状态。这些不同的关系状态，对经济增长有重大的影响。而且，产业结构中的关系越是复杂，其关系状态对经济增长的影响越大。产业结构是促进经济增长的一个重要决定因素。

这一部分的评价指标主要包括：海洋经济生产总值的增长率、人均地区海洋生产总值、海洋经济增加值占地区GDP比重、海洋第三产业增加值占海洋产业增加值比重、海洋第二产业增加值占海洋产业增加值比重。

海洋产业结构可以反映海洋经济是否协调合理，也是评估经济增长质量的重要内容，只有根据海洋经济所处的水平，适当确定产业结构和生产力布局，才能促使经济增长质量的提高，并最终导致经济的高速增长。具体来看，各指标含义如下：

海洋经济生产总值增长率是用来反映海洋经济生产总值的增长速度，是反映海洋经济增长稳定性的最优指标。经济增长率即主要海洋生产总值的增长率。实际经济增长率越接近于潜在经济增长率，经济增长的稳定性就越好，经济增长质量也越高。

海洋经济生产总值增长率=（第t年的海洋经济生产总值−第$t-1$年的海洋经济生产总值）/第$t-1$年的海洋经济生产总值

人均地区海洋生产总值即每人所创造的地区海洋生产总值。指标数值越大，反映评价地区的海洋经济发展状况越好。其计算公式为：

人均地区海洋生产总值=地区海洋生产总值/当年地区总人口

海洋经济增加值占地区GDP比重即指报告期内海洋生产总值与地区生产总值之比，直接反映了海洋经济对国民经济的贡献，海洋生产总值占GDP比重越高，说明海洋经济对国民经济的贡献越大。该指标反映海洋经济对地区生产总值的贡献指标。

海洋经济增加值占地区GDP比重=当年海洋经济增加值/当年地区生产总值

海洋第二产业产值比重是指海洋第二产业增加值占全部海洋产业增加值的比例，是衡量海洋经济运行结构是否合理的重要评价指标。第二产业所占份额逐渐提高，说明产业结构趋于合理化。其计算公式为：

海洋第二产业产值比重=海洋第二产业增加值/全部海洋产业增加值

海洋第三产业产值比重是指海洋第三产业增加值占全部海洋产业增加值的

比例，是衡量海洋经济运行结构是否合理的重要评价指标。其计算公式为：

海洋第三产业产值比重=海洋第三产业增加值/全部海洋产业增加值

(三)海洋经济发展质量指标

海洋经济发展质量主要反映目前的经济发展当中原有生产能力的提高，新生产能力的形成，经济系统健康发展所必需的物质、技术条件及外部环境的改善。经济增长潜力反映了当前经济增长的内在质量，这其中科技进步的作用至关重要。科技进步和创新是推动海洋经济结构调整，提高经济效益的重要动力和手段，是影响海洋经济增长质量的决定性因素。技术进步和创新是海洋经济增长获得高速发展，获得高质量增长的唯一方式。海洋经济的增长，既要关注其数量的增加，还要注重系统质量的改善。

这部分指标主要包括：单位地区生产总值能耗、单位地区生产总值水耗、海洋经济劳动生产率、海洋高新技术产业占海洋生产总值比重、海洋科技人员占海洋从业人员比重、海洋科技经费占地区科技经费比重。

发展质量是指当前的经济增长中是否形成了新的生产能力，能否使原有的生产能力得以提高，是否为经济系统在未来的健康发展创造了各种必要的物质与技术条件及良好的外部环境。发展质量指标是评判海洋经济可持续发展能力的重要指标。具体来看，各指标含义如下：

单位地区生产总值能耗是报告期内消耗的能源总量与地区生产总值之比。该指标用于反映地区能源利用效率，进而反映企业能源利用水平与市场竞争力。指标数值越小，说明能源利用效率越高，地区海洋经济可持续发展能力越强。其计算公式为：

单位地区生产总值能耗=当期海洋经济消耗的能源总量/当期海洋经济

单位地区生产总值水耗是指报告期内消耗的清洁水量与地区生产总值之比。该指标综合反映水资源利用效率，用于评价地区经济发展用水的变化。指标数值越小，说明水资源利用效率越高，地区海洋经济可持续发展能力越强。其计算公式为：

单位地区生产总值水耗=当期海洋经济消耗的清洁水量/当期海洋经济

生产总值

海洋经济劳动生产率反映了每个海洋劳动者平均所创造的价值。产出效率是指单位要素投入所获得的产出多少，经济增长质量的内涵体现在产出效率，单位投入获得的产出越多，经济增长质量越高。海洋经济劳动生产率的高低标志着每个海洋经济劳动者平均为社会创造财富的多少，是衡量劳动力要素质量（素质差异）的重要指标。劳动生产率指标逐年提高，则表明海洋经济增长质量是逐年改善的，是衡量海洋可持续发展潜力的重要指标。其计算公式为：

海洋经济劳动生产率=海洋生产总值/海洋产业从业人员总数

海洋高新技术产业占海洋生产总值比重是反映海洋经济中未来产业发展趋势的指标，可以很好地衡量海洋经济的可持续发展潜力。其计算公式为：

海洋高新技术产业占海洋生产总值比重=当期海洋高新技术产业增加值/当期海洋生产总值

海洋科技人员占海洋从业人员比重和海洋科技经费占地区科技经费比重是反映海洋经济增长潜力的重要指标。科技进步与海洋经济增长之间存在一种相互促进又相互制约的辩证关系。科技进步是海洋经济发展的强大动力，会推动海洋经济在数量和质量上不断向前发展，科技进步是推动海洋经济结构调整、提高海洋经济效益、加快海洋经济发展的重要动力和手段，也是衡量海洋经济增长质量的重要标志。其计算公式为：

海洋科技人员占海洋从业人员比重=当期海洋科技人员从业人数/当期海洋产业从业人员人数

海洋科技经费占地区科技经费比重=当期海洋科学研究和技术开发项目经费/当期地区R&D经费支出

(四)海洋生态环境系统指标

随着海洋经济增长速度的加快，伴随的副产品是对自然环境的污染和破坏，这种污染和破坏制约海洋经济的进一步发展，大幅提高后续的治理成本。因此生态环境污染程度高低是海洋经济增长质量高低的一个重要标志。

作为自然生态系统的一部分，海洋生态系统也有其脆弱性，在海洋经济增长的同时，海洋环境状态却在不停的下降，海洋环境恶化压力日益增大。海洋经济可持续发展的基本模式就是改变传统的经济增长模式（先发展后治理）为可持续发展经济的增长模式（边发展边治理），提高环境效率，最大限度地实现对环境的保护。所以，要提高经济增长的质量，就必须追求经济增长的可持续性，不能以自然资源损耗和生态环境质量的恶化为代价。

这部分的指标主要包括：沿海地区海洋类型自然保护区总面积占沿海地区总面积比重、海洋生产总值与地区工业固体废弃物综合利用量比率、海洋生产总值与地区工业废水直接入海排放量比率、地区污染治理项目当年竣工数量与计划数量的比率、地区工业废水排放达标率。

环境资源的过度损耗将危及经济的可持续增长，而这必将会影响到人们的健康和福利。随着经济的发展，人们已经越来越认识到，要想获得经济的可持续发展，对海洋资源的合理开发、高效使用及对环境的保护是必不可少的。这些是海洋经济增长质量提高的重要标志。

地区海洋类型自然保护区总面积占沿海地区总面积比重=地区海洋类型自然保护区总面积/沿海地区总面积

海洋生产总值与地区工业固体废弃物综合利用量比率=当期海洋生产总值/当期地区工业固体废弃物综合利用量

海洋生产总值与地区工业废水直接入海排放量比率=当期海洋生产总值/地区工业废水直接入海排放量

地区污染治理项目当年竣工数量与计划数量的比率=当期地区污染治理项目当年竣工数量/地区当年安排施工项目

地区工业废水排放达标率是指工业废水处理量占需要处理的工业废水量的百分率。其计算公式是：

工业废水处理率=工业废水处理量/需处理的工业废水量

式中，

需处理工业废水量=工业废水排放量+工业废水处理回用量-（工业废水排放达标量-工业废水处理排放达标量）

(五)政府综合管理质量指标

关于政府综合管理如何影响区域海洋经济可持续发展，我们可以通过生产函数来分析。政府综合管理是生产函数中的制度因素，进而影响生产函数的系数，从而影响整个海洋产业的增加值。

该系统指标包括：地方财政收入增长率、机关职工人数占职工总数比重、行政管理费占财政支出比重。

这套关于区域海洋经济可持续发展评价指标体系，是在区域海洋经济可持续发展的内涵基础上，结合区域海洋经济可持续发展的影响因素，利用生产函数的思想而得出的比较科学的评价指标体系。

财政收入增长率是指本期收入与上期收入相比所增加的比例。有年度、季度和月份。年度增长率是本年度与上年度相比，公式是

本年度收入增长率=（本年度收入额−上年度收入额）/上年度收入额×100%

机关职工人数占职工总数比重=机关职工人数/职工总数

行政管理费占财政支出比重=行政管理费/财政支出

四、海洋战略性新兴产业可持续发展评价模型

(一)常用的评价方法

1.指数分析法

指数分析法是一种被普遍采用的、简单易行的评价方法。其基本步骤为：选取某一评价对象的指标作为基数，通过百分比计算其余评价对象指数；确定各项指标的权重；计算综合指数，并进行排序。指数分析法计算比较简单易行，评价结果直观。但这种方法需要主观地确定参考对象，导致评价结果具有较大的主观随意性。而且权重的分配也没有考虑指标对科技创新能力影响的差异性，基本上采用平均分配的方法，不能突出因素的主次关系，不能真实地反映出指标在整个科技创新体系中的重要性的差异。

2.因子分析法

因子分析法通过运用多元统计方法可以从众多观测变量中找出少数几个不能直接观测的综合因子来解释原始数据。其评价的基本步骤如下：对原指标先进行标准化处理，消除量纲对评价结果的影响，并求出标准化后的指标间的相关系数矩阵；计算相关系数矩阵的特征值，并根据特征根大于1的原则，找出主因子及其贡献率；计算因子载荷矩阵；为了使主因子有明显的含义，对因子载荷矩阵进行正交旋转，使每个原始变量在主因子上载荷向0和1分化，从而可以对每个主因子的实际意义做出明确的解释；计算主因子得分。主因子是原始变量某类性质的抽象表示，其数值无法直接观测，但在实际的统计分析中，我们希望用具体数值来描述主因子作为一个综合指标在个体水平上的差异，就需要利用公共因子和原始变量的关系，估计出不同公共因子的得分；计算综合得分。综合得分由每个主因子的得分加权求和而得，其中权数由各个主因子的贡献率在累计贡献率中所占的比例确定。因子分析法无须主观确定参考变量，一般情况下评价结果比较客观，不会产生因人而异的现象，能客观地寻找综合指标，达到了既包括原指标体系的信息，又能减少评价指标的双重目的。但是因子分析法的计算过程比较复杂、烦琐。因子分析法为线性加权模型，这种模型适用于决策者效用函数可以叠加，效用函数分量为线性的情况。对科技创新能力进行综合评价时，上述条件并不完全满足。

3.灰色关联度分析法

灰色关联度分析法在分析地区科技创新能力方面具有独到的优点。区域科技创新能力，是指区域内各科技创新要素相互作用的结果，包含了科技进步的基础、科技活动投入、科技活动产出和科技进步对经济发展的促进等衡量指标，因此，科技创新指标体系是一个由众多指标构成的多层次、复杂的系统。由于经济统计存在信息的不完全性，绝大部分统计数据属于"灰色数据"，整个指标体系实质为一个灰色系统，运用传统的统计方法可能难以进行有效的分析并判断各要素对科技创新能力的影响。

（二）AHP方法

在给出上述几种常用评价方法的比较之后，接下来重点介绍一种相对简单，容易操作的方法——层次分析法。这是本研究采用的方法。层次分析法是由美国运筹学家、匹兹堡大学萨第（T. L. Saaty）教授于20世纪70年代提出的，他首先于1971年在为美国国防部研究"应急计划"时运用了AHP，又于1977年在国际数学建模会议上发表了"无结构决策问题的建模——层次分析法"一文，此后AHP在决策问题的许多领域得到应用，同时AHP的理论也得到不断深入和发展。目前每年都有不少AHP的相关论文发表，以AHP为基本方法的决策分析系统——"专家选择系统"软件也早已推向市场，并日益成熟。

AHP于1982年传入我国，在当年召开的中美能源、资源、环境会议上萨第教授的学生高兰尼柴（H. Gholajnnezhad）向中国学者介绍了这一新的决策方法。随后，许树柏等发表了国内第一篇介绍AHP的文章"层次分析法——决策的一种实用方法"（1982年）。此后，AHP在我国得到迅速发展，1987年9月我国召开了第一届AHP学术讨论会，1988年在我国召开了第一届国际AHP学术会议，目前AHP在应用和理论方面得到不断发展与完善。

层次分析法的基本原理是排序的原理，即最终将各方法（或措施）排出优劣次序，作为决策的依据。具体可描述为：层次分析法首先将决策的问题看作受多种因素影响的大系统，这些相互关联、相互制约的因素可以按照它们之间的隶属关系排成从高到低的若干层次，叫作构造递阶层次结构。然后请专家、学者、权威人士对各因素两两比较重要性，再利用数学方法，对各因素层层排序，最后对排序结果进行分析，辅助进行决策。

第三章 海洋战略性新兴产业发展的国内外经验借鉴

20世纪中期以来，海洋经济发达国家纷纷制定海洋科技战略规划来规范海洋战略性新兴产业的发展，这些国家围绕政府投入、技术创新、人才的培养引进、税收优惠、技术转移和科技成果产业化等环节，建立了海洋战略性新兴产业的具体发展政策，为海洋战略性新兴产业的可持续发展提供了重要的政策支撑。

通过分析它们的海洋战略性新兴产业发展政策，总结它们的成功经验，为进一步完善我国海洋战略性新兴产业发展政策提供有益的借鉴。海洋科技的快速发展使发达国家争相制定海洋科技发展战略与规划，以占据国际海洋科技竞争的制高点。美国、日本、加拿大、澳大利亚、英国等海洋经济强国率先意识到了以海洋高新技术为主要特征的海洋战略性新兴产业需要海洋科技战略与规划的引导和支持，纷纷在本国的海洋发展战略与规划中涉及了海洋战略性新兴产业的相关内容，为海洋战略性新兴产业的发展提供了政策依据。

第一节 国外海洋战略性新兴产业发展经验

一、美国海洋战略性新兴产业发展经验

海洋经济是美国国民经济的重要组成部分，已成为美国国民经济新的增长点。2012年美国海洋主要产业产值对国民经济贡献值达到12500亿美元。目前美国主要海洋产业有近海石油业、海洋渔业、海水养殖业、海洋交通运输业、滨海旅游业以及海洋高新技术产业等，约有1300万人在上述行业就业，占美国人口的4.3%左右。美国海域蕴藏着丰富的自然资源。据估算，美国近海海

洋油气产量大致维持在石油5000万吨，天然气1300亿立方米左右，年创产值220亿至260亿美元，贡献了全美30%的原油和23%的天然气产量。

自20世纪60年代起，美国就把发展海洋科技视为建立海洋强国的重要手段，通过颁布一系列政策法令和建立海洋科技园来推动海洋战略性新兴产业的发展。奥巴马总统上台后，签署了"发展海洋经济，保证美国在海洋经济领域占有领先地位"的决定。2009年2月17日，奥巴马签署《2009年美国复兴与再投资法》，推出了总额为7870亿美元的经济刺激方案，其中20亿美元追加科研投资则主要分布在航天、海洋和大气领域。奥巴马政府还提出大力提高美国海洋能产业的国际地位。美国从2009年到2013年，海洋能产业将呈大幅增长，海洋可再生能源是未来发展的朝阳产业已成不争的事实。政府的重视和持续的投资使得目前美国在海洋探测、深潜、海洋油气勘探和海洋生物技术等领域的研究开发居世界领先水平。

美国是当今世界头号海洋强国，其海洋产业在整个国民经济中占有重要地位，是世界上较早重视发展海洋新兴产业的国家。20世纪90年代以来，为应对世界各国海洋经济发展的挑战，保持其世界领先的地位，美国进一步加强了对海洋新兴产业的培育力度。以海洋新能源、滨海旅游业、海洋装备业、海水养殖、深海产业、海洋生物医药等为代表的海洋新兴产业发展迅速。美国是世界能源消费大国，因此美国较为注重海洋新能源的开发，目前海洋油气开发生产能力占国内原油生产能力的30%，天然气23%，海洋新能源产业每年为联邦创造了约40亿美元的税收；滨海旅游业也是美国海洋新兴产业的重要组成部分，据统计，美国每年沿海各州的旅游收入约占全国旅游总收入的85%；在海洋工程装备制造业方面，美国建造了海上机场、海上储油库、海上核电站等诸多大型工程；在海水养殖业上，其水产养殖品产量分别排世界第14、15位；在海洋生物医药方面，美国每年用于海洋药物科研经费为5000多万美元，每年有1500个海洋产物被分离出来，已有10种以上海洋抗癌药物进入临床或临床前研究阶段。

从20世纪50年代起，美国先后出台了一系列战略规划，如《全球海洋科学规划》《21世纪海洋蓝图》及其实施措施《美国海洋行动计划》等为其海洋

科技的快速发展提供了强有力的政策支持，使美国在海洋科学基础研究和技术
开发方面都形成了显著的领先优势，成为美国海洋战略性新兴产业发展的战略
及指导规划。

20世纪80年代，美国就提出了《全球海洋科学计划》，为占据海洋科技发
展的优势地位，美国注重海洋科技的研发，要以全球战略的眼光来提升海洋科
技水平。90年代，美国先后出台《90年代海洋学：确定科技界与联邦政府新
型伙伴关系》《1995—2005年海洋战略发展规划》，继续夯实美国海洋科技的
领导地位，以着眼于21世纪的前瞻性积极发展海洋高技术产业，不断提升海
洋科技的技术含量。2004年，美国出台了21世纪的新海洋政策——《21世纪
海洋蓝图》，报告对美国的海洋政策和海洋资源管理历史进行了回顾、反思和
总结，根据新形势提出了在21世纪全面修订美国海洋政策的目标，同时给出
了制定新海洋政策的11条指导原则和3项行动建议。11条指导原则中：一是
可持续性原则。海洋政策的制定应确保海洋的可持续利用，确保未来子孙的利
益不受侵犯。二是主人翁原则。此原则既适用政府也适用于每个公民，海洋是
大家的，政府代表大家管理海洋，作为公民应认识到自己是海洋的主人，对自
己的行为要进行规范和负责，避免不良行为给海洋环境带来负面影响。三是海
陆空相互作用原则。海洋政策的制定应建立在这样一种共识上，即海洋、陆地
和大气三者之间有密切的内在联系，无论哪部分受到影响，必然会影响到另一
部分。四是以生态系统为基础的管理原则（生态系统化管理）。海洋资源的管
理应反映出所有生态系统组成部分之间的关系，包括人类与其他生物物种及它
们的生存环境；因此，生态系统化管理所依据的是生态系统而非行政边界。五
是多用途管理原则。应该认识到海洋资源有许多潜在的有益的利用方式，在保
护好海洋资源环境的前提下，处理好各种用途之间的关系。六是海洋生物多样
性原则。应遏制海洋生物多样性下降趋势，保持和恢复生物多样性的自然水平
及生态系统的功能。七是利用最先进的科学信息原则。决策者应根据可得到的
最先进的科学信息制定海洋政策。八是调整性管理原则。对海洋管理措施进行
阶段性评估，以便在出现新的情况时对管理措施做出相应的调整。九是法律明
确原则。用于管理海洋资源的法律要明确，确保职责分工清晰。十是参与原

则。提高管理决策的透明度，确保涉及各方的参与。十一是时效性原则。海洋治理体系运作应该尽可能保持高效率和可预测性。3项建议行动分别是：一是建立一项全新的海洋政策框架，改善决策过程，提高联邦政府的协调能力和管理效果；二是加强对海洋科学技术研究的投入，力图使有关海洋和海岸资源的决策建立在最新的、可靠的和无偏的科学数据和信息基础之上，让利益相关者更容易获取这些信息和数据；三是加强正式和非正式的海洋教育，以增强公众的海洋意识，培养广泛的爱护环境的道德伦理，为未来的海洋政策制定者和海洋资源管理者储备人才和公众基础。

2004年12月17日，时任美国总统布什发布行政命令，公布了《美国海洋行动计划》，对落实《21世纪海洋蓝图》提出了具体的措施。《绘制美国未来十年海洋科学发展路线——海洋科学研究优先领域和实施战略》《美国海洋大气局2009—2014战略计划》是美国当前最新也是最能反映美国海洋科技创新当前需求的两个战略规划，从中可以看出当前和今后一定时期美国海洋科技领域的政策目标和重点，对海洋战略性新兴产业的发展起到了与时俱进的指向作用。奥巴马政府上台后，建立了一个海洋政策工作小组，强调了美国在海洋海岸经济增长方面所做的努力。除了加大对可再生的陆地资源和海洋能源的投资外，美国国家海洋与大气局国际事务办公室与私营部门合作，开发了一个综合海洋观测系统，目的是提高收集信息、传递信息、使用信息的效率，使政策制定者及公司部门的利益相关者采取行动提高安全，加强经济发展并且保护环境。此外，奥巴马在2010年制定的预算中，将美国致力于发展可再生能源的投资增加了一倍。另外，还要加强对能源领域的相关服务，比如说水源、气候、数据，并且为相关各州及联邦的合作伙伴提供数据和服务。2011年1月，奥巴马政府颁布了2011年的预算计划，拨给美国海洋与大气管理（NOAA）56亿美元的预算经费，用于海洋经济发展和气候问题研究。这其中有相当数额的财政预算经费用于海洋战略性新兴产业的发展。

美国的新海洋政策重点突出，协调与统一的概念自始至终贯穿始终。新政策还提出了一些全新概念和新举措，如生态系统化管理和全新的海洋管理概念——江河流域管理。在涉及涉海机构职能和重组问题时，新政策充分考虑到建立新机构和进行机构重组将会遇到的重重困难，提出了渐进式战略，可操作性强。新政策提出的大部分建议都需要政府在财政方面投入，以确保建议得以实施。此外，新政策还提出了建立海洋信托基金建议，新政策还强调了加大对海洋研究的投入、实施海洋终生教育等措施对进一步了解海洋和提高全国海洋意识，最终对实施好新国家海洋政策具有重要意义。此外，美国还专门出台了扶植海洋高新技术产业的政策与措施以保证海洋高新技术的发展，提高其海洋高新技术产品的国际竞争力。

二、加拿大海洋战略性新兴产业发展经验

加拿大也是当今世界典型的海洋强国之一，其陆地为北冰洋、太平洋和大西洋所包围，海洋产业尤其是海洋新兴产业对加拿大经济发展至关重要。20世纪90年代以来，依托自身广阔的海域空间，加拿大持续加大了海洋开发力度，致力于发展海洋新兴产业，目前已构建了包括商业与休闲渔业、海水养殖业、海洋高技术设备开发、船舶制造、海洋新能源、海洋航行与电信等在内的海洋新兴产业体系。以海洋油气业为例，加拿大海洋石油和天然气产值每年以约26%的速度增长。

进入21世纪以来，加拿大为跻身海洋经济强国不断颁布旨在促进海洋事业发展的规划与战略。这些战略与计划在引导加拿大海洋事业发展的同时，为海洋战略性新兴产业的发展指明了方向。其中，2005年加拿大政府颁布的《海洋行动计划》突出了国家海洋战略发展的四大重点领域，即国际海洋领导力、海洋主权和安全、推动海洋可持续发展的海洋综合管理体制，海洋生态系统健康及海洋科学与技术的发展。海洋科技的发展则主要通过海洋产业发展路线图，确定加拿大海洋技术的发展前景，充分利用国家海洋技术革新潜力，支持建立海洋技术展示平台，推动加拿大海洋科技的创新和突破。

通过发展海洋科技来发展海洋战略性新兴产业加拿大视为其占据国际科技竞争制高点的一个重要举措。《加拿大海洋行动计划中》把海洋科技作为支持海洋可持续发展的四个支柱之一，明确地把自己的角色定位为海洋科技领域的世界级领导者。在政策支持上突出表现为通过设立各种计划，使海洋战略性新

兴产业的科技创新都能得到政府的帮助和扶持。与海洋科技创新相关的科技计划（机构）主要包括国家研究理事会的海洋技术研究（NRC-IOT）、国家研究理事会工业研究援助计划（IRAP）、天才中心（The Genesis Centre）、国际合作创新中心（The Inco Innovation Centre）、纪念大学工程和应用科学学院等。具体来说，国家研究理事会的海洋技术研究（NRC-IOT）所的工作是为加拿大海洋战略性新兴产业提供技术专业支持服务，主要通过模拟海洋环境、预测和改善海洋系统的性能、发展能给加拿大海洋产业带来效益的创新技术等方式；国家研究理事会工业研究援助计划（NRC-IRAP）是加拿大首屈一指的创新援助项目，主要为小型和中型的加拿大企业提供援助，范围包括：增值技术和业务咨询，财政援助和其他范围内的创新性援助等；国际合作创新中心（The Inco Innovation Centre）拥有供孵化公司的空间资源，通过大西洋创新基金（AIF），联邦政府给这个先进设施投资超过1300万美元。国际合作创新中心管理供孵化公司，海洋技术企业中心的客户们可以利用孵化器；纪念大学工程和应用科学学院在工业外展项目（Industrial Outreach Program）中设有一个小型的孵化器，可为海洋科技企业中心培养年轻的企业家，并参与和海洋技术企业中心有合作关系的公司间的研究和发展。

　　为了实现国家的海洋战略目标，政府和有关各方制定了具体措施。这些措施包括加深对海洋的研究；保护海洋生物的多样性；加强对海洋环境的保护；加强海运和海事安全；加强对海洋的综合规划；振兴海洋产业；加强对公众，特别是青少年的教育，增强全社会的海洋保护意识观念。在海洋研究方面，确定了海洋资源和海洋空间的定义，广泛收集海洋资料，保护资源开发和海底矿物资源，加强了海洋科学和技术专家队伍建设等。在保护海洋生物的多样性方面，加拿大政府和非政府组织加强了对海洋生物种群、海洋气候变动、海洋深水生态系统的变化等方面的研究，并采取了限制捕捞捕杀濒危海洋鱼类和动物的措施。在海洋环境保护方面，加拿大制定了海洋水质标准和海洋环境污染界限标准，采取了对石油等有害物质流入海洋的预防措施。加拿大的海洋管理非常注重生态和环境保护，工作重点放在预防，而不是待问题出现时的治理。在天蓝、水清、资源丰富的加拿大，政府和公民十分注重生态环境和动植物的保护。加拿大环境保护的工作重点，就是对环境和野生动物的保护。对植物采取自生自灭的保护措施，一般不砍伐植物；对动物也采取自生自灭的措施加以保护，加拿大公民能够自觉做到不伤害动物。由于对自然环境采取顺其自然、不去强行改变的政策，加拿大的自然环境保护得非常好。各执法机构十分重视对公众的宣传教育，提高公众的法律意识和参与意识，注重事前预防和监督检查，预防和减少违法行为的发生（刘振东，2008）。

三、日本海洋战略性新兴产业发展经验

日本也是当今世界海洋强国，自20世纪60年代开始逐步把经济发展的重心转向发展海洋产业，并且发展速度迅猛，目前已构筑起以滨海旅游业、海洋油气业、海洋土木工程、海洋新能源、海水淡化、海洋生物制药、海洋信息等产业为代表的新型海洋产业体系。近年来日本滨海旅游业迅速发展，政府已将旅游业置于战略产业地位；海洋油气业是日本海洋经济的重要支柱之一，近年发展呈现出开采、进口、储备齐头并进的态势；在海洋新能源方面，日本成功研制世界上第一个海浪发电装置，至今已有1500多座海浪发电装置，同时在海洋热能发电系统和换热器技术方面居于世界领先地位；在海水养殖方面，早在1971年日本就提出了海洋牧场的构想，并于1987年建成了世界上首个海洋牧场；在海洋生物制药方面，日本每年用于海洋药物研究开发的经费约为1亿美元，并取得了显著成就。

日本历届政府都很重视海洋的开发，逐年增加海洋开发经费，不断加强海洋开发及其科学技术研究。20世纪60年代以来，日本政府把经济发展的重心从重工业、化工业逐步向开发海洋、发展海洋产业转移，迅速形成了以海洋生物资源开发、海洋交通运输、海洋空间利用、海洋工程等高新技术为主的现代海洋开发体系，有关海洋发展战略与规划中也对海洋战略性新兴产业的发展起到了引航的作用。

1990年出台的《海洋开发基本构想及推进海洋开发方针政策的长期展望》，本着海洋科技自主创新的原则，大力发展海洋高新技术产业相关领域的科技研发，努力从科技角度带动海洋科技水平的提高；1997年制定了《日本

海洋开发推进计划》《海洋科技发展计划》，立足国际角度着力发展海洋科技的基础和应用研究，为海洋经济的快速发展奠定坚实的基础。进入21世纪后，日本组织实施了"西太平洋深海研究5年计划"；2007年4月，日本众议院通过了《海洋基本法》《关于设定海洋构筑物安全水域的法律草案》。2008年2月，根据《海洋基本法》，日本出台的《海洋基本计划草案》提出："应通过研发引入高端新技术，培养海洋产业方面的人才等手段，维持与强化国际竞争力；为利用海洋资源与空间，应创建新的海洋产业，把握海洋产业的动向。"此外，日本先后推出了《深海钻探计划》《大洋钻探计划》《海洋高技术产业发展规划》《天然气水合物研究计划》《海洋研究开发长期规划》《综合大洋钻探计划》等。近几年还实施了《基础科学力强化综合战略》《建设低碳社会研究开发战略》《海洋能源和矿物资源开发计划》，提出了基础科学研究、低碳技术和海洋能源和矿物等领域的研究目标和内容。日本内阁官房综合海洋政策本部在《海洋产业发展状况及海洋振兴相关情况调查报告2010》中就明确提出计划2018年实现海底矿产、可燃冰等资源的商业化开发生产；计划到2040年整个日本的用电量的20%由海洋能源（海洋风力、波浪、潮流、海流、温度差）提供。这些规划都是以推进海洋高科技发展为目的，确保日本在海洋科技方面的领先地位，创造高附加值的经济利润，有利于增强日本海洋战略性新兴产业的竞争力。

日本的海洋政策调整是在基于"保护海洋""利用海洋""了解海洋"三者间的协调发展：最大限度地保护海洋环境的前提下，根据现有科学理论及研究成果，综合实施海洋开发利用，实现海洋可持续利用。日本从全球性、战略性高度实施海洋政策：要实现海洋经济的发展，必须加强国际合作，尤其是与周边国家间的交流与合作。日本制定了综合性海洋政策，联合有关省厅共同实施。报告中还指出：随着海洋开发利用呈多样化的趋势，国家应从宏观综合的角度进行分析研究，多个行政部门间通力合作，做到海洋政策的统一性，共同实施综合性战略。

海洋政策基本构思体现在海洋保护、海洋利用和海洋研究三个方面。在海洋保护方面，日本的海洋政策中明确规定：在确保海洋环境保护及修复的同时，实现健康有序的海洋环境战略；实现可持续海洋开发利用，有助于构筑循环型社会；海洋作为国民共有财产，让美丽、安全、充满生机的海洋代代相传。

在海洋利用方面：要确保海洋环境保护的协调发展；对现有海洋现状进行综合调研分析，采取必要的限制性措施，实施海洋环境的综合治理；从长远目标考虑，加强各部门间在海洋开发利用政策上的协调与合作。在海洋研究方面：将海洋研究取得的新知识应用于海洋的环境保护及开发利用；研究阐明地球变暖和气候变化等对日常生活有直接影响的自然现象发生的机理；通过海洋科学研究，开发人类共同财产，唤起青少年对海洋科技的浓厚兴趣。

四、韩国海洋战略性新兴产业发展经验

韩国海洋研究与发展协会海洋工业与政策分会会长洪成勇认为：韩国的海洋政策并非仅仅是旨在取得民族利益的国内政策，它还包括国家海洋主权扩展的涉外问题，即作为沿海国家在新的国家法秩序下对控制海洋空间所履行的责任（或义务）。

三大因素决定了韩国的海洋政策。第一，海洋政策的合理性要考虑韩国的政治地理位置，北邻朝鲜，南临朝鲜海峡，西接黄海，东濒日本海。韩国实际上是一个连接太平洋和亚洲大陆的半岛国家，其政治地理位置十分重要。第二，陆地面积及自然资源的缺乏激励着韩国重视海洋政策。韩国较高的人口密度（436 人/平方米），贫乏的陆地自然资源及经济发展的压力，使得对管辖范围的沿海地区内的生物资源的有效管理和非生命资源的有效开发利用迫在眉睫。第三，从 60 年代中期开始韩国海洋政策在社会经济发展中占有突出的位置。1962—1992 年的 30 年间，韩国的国民生产总值从 23 亿美元升至 2945 亿美元，人均国民产值从 87 美元增加到 6749 美元。水产业、运输业和造船业、海岛结构建设和沿海建设是韩国面临的紧急的首要政策。1990 年，韩国海洋地区的产值占全国总产值的 7%，即 147 亿美元。

韩国十分重视对海洋环境的保护，作为综合海洋环境政策的第一步，1992年韩国政府授权海上及港口管理机构处理石油泄漏及善后事宜。韩国政府对海

洋环境政策的策略重点不仅是处理石油泄漏及善后恢复，同时也是防止海洋污染。近年来，韩国政府建立了一个全面的海洋环境保护计划，已在认可的发展概念上有效地执行沿海及海上环境保护政策。

　　为了实现海洋经济的发展，韩国综合海洋政策工作组确认了8个议程：加强海洋技术、海洋地理勘测及国家海洋公共设施；通过自我调节的开放政策和有效港口系统，提高韩国船运业的国际竞争力；在近海维持一个最大限度参量的渔业贮备，通过加强双边或多边合作，保证远海捕鱼地区的安全；在大陆架下，制定开发石油及天然气的一个新指令，在地区首先取得开发投资的权利；管理多种用途的沿海区域；通过减轻海洋污染和制订切实可行的计划维持清洁的海洋环境；通过新的海洋法制度加强海洋外交；重新组织执行海洋政策的政府机构。韩国的海洋政策从环境、海洋技术、海洋运输、海洋油气、海洋管理等海洋产业的各个方面都做出了详细规定，全面地保障了韩国海洋产业的有序和快速发展。

五、英国海洋战略性新兴产业发展经验

　　英国是海洋强国之一，海岸线曲折，总长约18835万千米，近岸海域油气、渔业等海洋资源相当丰富。丰富的海洋资源已成为英国的能量之源、立国之本。20世纪90年代，英国发表了《海洋科技发展战略规划》，提出优先发展对海洋开发具有战略意义的高新技术；进入21世纪，公布了海洋责任报告，把利用、开发和保护海洋列为国家发展的重点和基本国策。

　　英国是世界老牌海洋强国，政府对海洋产业尤其是海洋新兴产业的重视较早，海洋产业基础良好。目前，英国包括海洋装备、海洋商贸、海洋休闲及海洋可再生能源等在内的海洋新兴产业发展迅速。仅以海洋新能源业为例，英国于20世纪80年代初已成为世界波浪能源研究应用的中心。至1973年，英国仅在波浪发电机领域就拥有340多项专利。另外，英国研制出了世界上首台潮汐能发电机和首座波浪发电厂。2000年，英国成功建成世界上第一个波浪发电厂，生产能力为500千瓦，可供400户家庭用电。2008年，英国科学家发明了独特波浪发电装置（水蟒），试验表明，每个装置最多可产生一兆瓦的电能，可满足数百个家庭的日常电需要，将很可能解决未来能源危机。同年，世界首

台潮汐能发电机（sea gen）在英国安装就位，该系统是世界上第一个利用洋流发电的商用系统。2013年英国波浪能、潮流能装机容量分别达到3850千瓦和5200千瓦，均位居世界首位，涌现了诸如Pelamis、Aqua-marine Power等一批国际知名的创新性企业，强化了全球优势地位。英国的滨海旅游业亦较发达，年产值23.5亿英镑，每年可为英国人提供数万个就业机会。据英国旅游局统计，英国人每年用于旅游的费用需要100多亿英镑，其中40%用于滨海旅游，加上来英国旅游的国外游客收入，每年英国滨海旅游总收入上百亿英镑，并且呈逐年递增势头。

为了保护环境和实现社会可持续发展，英国制定了强调多元化能源的能源政策，鼓励发展包括海洋能源在内的各种可再生能源。早在20世纪70年代初，英国政府就制定了可再生能源发展规划，并成立了能源技术支持小组。为了促进开发利用可再生能源，1989年，英国议会通过了非化石燃料责任法，规定在电力应用中心必须有一定比例的电力来自可再生能源，并对这些电力给予补偿。1992年世界环境与发展大会后，英国又制定了进一步保护资源与环境的政策，其中措施之一就是大力开发利用海洋能资源。为了鼓励开发可再生能源，英国推出了"可再生能源计划"，取代了20世纪七八十年代制订的"非矿物燃料计划"。在重视研发的同时，英国已经开始把相对成熟的可再生能源技术用于实践。风能是可再生能源中成本较为低廉的一种。英国风能发电的历史悠久，技术在世界风能业居于领先地位。其他可再生能源研究工作在英国也发展迅速。在把垃圾通过掩埋转换成天然气的技术方面，英国处于世界领先水平。另外，英国在利用氢能、太阳能方面也取得了很大进展（褚同金，2007）。近年来，英国加大了对海洋科技创新资源的整合和建设力度。2010年4月英国自然环境研究理事会（NERC）宣布建立一个全新的国家海洋研究中心，该机构将与英国海洋研究相关部门合作进行范围涵盖近岸到深海的海洋科技研究。新的英国国家海洋学研究中心（NOC）由NERC管理的位于英国南安普顿海洋研究中心（NOCS）研究机构和普劳德曼海洋实验室（POL）合并组成。NOC将致力于提高包括英国皇家船舶研究中心（RRS）在内的海洋研究部门的研究能力，提高深海潜水器和先进海洋技术的研究能力。NOC还将成为全球平均海平面数据中心、英国海平面检测系统的气候变化和洪水警报数据的数据中心和英国国家海底沉积物数据中心（马吉山，2012）。

英国是个古老的海洋国家，早在18世纪初，英国就以海运业和造船业领先于世界。20世纪60年代以来，英国的海洋产业以石油和天然气为主，通过海洋油气开发活动，带动了本国造船、机械、电子等行业的快速发展（吕彩霞，2005）。与此同时，滨海旅游业及海洋设备材料工业也迅速崛起，从而带动了英国整个经济的发展。

1999—2000年，英国涉海经济活动产值达390亿英镑（吕彩霞，2005），占英国GDP的4.9%。英国继续在本国大陆架（UKCS）大量生产油气。海上天然气生产一直列世界第4位，海上石油生产位居第15位。海上油气总产量位居世界第12位，排在尼日利亚、科威特和印度尼西亚之前。2006年开采约11亿桶石油当量，使最近40多年来海上油气生产总量超过了360亿桶石油当量。这一产量满足了国内大部分需求。石油年产量为5.88亿桶，占6.15亿桶消费量的96%。天然气产量$800×10^8$立方米（bcm），占消费量的92%，不足部分由进口满足。

据英国2008年资料，英国海洋产业年产值占其GDP的6.8%，海运、海洋油气开发、海洋可再生能源开发等主要海洋产业创造了100多万个就业岗位；95%的国际贸易通过海洋运输；渔业捕捞船7000多艘，总吨位居欧盟第二；海洋水产养殖业产值占欧盟海洋水产养殖产值的17%；海洋装备制造业发达，60%以上产品出口海外。海洋可再生能源业是英国蓝色经济发展的一个新领域，不仅发展迅速而且在国家能源经济结构中的地位变得越来越重要。1996—2003年间，英国对可再生能源的使用年均增长14.5%；而2003—2005年，年均增长达到22%（马吉山，2012）。

六、法国和澳大利亚海洋战略性新兴产业发展经验

法国在海洋高新技术产业的发展方面也尤为重视。法国从20世纪70年代开始，在海洋生物技术、海洋生物资源的开发利用、深海采矿技术、海底探测技术方面制订了相应的研究与发展计划。为进一步加强海洋科技创新能力，法国制订了海洋科技《1991—1995年战略计划》和1996—2000年《法国海洋科

学技术研究战略计划》，旨在海洋生物技术业、海洋可再生能源业、深海产业的研究与开发方面再上一层楼。

澳大利亚也是一个拥有丰富海洋资源和得天独厚海洋发展环境的海洋强国，海洋产业已成为该国经济增长最快的产业之一。目前其海洋新兴产业主要包括滨海旅游业、海洋油气业、海水养殖业等，并在许多领域具有国际竞争优势。海洋油气生产是澳大利亚最大的海洋产业之一，每年产值约80亿澳元。海洋旅游业发展迅速，且其范围十分广泛，包括潜水、休闲垂钓、冲浪、划船、海滩度假等，其中以海洋公园名气最大，如著名的大堡礁海洋公园。据澳大利亚旅游研究局估算，滨海旅游占全国旅游娱乐业的30%~40%，其中，仅休闲垂钓的从业人员就达8万人，年产值在30亿澳元以上。

在1997年提出了实施《海洋产业发展战略》，在全面推进海洋产业的健康快速发展的同时，格外重视海洋高技术产业的发展，积极推进海洋高新技术的研发，重点在海洋生物技术、海水淡化与综合利用技术、海洋可再生能源技术、深海探测技术等对海洋经济发展有显著推动作用的前沿技术方面加大政策倾斜和投资力度，以确保相关海洋产业的国际竞争力。随后，澳大利亚政府1998年发布了《澳大利亚海洋政策》《澳大利亚海洋科技计划》，并在2003年成立了海洋管理委员会。为了达到国际竞争力和生态可持续发展的目标，澳大利亚海洋产业和科学理事会（AMISC）提出了海洋产业发展存在的一些重要问题，提出了21世纪海洋产业各领域的发展战略，特别指出要重点发展一些规模小、未充分发展的海洋产业，如海洋生物技术和化学品（目前规模很小）、海底矿产（未得到充分发展）、海洋替代能源（波能、热梯度能等）和海水淡化。

第二节　国外海洋战略性新兴产业的具体发展政策

一、海洋生物医药业方面

自20世纪60年代初，各国开始关注海洋生物资源的开发利用，海洋药物研发被提上了议事日程。进入20世纪90年代，许多沿海国家都加紧开发海洋，把利用海洋资源作为基本国策。美国、日本、英国、法国、俄罗斯等国家分别推出包括开发海洋微生物药物在内的"海洋生物技术计划""海洋蓝宝石计划""海洋生物开发计划"等，投入巨资发展海洋药物及海洋生物技术。近10年来，全球生物医用材料市场一直保持在15%以上的年增长率，2015年产值达到5000亿美元。随着海洋生物资源技术的不断成熟，目前世界各国都在着力研究从各种海洋生物体中提取各种化合物用于海洋药物的研制，有相当一部分已经进入临床试验阶段。各国把相当的资金投入抗癌药物及抗心脑血管药物的研发与试验中，以期在海洋药物领域占据优势地位，引领全球海洋生物医药的风潮。另外，各国也十分注意申请生物技术专利，在知识产权保护中使海洋生物医药业不断发展壮大。由于生物技术的快速发展，许多国家都把生物技术产业作为21世纪优先发展的战略性产业，作为提高本国竞争力的重要手段，纷纷制订发展计划，加大对生物技术产业的政策扶持力度与资金投入。

近年来，美国对生物技术产业的重视程度不断提高，制定的《生物技术未来投资和扩展法案》通过修改赋税制度，刺激了企业研究与投资生物技术产业的积极性，各州也相继制定了生物技术产业发展战略。在联邦和州有关法案中，特别体现了偏重生物医药产业发展、关注中小型制药企业及注重人力资源等方面，对包括海洋生物医药技术企业在内的生物高技术企业提供优惠的税收政策。如联邦政府减免了高技术产品投资税、高技术公司的公司税、工商税，各州政府减免了有关企业的销售和使用税、投资税和资本收益税等，并允许生物技术企业转让税收优惠给其他合作企业。为鼓励生物医药产业发展，日本于2002年修改了《医药法》，将生物制药从化学合成制药中独立出来而成为一个门类，从对原料选择到上市销售的各个环节都制定了相应的管理制度，强化了对生物医药的监管。日本政府还对包括海洋生物医药企业在内的生物技术企业提供有针对性的税收减免政策，促进有关高技术产业快速成长。欧盟近几年加快了医药产业政策的制定，出台了直接针对生物医药业的《生物技术发明的法律保护指令》《欧洲生命科学与生物技术战略》，把生物医药确定为7个优先发展领域之一。此外，欧盟各成员国也根据本国实际，采取了相应的政策措施，促进了生物医药产业的发展。如法国从2002年起推出了提供种子资金、修改知识产权法规等系列措施加快产业发展，德国多次修订《基因技术发》，促进生物医药业的发展。此外，英国也出台了类似的产业政策，支持包括海洋生物医药业在内的生物技术产业发展。这些政策在很大程度上为海洋生物医药业的发展提供了制度保障，有效地促进了海洋生物医药业的发展。

二、海水淡化及综合利用业方面

进入20世纪，随着世界水资源危机的加剧，海水作为一种替代性淡水资源越来越受到重视。世界各国纷纷制定了一些专门的海水利用规划，积极研究制定鼓励发展海水淡化政策措施：早在1952年，美国政府就发布了《苦咸水转化法》。1996年，美国国会又通过了《水淡化法》，进一步加强了海水资源的淡化处理。美国2004年颁布《脱盐电价优惠法》，意在给予海水淡化以积极的补贴，并在很大程度上帮助降低海水淡化的成本。在严重缺水的中东地区，以色列政府于2000年发布了一项海水淡化利用规划，计划在五年内实现年产4亿立方米淡水的海水淡化产能，并同时发展当地的苦咸水淡化系统。阿联酋对发电设施和供水设备的进口没有限制，只征收4%的关税。而在澳大利亚，其海洋发展战略中明确把海水淡化作为一个重要的新兴产业来对待，认为技术障碍的突破将使海水淡化焕发很大的产业发展优势。日本、欧盟等国也纷纷制定诸多政策规划，为海水淡化与综合利用业的健康发展提供政策法规保障。

海水综合利用主要包括海水淡化、海水直接利用、海水化学资源的提取。目前，海水淡化技术朝着扩大单台装置产能和扩大淡化厂建设规模的方向发展，工程规模达到几十万吨级、单机规模达到万吨级。据统计，全球海水淡化产能已达到每日6348万立方米，海水冷却水年用量超过7000亿立方米，海水制盐每年近6000万吨。目前，沙特阿拉伯、以色列等中东国家70%的淡水资源来自海水淡化，美国、日本、西班牙等发达国家为了保护本国淡水资源也竞相发展海水淡化产业。2008年，全球海水淡化工程总投资额达到248亿美元，每年以20%~30%的速度增长。2015年，达到564亿美元。许多沿海国家工业用水量的40%~50%是海水，主要用作工业冷却水。目前日本年直接利用海水量为3000亿立方米，主要用在火力发电、核电、冶金、石化等企业，其中仅电力冷却用海水量每年就达1000亿立方米。美国工业用水的1/3为海水。海水化学资源综合利用方面，世界上海水提溴走在前列的是美国、日本、英国、法国、西班牙、以色列等国家，生产量均达到万吨级。海水提钾，由于海水中钾含量浓度不高，而且有数倍的钠、镁、钙离子与之共存，具有较大的技术难度，目前尚未形成产业。今后随着海水提钾技术的研究开发，新工艺、新方法，特别是新的吸附剂、解吸剂的发现，海水提钾有望得到突破性进展。全球目前有20多个大型海水提镁厂，主要分布在美国的南圣弗朗西斯科湾、得克萨斯州，英国的哈特普尔以及日本、法国、意大利、以色列、荷兰、墨西哥等。

三、海洋准备制造业方面

当前世界主要国家都在积极抢占后金融危机时代的经济科技发展的制高点，利用各种举措发展海洋装备业：投入大量资金进行海洋装备的自主研发，很大程度上实现了关键技术的自给；配备相关配套设施，加强配套设施的稳定性；在模块设计制造、关键系统和设备的设计制造、装备的调试安装等领域形成一些专业化的分包商，完善产业链等。在深海产业发展方面，1968年美国启动"深海钻探"计划，成为国际地学界为时最长、影响最大的合作计划，至今仍在实施，已经在全球各大洋钻井近3000口、取芯近30万米，验证了板块构造理论，创立古海洋学，揭示了气候演变的规律，发现了海底"深部生物圈"和"可燃冰"，引发了整个地球科学领域的革命。日本先后推出了《深海钻探计划》《大洋钻探计划》《海洋高技术产业发展规划》《天然气水合物研究计划》《海洋研究开发长期规划》《综合大洋钻探计划》等促进深海产业的发展。

海洋装备主要包括海洋石油钻井、采油、储油、系泊平台及配套装备，海洋可再生能源装备，水下生产系统及其安装与维护，深潜与深海空间站，海底管线安装设备，海洋潮汐和温差电站，海洋监测探测站，海上飞机场等。其中，海洋结构工程与装备的全球市场规模在2000亿美元左右，年均增长20%

以上。韩国和新加坡是海洋工程制造业强国，欧洲和美国在海洋工程装备设计、专利技术及关键配套设备供应和工程总承包领域具有垄断地位。目前，全球主要海洋工程装备建造商集中在新加坡、韩国、美国及欧洲等国家和地区，其中新加坡和韩国以建造技术较为成熟的中、浅水域平台为主，目前也在向深水高技术平台的研发、建造发展；美国、欧洲等国家和地区以研发、建造深水、超深水高技术平台装备为核心。另外，目前国际上水下运载装备、作业装备、通用技术及其设备已形成产业，有诸多专业提供各类技术、装备和服务的生产厂商，已形成了完整的产业链。

四、海洋可再生能源方面

随着海洋经济的发展，以海洋风能、波浪能和潮汐能为代表的海洋可再生能源开发业得到了各国的广泛重视。以欧盟和美、加及日、韩为代表的海洋大国纷纷出台各自的海洋新能源开发鼓励政策，有力地推动了国际海洋新能源产业的发展。从目前各国可再生能源政策体系和专门针对海洋新能源开发的鼓励措施来看，国际海洋新能源开发相关鼓励政策主要包括两大类：一是研发与创新支持政策；二是产业发展激励政策。海洋新能源研发与创新政策是指海洋新能源利用技术研发相关政策，主要包括政府对可再生能源研发与示范的投入。在市场化激励政策领域，国际上常见的鼓励政策包括投资激励、税收激励、价格补贴和产品配额制等。其中投资鼓励政策主要包括政府拨款、贷款、赊购、第三方金融（由政府承担风险或提供低利率贷款）等；税收政策主要是相关领域的投资与生产税收抵免措施；价格补贴主要指收购价格保证与固定入网价格（FITs）措施等；配额政策包括可交易绿色认证、产品配额义务等。为了顺应海洋可再生能源开发的时代潮流，各国政府都制定了各自的能源发展目标，并出台了相应的政策措施来鼓励海洋可再生能源开发与国内能源结构的优化调整。

美国海洋可再生能源的开发利用是依据《能源政策法》。1992年，美国《能源政策法》提出了两项能源优惠，即可再生能源税收抵免和可再生能源生产补助。《能源政策法》要求能源部门将海洋能包括在可再生能源目录内并且要求能源部门实行。《能源政策法》也使海洋能有资格获得可再生能源工程建设基金。《能源政策法》第388部分授权美国内政部在外大陆架的诸如近岸风能和波浪能的海洋可再生能源建设工程的批租权。而此前只能授权给石油、天然气和矿物开发工程，《能源政策法》弥补了这项空白并且去除了望角风电场的不确定性。1998年，克林顿政府提出的《综合电力竞争条例》制定了一个国家通用的可再生能源配额制度（RPS），要求到2010年可再生能源占全国电力供给的7.5%。2005年12月，联邦与州的管理部门（Federal and State Management Service）通过发起提出规则的进一步审议，寻求关于外大陆架开发工程批准程序的意见。这项审议包括了诸预授权的标准在内的36个问题，其中一个问题提到关于可能存在的矿物管理部与其他部门的职责重复问题。海洋可再生能源协会希望推动近岸可再生能源的开发并且和更多的贸易部门合作来提出意见以协助矿物管理部履行职责。2009年2月，美国总统与国会通过了一项重大的可再生能源刺激法案，大幅度增加了美国能源部波浪与潮汐能技术项目的资金。

欧盟是世界包括海上风能、波浪能和潮汐能在内的海洋新能源产业发展的先驱。2001年，欧盟《可再生能源法》规定到2010年欧盟发电总量的21%必须来自可再生能源，而可再生能源占欧盟各国全部能耗的比重要达到12%。2005年，欧洲海洋能协会在比利时成立。2007年，《欧洲能源战略》突出了开发海洋新能源的需要。2008年批准的《战略能源技术规划》（SET-Plan）与《欧盟研发与示范框架7计划》（EP7）和《智能能源计划》（IEE）共同构成欧盟能源战略整体框架。在发展目标与政策研究领域，欧盟能源政策分析报告（European Commission，2007）提出新的能源行动计划核心是实现更可持续的、安全的与竞争性的低能源经济。通过制定正确的政策与立法框架，加大对清洁、可持续的能源技术与可再生能源的投资，增加对可再生能源的利用，使可再生能源比重从现在的7%增加到2020年的20%，其中海洋可再生能源在其未来可再生能源发展目标中占有相当比重。

自20世纪70年代以来，英国制定了强调能源多元化的能源政策，鼓励发展包括海洋能在内的多种可再生能源，实现能源可持续发展。而海洋则是获取这些能源的天然场所。1992年联合国环境与发展大会后，为实现对资源和环境的保护并减少污染，英国进一步加强了对海洋能源的开发利用，把波浪发电研究放在新能源开发的首位。2003年英国《能源政策白皮书》中，英国政府将海洋能源作为一个优先发展领域，并强调对这一部门的R&D支持将会带来其跨越性的发展。具体政策支持上，英国先后资助一系列项目激励海洋能源创新活动，包括英国政府的"技术项目"、碳信托的"海洋能源中的挑战"项目、"Super Gen Marine"海洋可再生能源研究项目等。2004年英国通过《能源法案》（Energy-Act），鼓励使用可再生能源，并提出要在2020年前，使国内可再生能源需求比例达到20%。具体来说是通过以下几个政策措施来促进海洋可再生能源的发展：第一，英国根据本国国情，从国家整体发展战略的高度，统一协调国家能源建设，将可再生能源提到英国可持续发展战略保障体系的核心。第二，为了统一领导和协调一致，联邦政府在综合分析现状和未来的基础上对大力开发利用可再生能源进行了战略布局，并确立了可再生能源发展的未来目标。与此同时调整能源结构，逐步停止使用核能，推出"可再生能源计划"，建立一个面向未来的可持续发展的现代化能源供应体系。第三，英国政府多年来坚定灵活地运用经济手段和激励政策支持可再生能源的开发利用。例如，联邦政府推出了为期25年的可再生能源义务和气候变化税以替代非化石燃料义务和化石能源税。第四，联邦政府在2002—2004年间，累计投入2.5亿英镑就风能、水能、海势能等能源形式的利用进行研发和示范，加强对可再生能源领域的研发力度。2010年，英国发布《海洋能源行动计划》，目的在于制定一个共同接受的2030年海洋能源发展愿景，并通过公共与私有部门的合作行动来推动和部署海洋能利用，以实现《英国可再生能源战略》《低碳产业发展战略》所设定的发展目标。

五、深海资源开发产业

国际海底区域蕴含着丰富的多金属结核、钴结壳、热液硫化物及天然气水合物和生物资源。世界深海探明储量已达440亿桶油当量，未发现的潜在资源量有1000亿桶油当量。世界深海油气报告资料显示，深海是未来44%世界油气总储量的来源区，而目前仅占3%深海油气资源潜力巨大。由深海生物基因资源的开发带动相关领域产生的经济效益高达几十亿美元。世界深海资源产业逐渐向多元化方面发展，包括深海矿产资源勘察技术、深海矿产资源开采技术和深海矿产资源选冶技术。目前，日本的深海采矿技术处于世界领先地位。日本已研制出高效率、高可靠性的流体挖掘式锰结核采矿实现系统，其工作水深可达5250米，同时又正在研制海底热液矿床和钴结壳矿床的采矿系统。深海矿产资源勘察技术装备在全球已形成一个庞大的市场，数家知名生产厂家在市场上具有一定的垄断性。国际海底区域已成为21世纪多种自然资源的战略性开发基地，在未来20~30年，随着海洋高技术的发展，势将形成包括深海采矿业、深海生物技术业、深海技术装备制造业的深海产业群。

第三节　国内海洋战略性新兴产业发展经验

为推动中国海洋经济的健康快速发展，国务院于2011年1月批复了《山东半岛蓝色经济区发展规划》，成为中国首个以海洋经济为主题的区域发展战略。同年3月，《浙江海洋经济发展示范区规划》通过国务院批复，以宁波—舟山港海域为核心区的浙江海洋经济发展上升为国家战略。随后，2011年7月和2012年11月，《广东海洋经济综合试验区发展规划》《福建海峡蓝色经济试验区发展规划》又相继获国务院批复。至此，在海洋经济领域形成了中国四个试点省份。四个试点省份都拥有着丰富的海洋资源，经过多年的海洋资源开发，在中国海洋经济发展领域都具有较强的竞争优势，如表3-1所示。综观这四个试点省份的海洋经济发展规划和布局，都把海洋战略性新兴产业的培育摆在了突出位置，试图抢占海洋经济领域的战略和科技高地。然而，这四个试点省份海洋资源各异，海洋经济发展规划也呈现出各自地域的特点，对比试点省份海洋战略性新兴产业发展实践，可以进一步明确海洋战略性新兴产业发展的思路，提供有效的发展路径。

表3-1 2011年四省份海洋经济发展基础条件及发展目标之比较

省 份	广 东	山 东	浙 江	福 建
2011年海洋经济总量	9807亿元，居全国第一位	8300亿元，居全国第二位	4500亿元，居全国第三位	4420亿元，居全国第四位
海洋科研力量	中山大学、中科院南海海洋研究所、中国水产科学研究院南海水产研究所、广东海洋大学、广东社科院海洋经济研究中心	中科院海洋研究所、中国海洋大学、国家海洋局第一海洋研究所、中国水产科学研究院黄海水产研究所等	浙江大学、国家海洋局第二研究所、浙江海洋学院、舟山海洋研究院	国家海洋局第三海洋研究所、福建省水产研究所、福建省海洋研究所、厦门大学、厦门海洋职业技术学院
优势海洋产业	现代海洋渔业、高端滨海旅游业、海洋油气业、海洋船舶工业	海洋生物、装备制造、能源矿产、现代海洋化工、海洋水产品精深加工	船舶工业、海水淡化、滨海旅游、海洋生物医药、海洋能源	海洋渔业、海洋交通运输、滨海旅游、海洋船舶、海洋工程建筑
海洋经济发展目标	全面建成海洋经济强省：海洋生产总值15000亿元，海洋新兴产业增加值占35%	2015年海洋生产总值年均增长15%以上。2020年海洋生产总值年均增长12%，人均地区生产总值达到13万元左右	2015年基本实现海洋经济强省目标：海洋生产总值接近7000亿元；2020年现代海洋产业体系建立	2015年全省海洋生产总值达到7300亿元。现代海洋产业体系基本建立。2020年，全面建成海洋经济强省

一、广东省

广东省是全国海洋经济总量大省，产业基础雄厚、海洋资源和海洋区位优势明显。全省大陆海岸线长达3345千米占全国的1/6，居全国第一位；沿海10米等深线以内的浅海和滩涂面积127×10^{4}平方千米，约占全国的1/5，也居全国第一位，可供围垦、海水养殖、晒盐、种植等多种利用；全省面积大于500平方米的海岛有759个，岛屿岸线1650千米占全国的1/9；海域面积35×10^{4}平方米，相当于全省陆域面积的2.3倍。在全省所辖海域内，油气资源相当丰富，珠江口盆地地质就达40×10^8～50×10^{8}吨，南海可采油气资源占全国的2/3。南海有鱼类1000多种，有经济价值的200多种，海洋捕捞量居全国前列，并逐渐向外海、远洋捕捞发展；沿岸有优良港湾120多处，可兴建不同级别、不同类型的港口、码头；滨海旅游景点200多处；盐田9000多公顷，生产条件较好；潮汐能与海岛风能开发潜力很大；海滨砂矿资源亦十分丰富，很多具有工业开采价值。海洋矿产开发、海洋新能源开发、海水综合利用及海洋空间利用前景广阔。从地理位置来看，首先广东地处南亚热带、热带，自然条件优越，非常适宜于海洋生物的生长繁殖，具有发展海洋渔业及其他海产品的天然优势。其次，广东毗邻港澳，华侨众多，与东南亚各国交往也十分方便，这里也是亚太地区经济最活跃的地区之一，区位条件十分优越。广东沿海有3个经济特区、2个对外开放城市及一系列对外开放经济区，加之改革开放先行一步，是我国沿海经济发展最快、最有特色的地区之一，物质基础雄厚，为广东海洋开发及经济的进一步发展创造了有利的条件。2011年，广东省再次以9807亿元的海洋生产总值连续17年居全国首位，且具备形成了较为完备、具有较强竞争力的产业体系，建成了以广州、深圳等港口为核心的沿海港口群，形成了粤东、珠三角、粤西三个海洋经济区。此外，广东省是全国海洋行政体制改革的先行区，具有特色鲜明的海洋综合管理机制，是中国较早实施海域使用管理制度的省份之一。

以《广东海洋经济综合试验区发展规划》为基础，广东省编制了《广东省海洋经济发展"十二五"规划》，其中明确提出要通过珠三角、粤东、粤西三大经济区的建设，以加强资源整合和优化开发为导向，大力培育发展海洋工程装备制造业、海洋生物医药产业、海水综合利用业、海洋可再生能源产业、海洋现代服务业等海洋战略性新兴产业。随后广东省政府又精心绘制了全国首部海洋经济地图——《广东省海洋经济地图》，科学规划了广东省海洋经济发展布局。此外，近期广东省还连续出台了五个海洋产业发展实施方案即《广东省发展临海工业实施方案》《广东省发展海洋新兴产业及海洋科技实施方案》《广东省发展滨海旅游业实施方案》《广东省集中集约用海实施方案》《广东省海洋生态保护实施方案》，至此，广东省已经基本形成了符合广东省特色的海洋战略性新兴产业培育发展战略规划体系。

海洋战略性新兴产业的属性决定了培育需要积极实施"走出去"的战略，通过与周边地区涉海领域的合作，解决其发展所需的资金和技术短缺问题。广东省是中国改革开放的排头兵，拥有与港澳、海西区、北部湾、海南乃至东盟等地区合作的先行先试权。据此，广东省提出了"三圈一带"海洋经济合作开发规划。"三圈"是指"粤港澳海洋经济圈""粤闽台海洋经济圈"和"粤桂琼海洋经济圈"；"一带"是指"蓝色经济带"。其中主要通过构建"粤港澳海洋经济圈"，充分利用香港进行专项海洋开发的国际融资，解决发展海洋战略性新兴产业的融资问题；通过粤闽海洋经济合作圈重点开展与福建在海洋装备制造、海洋生物医药、海水综合利用等海洋新兴产业的合作；通过粤桂琼海洋经济圈，重点加强滨海旅游业、现代海洋渔业、海洋交通运输业发展和涉海基础设施建设等方面的合作。

二、山东省

作为中国最早获批海洋经济试点的省份，山东拥有雄厚的海洋经济和海洋科技实力，其海洋科研力量占全国的1/2以上。在原有近20年"海上山东"建设的基础上，山东省海洋经济发展迅猛。2011年，山东省海洋生产总值达到了8300亿元，居全国第二位。此外，海洋生物、装备制造、能源矿产、现代海洋化工、海洋水产品精深加工等产业在全国范围内具有比较优势。

根据《山东半岛蓝色经济区发展规划》，山东省将以胶东半岛高端海洋产业集聚区为核心区域，推动海洋生物医药、海洋新能源、海洋高端装备制造等海洋战略性新兴产业规模化发展。随后出台的《山东半岛蓝色经济区海洋产业发展规划》，明确了本省海洋产业发展中的机遇、挑战、优势和劣势。此外，山东省还发布了中国首个海洋产业发展指导目录——《山东省海洋产业发展指导目录》，该目录的出台填补了国内海洋产业发展指导性政策的空白。同时，山东省针对海洋战略性新兴产业培育推出了一系列的实质性举措。具体包括：在财税政策方面，加大对海洋资源勘探的投入力度，研究制定支持包括潮汐能等在内的海洋新能源产业发展的财税优惠政策。省级财政安排并整合现有专项资金，重点支持海洋产业发展；在投融资政策方面，设立蓝色经济区产业投资基金，开展船舶、海域使用权等抵押贷款试点；在海域、海岛和土地政策方面，合理利用海岛和海域资源，在围填海指标上给予倾斜，优先用于发展海洋优势产业；在对外开放政策方面，赋予一些地方在海关监管、外汇金融、检验检疫等方面先行先试的权利。

海洋战略性新兴产业的属性决定了其发展必须要有强大的科技支撑，因此加强海洋科技创新能力各试点省不约而同的战略选择。山东省推动科技创新的主要措施有：一是完善海洋科技创新体系，加快包括国家海洋局第一研究所、中国海洋大学在内的18个国家级海洋科技创新平台建设。二是强化企业技术创新体系建设。鼓励企业与高校、科研院所建立多种模式的产学研合作创新组织，推动企业与科研机构建立产业技术创新战略联盟。三是促进海洋科技成果转化。加快建设海洋科技成果中试基地、公共转化平台和成果转化基地，组织实施一批高技术产业化示范工程，完善海洋科技信息、技术转让等服务网络企业制定知识产权发展战略，支持有条件的城市申报国家知识产权试点城市。四是加大对海洋人才的培养力度，优化整合海洋教育资源，加快培育专业性海洋人才市场。

山东省在海洋战略性新兴产业的投融资体制方面进行了积极探索，海洋战略性新兴产业的高技术投入性、长期性、高风险性决定了其需要多元化的投融资模式。山东省在投融资体制方面，除了安排各级政府财政直接投入海洋战略性新兴产业外，还积极与银行业合作，开展船舶、海域使用权等抵押贷款。同时设立蓝色经济区产业投资基金等促进海洋战略性新兴产业的投融资。

三、浙江省

浙江省位于我国东南沿海长江三角洲南翼，是人口密集、资源相对缺乏的陆域小省，然而，浙江却是个海洋大省，海域面积占全国海域面积近1/10。因此，开发海洋和发展海洋经济已成为浙江省经济持续发展和繁荣昌盛的根本出路。浙江海洋经济的发展历史悠久，传统海洋产业如渔业、盐业和海运业早在新中国成立以前就已初具规模。但浙江的海洋经济长期以来一直处于以传统海洋产业为主的基本格局，其他海洋产业所占比例不大，因此，海洋经济发展缓慢。浙江海洋经济较全面与快速的发展源于20世纪80年代以后，尤其是进入90年代，随着《浙江省海洋开发规划纲要（1993—2010）》的实施，海洋经济得到了较大的发展。浙江省在发展优化海洋产业时，进一步扩大沿海地区的对外开放，扩大沿海经济开发区域，形成沿海对外开放地带，可在现有基础上在沿海地区重点选择设立若干省级或地、市级经济开发区、台商投资区和旅游度假区，在政策上给予重点倾斜，享受优惠政策；积极鼓励和支持如舟山和宁波等经济基础和条件较好的沿海地区向更高的层次发展；在开放形式上，实行整岛批租、建立对外自由贸易区及开放通商口岸等多种形式。扩大海岛地区经济管理权限，大力鼓励对海岛的整体开发，并允许集体、个人或联户等形式的承包。研究税收政策，适当减免税收，以利于形成既有优势又有特色的海岛市场。积极鼓励外商投资，包括资金引进、技术引进和开拓国际市场，以弥补浙江发展海洋经济资金短缺，技术水平不高，市场竞争力较弱等方面的不足，对推动海洋产业的发展极为重要，而且是建立海洋外向型经济发展的基础和方向。发展海洋高新技术，积极实施"科技兴海工程"，加强海洋高新技术研究，提高海洋开发竞争能力，形成产业规模和产业主导，已是当今海洋经济快速发展的战略核心，也是浙江顺利实施"海洋经济大省"战略目标的关键所在。

浙江针对建设"海洋经济大省"的发展战略，制定了"8233"科技兴海工程，对现有的围绕海洋经济发展的关键技术问题进行科技攻关，重点解决影响海洋经济发展的重大技术问题，并加强科技成果的推广力度；大力发展海洋高新技术，用海洋高新技术改造传统海洋产业，提高海洋产业的附加值，促进海洋高新技术产业的发展；建立和完善与市场经济相适应的海洋科技体制与机制，打破传统思想观念和管理模式，在充分依靠现有科研力量的基础上，走内联外合的道路，建立相关的海洋科技和高新技术产业基地，提高科技贡献率的水平，加快海洋产业现代化的进程。优化产业结构，大力培育海洋新兴产业，浙江目前海洋产业发展的重点仍放在第一产业上，这与实现海洋经济大省的战略目标极不适应。因此，浙江省正发展科技含量高的海洋产业，使海洋产业的优化立足于高科技，逐步提高海洋开发的科技和效益水平。理顺海洋管理体系，强化海洋综合管理，海洋管理体制既要体现中央与地方结合的原则，又要理顺综合管理与行业管理的矛盾。浙江省在继续进行行业管理、提高行业管理水平的同时，强化全面综合管理，不仅建立健全针对浙江海洋经济开发的法律和法规，而且加强海洋综合管理部门的权力，建立一套跨行业跨部门的海洋综合管理体系，有效地保护海洋资源与环境，使海洋开发保持健康、有序的发展状态。

浙江省拥有明显的海洋资源组合优势，有利于海洋产业的规模化和基地化开发。宁波一舟山港跻身全球第二大综合港，船舶工业产值居全国第三位，海水淡化规模居全国首位，滨海旅游、海洋生物医药、海洋能源等产业迅速发展。此外浙江省还拥有其他省份无法比拟的雄厚的民营经济基础优势。2011年，浙江省海洋生产总值达到4500亿元，发展海洋经济已成为其经济发展的主攻方向之一。

自2011年3月《浙江海洋经济发展示范区规划》正式获国务院批复以来，浙江省相继出台和实施了一系列省级层面的和各地市级层面的专项规划以促进浙江海洋新兴产业的发展。省级层面的规划有：《浙江省海洋新兴产业发展规划》《浙江省科技兴海（2011—2015）》《浙江省海洋科技人才发展规划》《浙江省"三位一体"港航物流服务体系发展规划》《浙江省海岛基础设施建设"十二五"规划》《浙江省船舶产业转型发展规划》及《浙江省海水淡化产业发展规划》。在地市级层面，2011—2013年包括杭州、宁波、温州等在内的沿海十多个地市完成了市、县级海洋经济发展规划或试点实施意见的编制及相关配套规划。此外，浙江省还编制了涵盖490个重点项目、总投资超过1.2万亿元的海洋经济发展建设重点项目规划。在政策支撑方面，浙江省把引导社会资本尤其是民营资本向海洋产业流入方面及构建公共服务平台作为着力点，发挥浙江省民营经济在海洋经济领域投资的主体作用。以民营资本最多的宁波市为例，该市最近出台的《关于促进民营经济大发展、大提高的政策意见》提出了多项有利于鼓励引导民营资本向海洋经济领域投资的政策。其中包括放开民营企业投资领域，放宽民营企业注册限制；向外资开放的领域，都向民营资本放开；鼓励民营资本在基础设施领域扩大投资等。此外，浙江还重点加强了一批海洋领域的公共服务平台的建设，主要包括：海洋重大项目审批平台、海洋产业发展综合信息服务平台、海洋科技创新服务平台、海洋灾害性天气监测预警服务平台、海洋环境监测监管服务平台及海洋灾害预警和应急响应辅助决策支持平台，这些基础公共服务平台的建设将大大助力浙江海洋战略性新兴产业发展。

海洋战略性新兴产业的属性决定了其发展必须要有强大的科技支撑，浙江省为弥补科技这条"断腿"，加快了推进科技兴海的步伐。根据《浙江省科技兴海规划（2011—2015）》，浙江省从以下几个方面促进海洋科技创新：一是重点培育一批海洋科技创新主体；二是打造具有本省特色的海洋科教体系；三是构建科技创新平台，涉海高校与科研院所建设、海洋科教基地建设、科技兴海创新载体建设、成果转化与推广应用平台；四是加大海洋科技投入力度。发挥财政资金的引导作用，推进多元化、社会化的科技兴海投入体系建设，有效形成政府资金和市场资金的对接。

浙江省发展的主要优势在于其拥有雄厚的民营资本，因此在投融资方面积极采取各项措施多领域吸纳民营资本。其民营资本投资海洋经济主要有以下几种途径：一是放开民营企业投资领域，鼓励民营资本在基础设施领域扩大投资；二是通过参股投资和自主投资两种投资模式鼓励民营企业海洋经济基础设施建设；三是依靠海洋科技开发优势，鼓励民营企业积极投资海洋高科技产业；四是以经济技术开发区、保税区、工业园区等为平台，鼓励民营企业落户，发展海洋经济产业集群。

四、福建省

福建省作为中国海洋经济大省，海洋资源丰富并拥有独特的对台区位优势。"十一五"期间，福建省海洋生产总值年均增长16.7%，2011年达4420亿元，海洋经济总量已上升至全国第四位。海洋渔业、海洋交通运输、滨海旅游、海洋船舶、海洋工程建筑五个传统海洋产业优势明显，海洋生物医药、海水利用、海洋新能源等新兴产业发展迅速，海洋经济已成为全省国民经济的重要支柱。

福建省是最晚进入国家海洋经济试点的省份，相较于其他三个试点省份，海洋经济综合实力稍显薄弱。以《福建海峡蓝色经济实验区发展规划》为基础，相继出台了《福建省海洋新兴产业发展规划》《福建省海洋经济发展试点总体方案》及相关配套规划。其中前两个规划中都明确提出要重点加快海洋生物医药、邮轮游艇、海水综合利用、海洋可再生能源、海洋工程装备制造、海洋服务业等海洋战略性新兴产业的培育和发展。在政策支撑方面，福建省出台了《支持和促进海洋经济发展的九条措施》，其中有利于培育海洋战略性产业发展的措施有：一是设立省海洋经济发展专项资金，引导设立福建省蓝色产业投资基金，重点支持海洋新兴产业、现代海洋服务业、现代海洋渔业和高端船舶制造等海洋产业发展。二是对以海洋新兴产业为主营业务的企业被认定为高新技术企业，执行15%的企业所得税优惠税率。三是加大金融支持力度。拓展海域使用权抵押贷款业务，鼓励成长型海洋高新技术企业以知识产权质押融资；改进信贷服务方式，根据海洋产业发展特点，合理确定贷款期限、利率和偿还方式；鼓励海洋企业发行企业债券、短期融资券和中期票据等，探索海洋中小企业发行私募债券；为中小型海洋企业提供信托贷款支持；鼓励海洋企业利用融资租赁实现设备升级改造和融资。四是推动海洋产业园区集聚发展。五是培育壮大海洋龙头企业，打造海洋特色品牌。

福建省通过与周边地区涉海领域的合作，解决其发展所需的资金和技术短缺问题。福建省具有独特的对台地缘近、血缘亲、文缘深、商缘广、法缘久的"五缘"优势，对台经济合作密切。福建省拥有先行先试的对台政策，依托厦门经济特区、平潭综合实验区、古雷台湾石化产业园和台商投资区等平台，闽台海洋经济科技合作的平台，鼓励和引导台商参与福建海洋资源的合作开发，稳步扩大两岸的海洋产业对接，促进两岸海洋经济融合。

五、辽宁省

辽宁省海岸线漫长，有丰富的港口、海洋水产、滨海旅游、海底矿产、海水化学及海洋能资源，经过多年的发展，辽宁省已形成海洋渔业、海洋交通、海洋油气、海洋造船、海洋盐化工业、海洋旅游6大支柱产业。未来辽宁省海洋经济的发展有内外两个动因，内因就是按照市场规律运作，挖掘辽宁省发展海洋经济的潜力，寻求自身的发展，而外因就是政府的政策支持，二者缺一不可。2006年6月，辽宁省政府与国家海洋局签订了《关于共同推进辽宁沿海经济带"五点一线"发展战略的实施意见》，充分利用辽宁省海洋资源，着力打造沿海经济带，促进产业结构调整和优化产业布局，有重点、有步骤地积极推进"五点一线"的"V"字形沿海经济带建设，大力发展临港工业和沿海经济，努力形成产业集群，构筑沿海与腹地互为支撑、良性互动的发展新格局和对外开放的新格局。这就为辽宁省海洋经济的发展提供了巨大的机遇。海洋产业结构的未来变化可能多种多样，制定合理的海洋产业的结构调整和升级方案，对于辽宁省海洋经济的发展起着至关重要的作用。

抓住机遇，对海洋产业结构进行战略性调整。首先，要改善和优化产业结构，在辽宁省确立对外开放新格局之际，形成以海洋水产业为龙头，海洋造船业、海洋旅游业、海洋运输业、海洋油气业、海洋药业为重点的发展格局，培育成为未来经济增长的新的支柱产业。其次，要以海洋高新技术改造传统海洋产业，促进传统海洋产业的现代化，加大投入，构建具有我国海洋科技优势的海洋创新技术研究体系，以科技带动海洋产业，提高海洋高技术对海洋经济的贡献率，推动我国海洋经济的可持续发展。在有条件的滨海滩涂上建立海洋科技产业开发园区，集科研、生产、休闲娱乐于一体，建设海洋新兴产业的孵化基地和示范基地。再次，要充分利用邻近海域的深水港资源、滨海旅游资源、海洋生物资源和油气资源，推进辽宁海域综合发展，积极实施海陆一体化开发战略。最后，在进一步抓好传统产业的同时，大力推进新兴产业的发展，做到传统产业支持新兴产业，新兴产业带动传统产业，形成海洋产业组合优势。重点发展以海水养殖业和海洋药业为内容的现代海洋生物产业，定位于现代生物技术的研发、应用和转化，并逐步发展成为海洋生物产业基地。

实施"科技兴海"战略，提高循环使用海洋资源的效率，促进产业结构升级。一是围绕海洋渔业、船舶修造业、海洋油气业、海水综合利用、海洋化工、海洋制药、海洋环保和海洋产品加工8大类100项海洋高技术，进行科技攻关，提高海洋产业科技含量，促进产业优化升级。二是大力组织开展海洋科技与经济的对接活动，进一步推动产学研结合，加强海洋科技开发企业与省内外科教单位的联系与合作，加快海洋科技成果的转化。三是根据全省海洋经济发展区域布局的要求，今后10年重点建设3~5个省级科技兴海示范基地。突出技术创新和机制创新，加快海洋高科技成果产业化，使基地真正成为海洋科技成果转化的集中区域。培育一批海洋科技企业，并使之成为技术创新的主体。四是进一步整合海洋科技力量，创办"十大"海洋工程技术中心。五是加快发展海洋教育事业，提高海洋科技的总体素质和水平。积极培养引进海洋科技人才，建立海洋研发中心，强化和扩大各综合大学涉海院系的建设，培养海洋科技人才、经营管理人才和高素质的海洋产业大军；选派优秀中青年海洋科技和管理人才到国外学习培训，提高辽宁省海洋科技的总体素质和水平。

六、天津市

天津市投入产出分析表明，海洋产业同全市经济的依存关系远远高于海洋产业内部；而海洋产业的发展对全市经济又有极大的带动作用，这种作用表现在海洋产业产值增加将诱发对陆上产业产品的需求。因此，海洋产业的发展必须走海陆一体、联合开发的路子，才能把海洋资源优势转化为经济优势。从天津市海洋产业投入产出分析，将天津市海洋产业划分三类。第一类产业群包括石油开采、石油化工、制碱业和海洋货运，从效益、产业之间关联度和技术水平诸方面看，它们在海洋产业中都是最好的。第二类产业群主要有盐业和港口及辅助业，这类产业具有一定的产业竞争优势和产业关联度且能吸纳劳动力就业。第三类产业群包括除第一、第二类产业以外的其他海洋产业群。发展海洋产业，不仅要获得高的效益，充分发挥其产业优势，带动相关产业发展，而且应该将创造就业机会也作为一项重要目标来考虑，为此，海洋产业的主导产业应定位在第一类和第二类产业群，具体包括海洋油气开发、石油化工、制碱业、海洋货运、盐业和港口辅助业等产业，以这6类产业为基础，发挥天津市优势，带动其他海洋产业的发展，实现整个海洋经济乃至全市经济的发展（张世英，2001）。

加强技术改造、技术创新，提高海洋产业的科技含量和技术水平，推动科技成果产业化，对于海洋产业的发展有重大现实意义。充分发挥天津市海洋科研机构、高校和其他科研机构的优势，努力进行海洋高新技术开发，加快人才培养是当务之急。应充分发挥海洋科技园的孵化器功能，积极扶植具有广阔市场、经济效益看好的高科技产业，使其尽快发展成熟。发展企业集团，实现规模经济，提高产业竞争力，走适度快速发展之路。采用先进技术，集约开发，适度发展产业规模，适当提高速度。提高资源利用率和产业效益，积极创造资金和技术条件，提高开发层次与扩大产业规模。企业集团的建立和发展要适合天津市海洋产业的特点，强调适度规模约束，以利于科研、开发与管理水平的提高。海洋产业可持续发展战略要求对海洋资源开发和规模进行有效的指导和控制，在海洋产业发展对策指导下，形成一整套海洋产业的政策体系，通过政策引导海洋产业的发展（张世英，2001）。促进对外经济技术发展政策，扶持海洋产业发展。天津海洋产业需要面向国际市场，扩大出口创汇，发展外向型经济，以促进海洋经济发展。配套政策对海洋主导产业实行多方面优惠政策，对一般产业和某些具有战略性的产业实行一定的优惠政策。

　　天津塘沽海洋高新技术开发区成立于1992年6月，1995年经国务院正式批准晋升为国家级高新技术开发区，是我国唯一的以发展海洋高科技产业为主的国家级高新区，被国家确定为海洋高新技术产业化示范基地和全国科技兴海海洋精细化工示范基地。高新区位于京津塘高新技术产业带上，是天津新技术产业园区的辐射区，与天津经济技术开发区、天津港保税区互为补充，因此，塘沽海洋高新区的发展，有了良好的经济环境基础。塘沽海洋高新技术开发区坚持以"环境建设为先导、利用外资为目标、招商引资为核心、科技产业为重点、海洋开发为特色"，建立了以市场为导向，以大学、科研机构为支撑，以企业为主体的技术创新机制，使海洋产业的发展规模和聚集效应不断壮大。相继建设了创业服务中心、民营科技园、经济服务中心、外国中小型企业科技工业园、大学园、国家科技兴海示范区、海洋精细化工示范基地和科技成果转化示范区等，具备了较好的现代管理服务体系和较强的科技产业化能力。天津塘沽海洋高新区经过25年的发展，走过了一段不平凡的创业历程，初步形成以海洋高科技、复合新材料、机械制造、电子信息4大产业为主的产业群体，为天津滨海新区的迅速崛起、国民经济持续快速发展做出了贡献。天津塘沽海洋高新技术产业发展的主要经验。首先，依托地缘优势是根本。天津塘沽区拥有独特的地域优势和丰富的海洋资源，海洋科技雄厚。塘沽海洋高新区根据本地的地缘优势，发展海洋高新区的相关产业，是海洋高新区发展的根本所在。其次，在传统产业基础上发展是特色。天津是中国北方近代工业的发祥地，工业基础雄厚。塘沽的海洋化工和造船工业历史悠久，实力雄厚，是中国海洋产业最发达的地区之一，拥有庞大的海洋产业群和一流的海洋产业科研机构。然后，重点实现区域聚焦。立足于已有的海洋产业基础和塘沽丰富的海洋产业资源，抓好"海洋精细化工示范基地"的建设。集中力量以苦卤提钾项目为依托，带动一批海洋化工项目的发展，将海洋精细化工示范基地做精、做大、做强。并在海水淡化、海洋生物技术、海洋工程、海洋装备方面形成产业链，不断提升现有企业的规模和档次。集中区域力量，聚焦优势产业，形成塘沽区海洋高新技术产业发展的特色（陆铭，2009）。

七、上海市

上海沿海海洋资源利用程度是我国最高的地区之一。目前已形成一定规模的海洋产业，但海洋产业在上海市经济生产总值的比重还不高。诸大建和侯鲁斌（2010）认为上海的发展要全面推进实施中国 21 世纪议程和可持续发展战略，就应该系统地加强海洋产业的调整、培育和发展。在国民经济收入核算中建立海洋经济子账户。在上海国民经济和社会的发展中，要按照扩大和细化的海洋产业方案统计上海海洋产业类型，经主管部门核准后在上海的国民经济账户中设立海洋经济子账户。在此基础上，计算海洋经济对上海国民经济生产总值的总体贡献情况，它的内部结构和支柱部分及近年来的增长率，为制定上海 21 世纪海洋产业和海洋经济的整体发展框架提供科学根据。制定上海 21 世纪具有整体性的海洋产业规划结合上海提高城市综合竞争力的要求，研究制定上海海洋产业发展的整体目标和思路。上海的海洋产业要在改善和优化产业结构上下功夫，努力形成以海洋和港口交通运输业为龙头，海洋水产业、海洋造船业、海洋油气业、海洋药业、海洋旅游业重点发展的格局，争取培育成为上海未来经济增长的新的支柱产业。从技术进步和海洋产业的发展趋势看，上海的海洋产业需要以海洋高新技术的发展为重点，努力推进海洋高新技术的产业化；利用海洋高新技术改造传统海洋产业，促进传统海洋产业的现代化。上海发展海洋产业要跳出上海的行政区划进行思考，要充分利用毗邻海域的深水港资源、滨海旅游资源、海洋生物资源和油气资源，推进长江口—杭州湾海域综合发展，积极实施海陆一体化开发战略。

重点发展以海水养殖业和海洋药业为内容的现代海洋生物产业。上海的海洋产业发展除了要适当振兴传统海洋产业之外，更重要的是发展以海洋生物产业为支柱的新兴海洋产业，把 21 世纪上海海洋产业的发展定位于现代生物技术的应用和转化之上。促进现代化海水养殖业和水产加工业的发展。开创海洋养鱼平台产业和建立养鱼工作船队，发展都市工业化养殖业，培育名、特、优水产物种育苗，开展现代化生物技术主要是细胞工程育种技术和鱼类基因工程技术研究等。发展基于现代生物技术的海洋药业。争取在上海建立我国海洋生物资源样品库，通过海洋生物技术解决生物药源问题及生物资源的可再生性利用，政府、企业、科研院所要联手加大开发海洋药物的资金投入。促进能源结构调整和油气产业发展。东海陆架油气资源丰富，已经向浦东地区输送。应抓住东海油气开发的契机，带动上海能源结构的调整及能源产业的发展。扩大天然气的利用范围。要全面实施城市生活燃气化，发展和推进天然气发电，鼓励和发展压缩天然气汽车，以天然气为原料，发展上海的化工工业。提高上海天然气供给的安全度。建议上海重视海陆联动、东西气源的互补作用，加大两者之间的协调发展，以提高输气和用气的安全度。促进与海洋油气开发相关的服务业发展。海上油气资源开发需要多种行业部门的相互配合，通过油气开发工程可以带动服务行业的形成，为进一步开发海上矿产资源创造有利条件。

第四节　国内外发展海洋战略性新兴产业的主要启示

综观全球，美国、日本等海洋经济发达国家由于具体国情与海洋经济发展阶段的不同，其海洋战略性新兴产业发展战略与具体政策也呈现出一定的差异。然而，各国纷纷围绕政策规划的制定、管理与协调机构、技术研发与成果转化、投融资机制、人才和国际合作等方面来建立海洋战略性新兴产业发展政策体系，并在规范和推动海洋战略性新兴产业的发展上取得了一定的成效。结合我国海洋战略性新兴产业的具体特点，借鉴它们共同的成功经验和模式，对于进一步完善我国海洋战略性新兴产业发展政策、促进我国海洋战略性新兴产业的跨越式发展具有积极意义。

一、加强国家层面发展政策与规划的制定

从世界范围来看，海洋经济发达国家海洋战略性新兴产业的发展优势很大程度上取决于其政策法规的建立健全。《绘制美国未来十年海洋科学发展路线——海洋科学研究优先领域和实施战略》《美国海洋大气局 2009—2014 战略计划》是美国当前最能反映美国海洋科技创新需求的两个战略规划，从中可以看出当前和今后一定时期美国海洋科技领域的政策目标和重点，对海洋战略性新兴产业的发展起到了与时俱进的指向作用。日本内阁官方综合海洋政策本部在《海洋产业发展状况及海洋振兴相关情况调查报告 2010》中就明确提出计划 2018 年实现海底矿产、可燃冰等资源的商业化开发生产；计划到 2040 年整个日本的用电量的 20%由海洋能源（海洋风力、波浪、潮流、海流、温度差）提供。在海洋战略性新兴产业具体领域的发展方面，英国的《海洋能源行动计划》及日本的《深海钻探计划》有效地引导和促进了英国海洋可再生能源业和日本深海产业的发展。

借鉴海洋科技发达国家的成功经验，我国应在《全国海洋经济发展规划纲要》《国家"十一五"海洋科学和技术发展规划纲要》《全国科技兴海规划纲要》《国家海洋事业发展规划纲要》等一系列宏观政策的指导下，制定专门针对我国海洋战略性新兴产业特点的政策与规划，指引和保障其规范、有序地发展。

二、建立专门的管理和协调机构

美国、英国等海洋经济发达国家成立"海洋联盟"或"海洋科学技术协调

委员会"等专门机构来管理和协调海洋战略性新兴产业的相关事宜，其主要职责包括帮助公众提高对海洋资源价值及海洋科技的经济价值的系统认识，积极组织海洋科技的研发和成果转化，紧密结合海洋科技各部门关系，协调产业发展过程中的内部矛盾等。这些机构的成立对各国海洋战略性新兴产业的统筹协调发展起到了至关重要的作用。

在我国成立此类专门的管理和协调机构对于海洋战略性新兴产业的发展更具重大意义，该机构不仅可以负责制定海洋战略性新兴产业的发展规划，协调相关部门的各项工作，还可以促进海洋科技资源的整合，加速海洋高新技术的产业化进程。

三、重视海洋科技研发和成果转化

海洋战略性新兴产业的发展离不开科学技术的进步，各海洋强国都非常重视海洋科学技术的研发。以日本为例，日本制订了详细的科学研究计划，这些海洋科技计划的付诸实施使日本在海洋科学的许多领域处于世界前列，为海洋战略性新兴产业的发展提供了强有力的技术基础。再加上政策的引导和资金的投入，使得科技对日本海洋经济的贡献率达到70%~80%，而我国只有30%。各海洋强国在加强海洋科技研发的同时，还非常重视技术成果的产业化。加拿大政府主动在政府、商业界、学术界、沿海社区和区域组织中寻找海洋科学家和技术创新者之间的密切联系，积极创造机会促进海洋科技的创新性和海洋技术的商业化进程。在《加拿大海洋行动计划》中，加拿大政府提出了海洋科学技术倡议（initiative），主要包括海洋科技网（Oceans Technology Networks）和普拉森提亚湾技术示范平台（Placentia Bay Technology Demonstration Platform）。海洋科技网有利于海洋信息、新发现和新技术共享，并促进合作伙伴关系的建立和商业计划的发展。普拉森提亚湾技术示范平台来证明现代技术可以应用到综合管理的可行性，同时向世界市场展示加拿大的专业知识和技术水平。

因此，在《全国科技兴海规划纲要》的指引下，我国要重点鼓励和支持海洋技术创新和自主知识产权产品开发，围绕战略性新兴产业的竞争能力和发展潜力，优先推动海洋关键技术成果的深度开发、集成创新和转化应用，鼓励发展海洋装备技术、海洋生物技术、海水利用技术、海洋可再生能源发电技术等促进海洋经济从资源依赖型向技术带动型转变及形成以中心城市为载体的海洋科技成果转化、产业化和服务平台，加快海洋科技成果的转化。

四、建立有效的投融资机制

由于海洋战略性新兴产业关键技术的研制、开发、转化都需要有大量的资金支持，因此海洋战略性新兴产业的发展质量在很大程度上取决于资金足够有效的供给。1994年，美国、日本海洋研究与开发的投入已分别是我国的28倍和8倍。进入21世纪，各国更是加大了对海洋科研经费投入以保证海洋战略性新兴产业的可持续发展。2011年1月，奥巴马政府拨给美国海洋与大气管理局（NOAA）56亿美元的预算经费，用于海洋经济发展和气候问题研究。日本文部科学省2011年将投入7亿日元用于海洋资源开发的基础研究；经济产业省投入13.391亿日元用于海洋油气资源开发，投入1.2亿日元用于海底矿产资源开发，并将国家海洋技术创新系统的构建作为未来的重点工作方向。海洋经济发达国家在加大政府投入的同时，多采取吸引企业投入、信贷资本和民间资本等多元化的融资方式来筹集海洋战略性新兴产业发展所需的持续大量资金。随着海洋金融市场的不断活跃，西方国家的风险资本已经逐步代替政府投资，成为海洋战略性新兴产业资金的重要来源。2008年，为了支持加拿大风险资本产业和促进加拿大创新性新公司的可持续发展，加拿大政府通过加拿大实业发展银行提供了3.5亿美元，扩展风险资本的活动，包括直接投资在公司中16亿美元和间接投资在加拿大风险资本领域内的9000万美元。此外，2008年财政预算案为实业发展银行预留了7500万美元，创建一个新的私营风险投资基金，旨在为加拿大科技公司的后期发展阶段服务。这些行动将有助于推动在不断增长的创新性的公司中的资金投资。加拿大的海洋科技部门还有很多联邦资金来源。例如，加拿大创新基金是政府的一个独立机构，旨在资助研究设施的建设，任务是加强大学、学院、研究医院及非营利科研机构的实力，来进行世界一流的科学研究和技术开发，造福加拿大人。自1997年成立，加拿大创新基金已在65个城市、130个研究机构、6800个项目中出资达53亿美元。在维多利亚大学的海王星海底实时观测系统的项目中，加拿大创新基金出资6240万美元。

鉴于我国长期以来海洋科研经费不足的情况，国家更应在财政预算中逐年提高用于海洋研究与开发的经费，将国家自然科学基金和国家"863"高技术研究发展基金及各地方的重点基金积极向海洋战略性新兴产业上倾斜，从源头上给予其有力的财政支持。在加大政府投入的同时，利用社会风险投资，多途径、多方式广泛吸引信贷资金、企业和民间资本、外资等参与海洋开发，最大限度地融通全社会资金，建立多元化的海洋投融资机制，充分调动各种类型的资金投入国家海洋战略性新兴产业，形成国家海洋战略性新兴产业投资的良性循环。

五、注重培养海洋高科技人才

各海洋经济强国海洋战略性新兴产业的发展优势很大程度上取决于对高科技人才的培养和使用。2009年美国总统奥巴马在《美国创新战略：推动可持续增长和高质量就业》中提出，要教育下一代掌握21世纪的知识和技能，培养具有世界水平的劳动力。日本于2009年推出了《基础科学力强化综合战略》，希望通过加强人才队伍建设，构筑有创造力的研究环境，提高日本的国际竞争力。2009年的国家创新政策白皮书《激发创意：21世纪的创新议程》、2009—2010年预算文件及政府对《构建澳大利亚的研究力量》等，充分反映了澳大利亚政府未来10年通过吸引最优秀的人才开展世界一流的研究、加强研究队伍建设的政策与措施。他们一方面高度重视管理人才和专业技术人才的培养，给那些勇于创新创业的高科技人才创造良好的环境；另一方面注重对海洋高科技人才的激励，通过创造吸引科技人才的企业氛围、提供有利于实现自身价值的研发环境及实施适当的薪酬奖励等措施，激发高科技人才的积极性和创造性，促使其更好地投身海洋战略性新兴产业的发展建设中。

我国应借鉴国外科技人才先进经验，在重大专项实施过程和海洋战略性新兴产业的发展中，要突出抓好创新人才培养，加快培育高层次创新创业人才和科技领军人物，深入实施高层次人才引进计划，使海洋战略性新兴产业成为科技人才创新创业的平台。从技术创新角度，应积极引导掌握高新技术的专业人才向海洋装备、深海等技术密集型产业流动；从经济效益角度，则应着力培养海洋生物医药业、海水淡化及综合利用业的具备国际化视野的经营管理人才。另外，要建立适当的人才激励机制，重视海洋新能源科技人才的培养与储备，并通过创造吸引科技人才的企业氛围、有利于实现科技人才自身价值的研发环境及适当的薪酬刺激等措施，激发各类人才的积极性，使其更好地投身于海洋战略性新兴产业的发展建设中，成为发展海洋战略性新兴产业的生力军。

六、加强国际合作

在海洋战略性新兴产业的发展中，海洋经济发达国家本着互利共赢的原则积极制订国际合作计划，在技术研发、设备使用及人才交流等各个方面建立了国际双边和多边合作机制，在提高国家间海洋资源使用效率的同时树立了海洋经济强国的良好形象，取得了多位一体的综合效益。日本、美国等海洋经济国家通过设备、实验设施等方面的共同利用，实现了部分资源的共享，加拿大则是通过海洋科学技术合作伙伴体系鼓励和支持海洋技术领域内的合作。海洋科学技术合作伙伴体系作为加拿大海洋行动计划支持下进行开发的非营利组织，可以有效地促进和监督海洋科学领域中产业战略的实施，其使命有：捕捉海洋科学研究人员和技术创新之间的联系；鼓励区域和国家之间的网络联系，促进信息共享和海洋科技意识的建立；鼓励和支持合作，以开发科技并使之商业化；为国家海洋技术领域提供话语权。

目前，最重要的国际海洋科学合作计划是海洋勘探与研究长期扩大方案。海洋科学国际合作已不再局限于了解海洋的自然规律，而是开始运用科学的成果开发利用人类共有的海洋资源和海洋空间。面对国际国家间联合可发海洋资源、互动开展海洋研究的大趋势，我国应积极借鉴发达国家先进的海洋科技基础理论，独立研发尖端的海洋科技，凭借自身海洋战略性新兴产业的发展优势与海洋强国实现产业研发与规模化的互惠合作，不失时机地推动我国海洋战略性新兴产业的蓬勃发展，提升我国海洋经济的整体水平。

第四章　黄河三角洲海洋战略性新兴产业发展现状

滔滔黄河是中华民族的摇篮和我国文明的发源地，其蜿蜒万里，奔腾东流，在山东省垦利县注入渤海，全长约5464千米。在入海口，由于海水顶托，流速缓慢，大量泥沙在此落淤，填海造陆，形成黄河三角洲。据水文资料记载，由于海水搬运能力差，使约40%的入海泥沙在河口和滨海区"安家落户"，年均新造陆地1.5万亩，同时这里地处荒凉，发展基础较为薄弱，这也是黄河三角洲与其他三角洲主要不同之处。自然地理概念的黄河三角洲可分为古代黄河三角洲、近代黄河三角洲和现代黄河三角洲。近代黄河三角洲，是1855年黄河于河南省铜瓦厢决口北夺大清河由注入黄海改注入渤海后冲积而成的三角洲，其范围是以山东省垦利县宁海为顶点，北起套尔河口，南至淄脉沟口的扇形淤积地区。现代黄河三角洲，指1934年黄河分流点下移，以山东省垦利县渔洼为顶点的三角洲，北起挑河湾，南至宋春荣沟口。规划区域内的黄河三角洲，是指以黄河历史冲积平原和山东北部沿海地区为基础，向周边延伸扩展形成的经济区域。

由于黄河尾闾摆动大，成陆时间短，土地盐碱化严重，加上交通不便、人口稀少，解放前的黄河三角洲曾经是一片贫瘠荒凉的土地，处于沉睡、封闭、贫困、落后的状态。新中国成立后，国家在黄河三角洲上相继建立了一些农场、林场和军马场，农林牧渔业开始起步。20世纪60年代，石油天然气资源的勘探开发惊醒了这块沉睡的土地，拉开了黄河三角洲大规模开发建设的序幕，在这里诞生的胜利油田成为继大庆油田之后的我国第二大油田。但由于起步较晚，基础薄弱，黄河三角洲经济社会发展在山东省处于相对落后的水平。1978年，现规划区域内黄河三角洲地区国内生产总值、固定资产投资和地方财政收入分别仅为19.7亿元、3.94亿元和1.43亿元。

　　改革开放以来，山东历届省委、省政府高举中国特色社会主义伟大旗帜，以邓小平理论和"三个代表"重要思想为指导，认真贯彻落实科学发展观，团结带领干部群众，背靠大海，聚精会神，改革开放，真抓实干，黄河三角洲地区经济社会发展明显加速。1983年，为支持胜利油田建设和实现区域综合开发，国务院批准以胜利油田的主产区广饶、垦利、利津三县为辖域建立东营市。20世纪80年代，以中共东营市委、市政府为主，黄河三角洲地区党委、政府率先发展高效生态经济，农业生产能力显著提升，以土地改良、中低产田改造为先导，通过引黄河水压碱、培肥地力为主要措施，粮食产量有了大幅度提高，渤海滩涂分层次开发模式获得成功，在滩涂的浅海带、潮间带、潮上带、重盐渍带和轻盐渍带因地制宜发展鱼虾贝类养殖、建设盐场、种植棉花，有效地提高了滩涂开发效益，提高了沿海农民的收入。工业生产快速发展，形成了石油装备制造、海洋化工、轮胎、造纸、纺织、农产品加工、黄金加工等一批竞争力较强的支柱产业，社会事业得到长足发展，为晋升国家战略、建设高效生态经济区奠定了坚实的基础。2008年，黄河三角洲地区人口达到980万，占到全省的1/10；实现国内生产总值4700亿元，占全省的15%；粮食产量680万吨，占全省的16%；工业总产值2400亿元，占全省的14.4%；地方财政收入近200亿元，也占到全省的1/10。

　　加快推进黄河三角洲开发，是山东几代人的"世纪之梦"，不仅是山东实现又好又快发展的战略需要，而且对加强山东与京津冀和辽东半岛的互利合作、促进环渤海经济圈加速崛起和可持续发展，具有重要而深远的意义，也一直得到了国内外的广泛关注和支持。

　　20世纪90年代初，黄河三角洲开发就被中共山东省委、省政府列为两大跨世纪工程之一，成为山东北翼产业聚集带的建设重点。1994年"黄河三角洲资源开发与环境保护"列入"中国21世纪议程优先项目计划"，联合国开发计划署实施了"支持黄河三角洲可持续发展"项目。进入21世纪，国家从全国区域经济发展的总体战略格局出发，作出了发展黄河三角洲高效生态经济的战略决策，国家发改委先后将其列入国家"十五"计划和"十一五"规划。中共山东省委、省政府适时启动了新一轮的黄河三角洲开发。在2007年6月召开的山东省第九次党代会上，"加强黄河三角洲高效生态经济区规划建设"写入省委工作报告。2007年8月，中共山东省委、省政府提出实施"一体两翼"区域发展和海洋经济战略，其中"一体"主要由山东半岛城市群和省会城市群经济圈构成，作为全省的优化开发区，"两翼"即是山东北翼的黄河三角洲地区和南翼的鲁南经济带，作为全省的重点开发区和新的经济增长带。2008年3月，山东省人民政府制定下发了《山东省黄河三角洲高效生态经济区发展规划》，提出了加速构建现代产业体系、加快发展外向型经济、推动黄河三角洲成为全省新的经济增长极的规划构想。2008年9月，中共山东省委、省政府制定下发了《关于支持黄河三角洲高效生态区又好又快发展的意见》，进一步加大了对黄河三角洲地区开发建设的支持力度。

2009年3月，国家发改委会同国务院有关部门组成联合调研组赴黄河三角洲进行实地调研，在此基础上组织开展了规划编制工作。2009年11月23日，国务院正式批准实施《黄河三角洲高效生态经济区发展规划》，黄河三角洲高效生态经济区成为我国第一个以"高效生态"为功能定位的区域发展规划，也标志着黄河三角洲开发正式上升为国家战略。规划的黄河三角洲经济区位于渤海南部的黄河入海口沿岸地区，是黄河入海形成的冲积平原，处于京津冀都市圈与山东半岛的接合部，地理条件优越，土地广袤，自然资源丰富，生态系统独特，开发前景广阔。区域范围包括东营、滨州两个市和潍坊北部寒亭区、寿光市、昌邑市，德州乐陵市、庆云县，淄博高青县，烟台莱州市，共涉及6个市的19个县（市、区），总面积2.65万平方千米。

第一节　黄河三角洲高效生态经济区整体建设现状

经过五年的发展，黄河三角洲经济区建设取得了显著成效，已经成为山东省转方式调结构的重要抓手和科学发展的强大引擎，在全国区域经济科学发展上走在了前列，为全国高效生态经济发展发挥了重要的示范引领作用。

一、区域综合实力

综观五年来的发展，黄河三角洲经济区在经济基础比较薄弱的基础上，实现了平稳较快发展。除个别年份外，区域地区生产总值、固定资产投资、规模以上工业、进出口总额、地方财政收入等指标增幅均高于全省平均增幅，充分显示了国家战略实施对黄河三角洲经济区经济社会发展带来的重要推动作用。同时，随着我国经济发展进入新常态，经济下行压力不断加大，黄河三角洲经济区各项主要经济指标增幅呈逐年放缓趋势。

(一)地区生产总值

2014年，黄河三角洲经济区实现地区生产总值8512亿元，比规划基期2008年增长79%，年均增长10%，达到"十一五"规划确定的增长速度。"十一五"规划实施五年来（2010—2014年，下同），黄河三角洲经济区地区生产总值增幅分别为13.6%、12.3%、11.8%、10.9%、9.3%，分别高于山东省增幅1.3个、1.4个、2.0个、1.3个、0.6个百分点（见图4-1）。

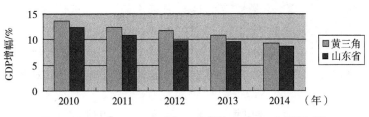

图4-1　2010—2014年黄河三角洲和全省GDP增幅对比

(二)固定资产投资

2014年，黄河三角洲经济区规模以上固定资产投资完成6030.3亿元，是2008年的2.9倍，年均增长19.4%。"十一五"规划实施五年来，黄河三角洲经济区规模以上固定资产投资增幅分别为24.9%、26.2%、23.3%、20.6%、15.6%，除2014年比全省低0.2个百分点外，其余年份分别比全省高2.6个、4.4个、2.8个、1.0个百分点（见图4-2）。

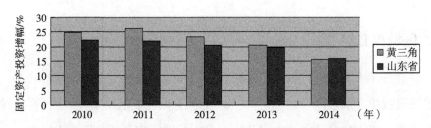

图4-2　2010—2014年黄河三角洲和全省固定资产投资增幅对比

(三)地方财政收入

2014年，黄河三角洲经济区实现地方财政一般预算收入614.6亿元，比规划基期2008年增长2.1倍，年均增长20.8%。《规划》实施五年来，黄河三角洲经济区地方财政收入增幅分别为29.3%、27.0%、18.1%、10.2%、11.6%，除2013年外，分别高于全省增幅4.2个、1.3个、0.6个、1.4个百分点（见图4-3）。2010年与2014年黄河三角洲地方财政收入占山东省的比重对比情况（见图4-4）。

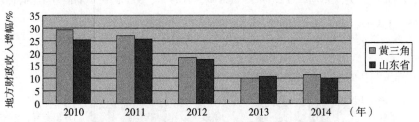

图4-3　2010—2014年黄河三角洲和全省地方财政收入增幅对比

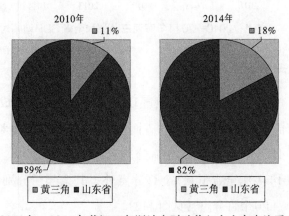

图4-4　2010年、2014年黄河三角洲地方财政收入占山东省比重对比

(四)规模以上工业

2014年，黄河三角洲经济区规模以上工业实现主营业务收入27721.9亿元，比规划基期2008年增长1.78倍，年均增长18.7%。《规划》实施五年来，黄河三角洲经济区规模以上工业主营业务收入分别增长34.9%、35.9%、21.1%、14.6%、8.7%，除2014年外（低于全省1.1个百分点）分别高于全省增幅8.8个、9.5个、5.2个、2.1个百分点（见图4-5）。从规模以上工业增加值增幅看，五年来分别高于全省0.1个、0.7个、1.7个、1.2个、0.6个百分点。2010年与2014年黄河三角洲规模以上工业主营业务收入占山东省的比重对比情况（见图4-6）。

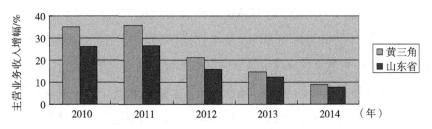

图4-5 2010—2014年黄河三角洲和全省规模以上工业主营业务收入增幅对比

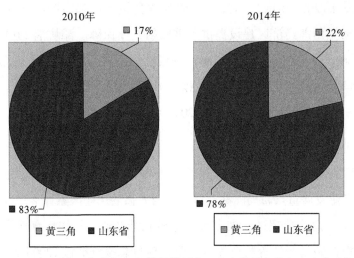

图4-6 2010年、2014年黄河三角洲规模以上工业主营业务收入占山东省比重对比

二、基础设施建设

围绕打造黄河三角洲经济区便捷、通畅、高效、安全的现代综合交通运输网络，加快推进铁路公路、港口及公共配套设施、能源水利等区域重大基础设施项目建设进度，黄河三角洲基础设施支撑能力不断增强，城乡交通服务均等化水平进一步提高。

(一)港口建设方面

四大港口2014年吞吐总量达9434万吨，比2009年增长176%，航道、码头、防波堤等一批重大公共基础设施加快推进，港口配套逐步完善，运营水平显著提升。东营港十大业主码头和30千米公共管廊带建成投入使用，码头总量达到46个，最大靠泊能力5万吨级，港口液体化工品吞吐能力3000万吨，2014年实现货物吞吐量2600万吨，初步建成环渤海地区最大的油品和液体化工品特色港口；东营至旅顺滚装航线复航，累计运送车辆7万余台，旅客20万余人，全面打通了华北地区与东北地区的海上最近通道。滨州港累计投资43亿元，建成了17千米的集防波堤、挡沙堤、集疏运通道等于一体的综合性工程，新增深水岸线28千米，2个3万吨级泊位正式通航运营，2014年吞吐量达1423万吨，比2009年增长413.6%，成为省会城市群都市圈最便捷的出海通道，为黄河三角洲经济区建设提供了重要的支撑保障。潍坊港2014年吞吐量达2603万吨，比2009年增长81.6%，鲁辽陆海货物运输大通道正式通航，年货物周转量可达2000亿吨千米。莱州港2014年吞吐量达2808万吨，比2009年增长87.2%，港口累计完成投资超过20亿元，生产性泊位达到24个。

(二)四大临港产业区

依托四大港口建设四大临港产业区，形成环渤海南岸经济带，是黄河三角洲经济区产业发展重点布局。截至目前，四大临港产业区累计落户各类重点企业1300余家，总产值超过3000亿元。东营临港产业区加快培育现代物流、生态化工、海洋装备制造等特色优势产业，项目总投资突破1200亿元，初步形成了国内一流的烯烃产业链和芳烃产业链企业集群，是全国第13家国家级石油化工产业区。重点引进实施了中海油、万通、宝港三大临港物流园区及中海油1500万吨渤海湾原油上岸终端项目，仓储能力达到1000万立方米。万通年产2000千米的海缆项目建成投产，成为全国最大的海缆生产基地。滨州临港产业区确立了"一港一城一带六区"的总体布局，50平方千米起步区基础设施基本完工，建成了"九横十八纵"总长182千米的主干路网框架，总投资26亿元。区内海水"一水多用"和海洋化工产业初具规模，签约落户各类园区和单体项目总投资达1511亿元，国内第一条海底软管生产线投入生产。潍坊临港产业区统筹推进潍坊滨海、寿光滨海、昌邑滨海三大板块协同发展，滨海海洋经济新区一体化发展构架加速形成，总配套面积达到320.4平方千米，在建过亿元项目304个，总投资2641亿元。莱州临港产业区完成起步区土地收储20平方千米，开工主干道路8条，在建过亿元项目50多个，黄金百吨加工基地等项目建成投运，滨海产业聚集隆起带快速崛起。

（三）能源设施方面

东营市全国新能源示范城市获批创建，胜利电厂热电三期工程、大唐滨州热电联产项目、国华寿光电厂等重点能源项目开工建设，大唐东营超临界火电项目已获批复，华电莱州电厂一期投运发电，二期工程已列入山东省火电建设规划。积极推进新能源项目建设，国电风电、华能风电等项目并网运营，装机总量达到540兆瓦。加快油气管网设施建设，潍坊至东营原油主管线工程、淄博至东营返输气工程、黄岛至潍坊、莱州至昌邑输油管道建成投入使用。

三、产业发展状况

五年来，黄河三角洲经济区坚持传统产业升级改造和战略性新兴产业培育双轮驱动，促进产业规模化、集群化、高端化发展，全力打造产业新优势，高效生态农业、石油装备制造、汽车及零部件、轻工纺织、生态旅游及现代物流等5大优势产业加速发展，高效生态产业体系基本建立。2014年，区域内主营业务收入30亿~100亿元的企业达到43家，过百亿元的达到24家。

(一)现代农业发展迅速

围绕绿色种植业、现代渔业、生态畜牧业等传统优势产业，加大对良种繁育研发平台、标准化基地建设的支持力度，现代农业发展水平不断提高。培育了沾化冬枣、黄河口大闸蟹等一系列知名品牌，市级以上农业产业化重点龙头企业达到1226家，其中省级以上159家，初步建成全国重要的优质粮棉、特色果蔬加工出口基地和生态养殖基地。冬枣、金丝小枣栽培面积达200万亩，占全省枣树栽培面积的75%，鲜枣产量占全省85%以上。设立了"中国寿光蔬菜价格指数"和"中国昌邑生姜价格指数"两个全国性指数，建立了全国唯一的蔬菜分子育种平台，蔬菜年销量达600万吨。以发展高档肉类品牌为目标，重点扶持了山东黑牛、渤海黑牛龙头企业，各类规模黑牛养殖场（区）达到168处，10万头山东黑牛养殖基地基本建成，成为全省重要的生态养殖和畜产品活体储备基地。加快推进标准化认证和示范养殖园区创建工作，标准化饲养比重达到90%以上，新型产业主体培育成效显著，畜牧合作经济组织发展到1000多家，新增家庭牧场50余家，省级示范社发展到76家。肉鸭综合生产能力位居全球前列，"公司+标准化农场+农户"的订单式发展经验入选联合国扶贫开发案例。黄河口大闸蟹养殖面积达到80万亩，是黄河流域最大的大闸蟹生态养殖基地，年产值达15亿元，30万亩现代渔业示范区成为全国规模最大、标准最高的单片滩涂养殖区。东营市被整建制列为国家现代农业示范区、全国农产品加工示范基地，被中国菌物学会命名为"食用菌工厂化生产之乡"，食用菌年生产能力达到40万吨。滨州国家农业科技园区累计完成基础设施投入2亿元，中科院地理所滨州试验站加快建设，国家农作物种质资源基地建成投入使用。潍坊国家现代农业综合改革试点进展顺利，"中国食品谷"有500多种农副产品出口到120多个国家和地区。莱州市聚力打造"种业硅谷"，生物育种水平再上新台阶，建成省级以上良种繁育科技平台14家，新品种繁育水平领先全国，登海种业杂交玉米新品种不断刷新全国夏玉米高产新纪录。

(二)环境友好型工业快速发展

石油装备、石化、盐化、橡胶轮胎、有色金属等传统产业实现快速转型升级，依托较好的产业基础和技术优势，产业链条不断延伸，80%以上的技术装备达到国内先进水平，规模以上工业企业达到3952家，2014年实现主营业务收入27721.9亿元。石油装备研发制造、内外贸一体的产业体系完善，成为全国规模最大、产业集中度最高和科研能力最强的石油装备制造产业基地，产值占到全国45%以上。科瑞集团成长为全国单体最大的石油装备制造企业，与220多家国际公司建立了合作关系，陆地9000米石油勘探装备技术全球第一。除石油装备外的其他装备制造业亦加速发展，研发设计、加工制造等关键技术整体水平不断提高，产业规模不断扩大，规模以上企业达200多家。船舶发动机制造业拥有全系列大功率中速船用柴油机生产工艺和装备，在我国船舶动力全系列化中速机产品市场中占有重要地位；汽车刹车片年产销量达3000万套，生产能力位居亚洲第一、世界第三；体育装备制造业拥有全球首创的网络运动健身平台，"泰山"牌体育器材占有中国竞技体育器材90%以上的市场份额，已成为世界最大的综合性体育器材生产基地之一和亚洲最大的人造草坪生产基地。纺织行业装备工艺改造步伐明显加快，质量效益和行业综合竞争力快速提升，规模以上纺织企业达到400余家，形成纺织、印染与家纺服装加工配套较为完整的产业链。以改造提升化工、轮胎、造纸等传统产业为着力点，加强与中海油、中石化等的战略合作，打造从油头到化尾的循环产业链，中海油石化盐化一体化等大项目加快推进，造纸行业晨鸣集团跻身全球纸业10强，主要指标连续10多年保持全国同行业首位。战略性新兴产业发展迅速，潍坊生物基产业集群年产生物基材料50万吨，成为国家战略性新兴产业发展专项资金计划支持的全国3个城市之一。滨州轻质高强合金新材料基地被列为全省首批十大战略性新兴产业基地，莱州新能源电池隔膜材料生产技术填补国内空白。

（三）特色产业园加速发展

立足特色优势，把园区基地培育建设作为产业发展的重要突破口，园区带动效应进一步显现，呈现出载体作用强、产业集聚度高、质量效益优的鲜明特点。黄河三角洲经济区已形成主营业务收入过50亿元的各类特色园区23家，入驻企业达4000家。胜利石油装备产业园2014年实现工业总产值380亿元，石油装备工业企业占企业总数的80%以上，成为全国产业集中度最高、行业科技水平领先的石油装备制造产业基地。滨州轻工纺织特色产业园产业集聚度达94.8%，拥有省级以上科技创新平台8个，园区规模档次不断提升。山东黑牛现代循环农业示范园黑牛存栏量达5.5万头，6万头高档肉牛屠宰深加工项目竣工投产，高青县山东黑牛发展模式被誉为"2014年中国畜牧行业优秀模式"。邹平韩店现代生物工程科技园成为全国最大的玉米油生产和出口基地，惠民李庄绳网特色产业园成为全国最大的化纤绳网生产基地，化纤绳网类产品国内市场占有率达到80%以上。博兴板材厨具产业园厨具行业销售额占全国同行业近1/3，板材行业占到全国市场总额的1/4。

四、生态文明建设成效明显

(一)环境质量改善明显

建立了跨区域河流污染物排放管理制度，区域内17条省控河流的22个断面COD（chemical oxygen demand，化学需氧量）和氨氮浓度较2009年分别改善了47.9%、66.6%，省控重点河流水质稳定达到恢复鱼类生长目标，海河流域治污连续5次在国家考核中名列第一。大气污染物排放强度逐年下降，区域内55家燃煤电厂全部安装脱硫装置，15家进行了脱硝改造。山东省工业固体废物暨危险废物处置中心（邹平）建成投用，危险废物得到妥善处置。关停、淘汰违法超标排放企业及小作坊350余家，城乡人居环境明显改善，污水集中处理率达到92%，城镇生活垃圾无害化处理率达到90%。东营市累计实施环保工程119项，重点行业、领域水气污染恶化势头得到有效遏制，水气环境质量稳步改善。潍坊市PM2.5、二氧化硫浓度比规划初期分别改善18.9%和23.8%，"蓝天白云，繁星闪烁"天数平均200天以上，居全省前列。

(二)生态建设成效明显

自2010年以来，在黄河调水调沙期间进行生态补水，断流34年的刁口河流路重新恢复过流，有效遏制了黄河口北部地区湿地生态的退化，修复湿地35万亩。加快沿南水北调干线和沿黄河水系生态建设，累计新增绿化面积230

万亩。区域内已建成自然保护区6个，总面积329.4万亩，其中国家级2处，建成省级以上湿地公园25处，其中国家级6处，黄河三角洲被国际湿地公约组织列为国际重要湿地。黄河三角洲经济区核心保护区面积已达到778万亩，超额完成规划目标任务。开展了滨海湿地生态整治修复等工程，破损岸线治理率达80%。东营市被评为国家现代林业建设示范市，滨州市"五位一体"的生态工程建设经验得到国家林业局的推广，庆云县被国家林业局列为全省首个"碳汇造林基地"，莱州市成为全国唯一通过"水生态系统保护与修复试点"验收的县级市，寿光市被授予"国家生态市"称号。

(三)节约型社会建设成效明显

东营市被批准为国家可再生能源建筑应用示范市，完成了29个合计300万平方米示范项目的评审认定，每年可节约标煤6万吨，减排二氧化碳21万吨。滨州市被列为第三批全国节水型社会建设示范市，建立和完善了用水总量控制和定额管理相结合的用水管理制度，完成工业节水技改项目60余个，技改投资7.3亿元，实现年节水2400万立方米。潍坊市被确定为首批国家循环经济示范城市，高青县被确定为省级循环经济示范县试点。合理开发利用各类矿产资源，莱州市三大矿采矿废石的利用率达100%，黄金尾矿综合利用率达61.2%。将清洁生产审核工作纳入节能目标责任考核，共有742家单位通过了清洁生产审核验收。坚持以循环经济促节能减排，培育了一批示范园区和企业。滨州鲁北集团创建了海水"一水多用"、清洁发电与盐碱联产等4条循环经济产业链，资源利用率达95.6%，清洁能源利用率达85.9%，被国家发改委确定为循环经济典型模式。东营胜动集团开发研制了节能燃气发电机组、节能柴油发电机组、节能石油装备等主导产品，在世界各地建设了800多个节能项目，装机总容量超过150万千瓦，年绿色能源发电70多亿度。

第二节　黄河三角洲高效生态经济区海洋产业发展现状

近年来，黄河三角洲高效生态经济区海洋产业规模不断扩大。海洋生产总值从2009年的942.77亿元，增长至2013年的1539.37亿元，增加了约1.6倍；形成了大批具有竞争力的支柱产业、高市场占有率的骨干企业和实力雄厚的知名品牌。在县域经济发展方面也很迅速，截至2012年，有4个县（市）进入全国综合实力百强县，7个县（市、区）进入全省50强。

一、黄河三角洲高效生态经济区海洋产业发展总体情况

近年来，经济区高度重视海洋经济发展，海洋产业规模逐年扩大，继续保持稳步增长态势，海洋产业在区域经济发展中的地位越来越重要。经济区海洋经济发展以构建现代海洋产业体系为主要任务，加快发展海洋第一产业，优化发展海洋第二产业，大力发展海洋第三产业，促进三次产业在更高水平上协同发展。目前经济区的主要海洋产业有现代海洋渔业、海洋运输业、滨海旅游业、海洋交通运输业等（见表4-1、图4-7）。

表4-1　2009—2013年经济区海洋产业发展规模及结构

海洋经济指标＼年份	2009	2010	2011	2012	2013
海洋产业生产总值（亿元）	942.77	1076.87	1213.245	1366.67	1539.37
海洋第一产业增加值（亿元）	66.01	68.92	72.80	77.90	83.13
海洋第二产业增加值（亿元）	471.38	526.28	600.56	668.30	746.60
海洋第三产业增加值（亿元）	405.38	481.67	539.88	620.47	709.64
经济区生产总值（亿元）	5892.31	6598.47	6925.38	7353.73	7985.24

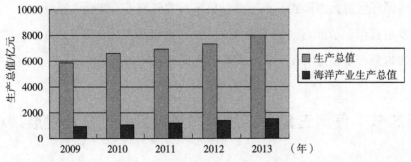

图4-7　2009—2013年黄河三角洲高效生态经济区生产总值与海洋产业生产总值对比图

二、黄河三角洲高效生态经济区海洋产业发展现状

(一)黄河三角洲高效生态经济区各主要海洋产业发展现状

1.海洋渔业

2013年，黄河三角洲高效生态经济区海洋渔业产值532.46亿元，同比增长16.4%；海水产品产量168.89万吨，同比增长3.2%。其中，近海捕捞69.1万吨，远洋捕捞47.6万吨，海水养殖52.19万吨，同比分别增长-0.8%、36.4%和3.9%；海水养殖主导产业加快发展，十大品牌中海参、对虾、扇贝3个品种产值分别达到29.4亿元、8.2亿元、6.5亿元；以海水增殖放流、人工鱼礁及种质资源保护区建设为主要内容的渔业资源修复规模进一步扩大，效益明显；经济区各级海洋渔业增殖资金达到了1.11亿元，增殖各类海洋水产苗种42.3亿单位，同比增放52%。海洋捕捞业稳步发展，经济区海洋捕捞渔船2750艘，总功率76.7万千瓦。近海小马力渔船以捕捞增殖品种和地方渔业资源为主，日产值2000~3000元。进入韩国专属经济区水域作业渔船生产较好，共有125艘渔船入渔，入渔率96.5%，配额完成率74.6%，产量约6942吨。远洋渔业有了可喜进步，经济区具有远洋渔业企业资格企业9家，远洋作业渔船约147艘，共从事8个项目，实现产值20多亿元。共有6家远洋渔业企业114艘渔船赴朝鲜东部海域从事渔业生产。项目累计实现总产量10万吨、总产值12亿元，项目获得了良好经济效益和社会效益。完成远洋渔船动态监测系统建设工作，初步实现对远洋渔船的规范化、信息化和动态化管理。水产品加工业呈现精深化、高档化和国内外市场并举的良好态势，扩大国内市场成为水产品加工企业的战略转变。水产品加工企业约942个，水产品加工能力约242.9万吨/年，年内水产加工总量236.6万吨。水产冷库达到416座，冻结能力达到6.8万吨/日。经济区共计安排各类抽检9批次，监测样品总计870多个；苗种、产地水产品检测合格率分别为93.5%、97.8%，苗种总体合格率同比提高10.8个百分点。确保国家重大活动水产品安全供应，重点加强了供世博、亚运定点水产品养殖基地的层层监管，抽检合格率100%，保障了水产品按需供应和质量安全。认真

实施水产品质量安全提升工程，组织制定12项渔业地方标准，省级地方标准达89项。加强了标准示范推广，建立省级以上标准化示范基地32处，示范面积23.2万公顷，约占养殖总面积的44%。稳步推进无公害产品一体化认证和地理标志登记保护，共认定无公害农（渔业）产品产地146个，认证无公害水产品346个，产品产量16.79万吨。完成地理标志登记保护产品3个，登记保护面积87万公顷。品牌打造和市场开拓取得积极成效，在西安、北京、济南、香港等地举办了大规模的推介活动，扩大了经济区优质水产品的影响，进一步拓展了市场。

2.海洋盐业

经济区海盐及盐化工产业分布在莱州湾南岸，主要集中在潍坊、东营、烟台、滨州的相关地区。2013年，经济区海盐产量1351.6万吨，同比减少4.9%。氯碱生产能力达490万吨/年，同比增长11.3%。

3.滨海旅游业

经济区共有21处主要滨海景点，在全国居前列。特别是海滩浴场、山岳景观、岛屿景观和人文景观等旅游资源十分丰富，具有独特的优势。2013年，滨海旅游业产值380.17亿元，同比增长22.7%。

4.海洋交通运输业

经济区海岸2/3以上为山地基岩港湾式海岸，是我国长江口以北具有深水大港预选港址较多的岸段，可建万吨级以上深水泊位的港址有20多处。全经济区沿海港口泊位达到231个，万吨级以上泊位76个，年吞吐能力达到2.47亿吨。2013年，全经济区海洋交通运输业产值223.21亿元，同比增长22.4%。全经济区沿海港口吞吐量达到2.18亿吨，其中集装箱吞吐量突破330万标箱。

5.其他产业情况

海洋化工业产值213.2亿元，同比增长32%；新兴海洋产业高速发展，海洋生物医药业产值23.6亿元，同比增长54.9%；海洋电力业产值12.7亿元，同比增长31.6%；海洋资源开发利用稳步增加，海洋石油产量156.4万吨，同比增长2.1%；海洋新能源产业发展良好，海上风电、地下海水热能、海洋潮汐能等新能源开发力度不断加大。

(二)黄河三角洲高效生态经济区主要海洋产业分布现状

黄河三角洲高效生态经济区海洋产业种类较多，主要类型与分布核心区也各异（见表4-2）。

表4-2　黄河三角洲高效生态经济区主要海洋产业分布状况

地区	核心区	主要产业类型
滨州	滨州海洋化工业集聚区	海洋化工业、海上风电产业、海洋船舶制造
东营	东营临海石油产业集聚区	海洋石油产业
潍坊（部分）	潍坊海上新城聚集区	海洋化工业、临港制造业
烟台（部分）	莱州海洋新能源产业集聚区	海洋盐业、海上风能产业

(三)黄河三角洲高效生态经济区海洋产业三次产业发展状况

黄河三角洲高效生态经济区2009—2013年海洋三次产业增加值比例如表4-3所示，从表中可以明显看出经济区海洋经济结构由第一产业向第二第三产业的转变。黄河三角洲经济区2009—2013年期间，三次产业结构从2009年7：50：43，调整至2013年5.4：48.5：46.1（见表4-3）。

表4-3　黄河三角洲高效生态经济区海洋三次产业增加值比例

年　份	2009	2010	2011	2012	2013
海洋三次产业比	7：50：43	6.4：49.8：43.8	6：49.5：44.5	5.7：48.9：45.4	5.4：48.5：46.1

2013年海洋经济第二产业增加值为746.6亿元，第三产业增加值为709.64亿元，占海洋生产总值的94.6%，这是黄河三角洲高效生态经济区重视和积极促进海洋经济协调持续发展的成果（见图4-8）。

随着科学技术在海洋相关产业的逐渐运用，黄河三角洲高效生态经济区海洋产业多样化发展。在传统海洋渔业、海洋油气业、化工业高速发展的同时，海洋第三产业中滨海旅游业和海洋交通运输业获得飞速的发展，成为海洋产业中的新生力军。同时许多新兴海洋产业在科技支持下获得发展，如海洋电力产业和海洋生物医药产业等。

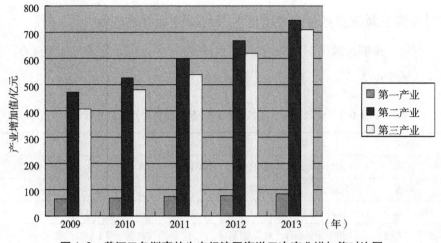

图4-8　黄河三角洲高效生态经济区海洋三次产业增加值对比图

2013年，经济区海洋化工业和海洋电力业增幅达到30%以上，滨海旅游业增长约22.7%，海洋生物医药业更是超过了50%，由此可见，在调整海洋经济产业结构的同时，主要海洋产业发展稳定，新兴海洋产业增长飞速。2013年经济区各海洋产业的增长率比较情况，如图4-9所示。

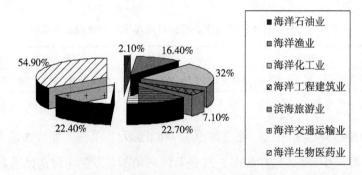

图4-9　黄河三角洲高效生态经济区各海洋产业增长率图示

三、黄河三角洲高效生态经济区海洋资源与现状

黄河三角洲高效生态经济区拥有良好的海域资源。其北靠京津唐经济区，南连山东半岛开放城市，属于国家制定的沿海开放地带，东营港距大连港110

海里，且与朝鲜半岛、日本列屿隔海相望，具有良好的出海条件，区位优势突出；浅海面积约100×10⁴公顷，海岸线长约900千米，约占山东省的28%；经济区海岸线长，海岸类型丰富，入海口、海湾和岬角居多，许多海湾是天然港口，地理环境适宜，既有深入大海的岬角建设深水泊位码头，又有河口建立小型港口。

黄河三角洲高效生态经济区海洋资源储量丰富，种类繁多。经济区的浅海、滩涂、港址、砂矿和旅游等资源在全国名列前茅；海洋生物种类多样化、数量储备充足，同时增加海洋自然保护区和珍贵物种保护区。经济区滩涂和浅海面积辽阔，滩涂面积约1900平方千米，水深15米以内的浅海面积达到8740平方千米；经济区处于温带季风气候，四季分明，日光充足，使得沿海生物资源储量丰富；近海鱼类155种，投足类和甲壳类生物20多种，藻类131种，无脊椎动物479种。经济区是天然的海洋生物资源集聚地和栖息地，但是随着污染的加剧，海水质量却成为令人担忧的因素。

黄河三角洲高效生态经济区石油和天然气储量分别约为75×10⁸吨和300×10⁸立方米；经济区作为山东省重要的海洋渔业基地，水生生物资源丰富；海洋矿产资源数量和质量优势明显，已发现矿产资源约150种，包括能源和非金属矿藏、共伴生矿产，还有重要的石油和金矿资源蕴藏在沿海地带，且储量十分丰富；风能密度大，年平均风速高，是全国风能最丰富的地区之一；此区域是全国最大的海盐基地和盐化工基地，拥有富饶的盐业资源，地下卤水静态储量约5980×10⁸立方米，海水是制盐的重要原料，经济区海域海水盐度高，莱州湾地下卤水资源丰富，且易开采，成为盐业优质原料，其气候和地理也为盐业生产提供了优势条件。

黄河三角洲高效生态经济区拥有丰富的滨海旅游资源。经济区沿岸岛屿零落，海岸风景地貌迥异，优良海滩不胜枚举，山岳丘陵和平原交错辉映，气候宜人，风光秀丽，文化厚重而丰富，为海洋经济创造了巨大的产值。

四、黄河三角洲高效生态经济区海洋环境现状

2013年，从总体上看黄河三角洲高效生态经济区近岸海域污染情况不容

乐观。近岸海域仍有1530平方米未达到清洁海域水质标准，比2012年增加了210平方米，其中严重污染和中度污染海域面积呈现大幅度增加，分别比上年增加10^6平方千米和10^2平方千米。从区域上看，黄河口海域和莱州湾属于严重污染区域，主要受到无机氮、活性磷酸盐和石油类等污染物的污染，并且海域贝类体内的污染物残留较高，主要污染物要素为总汞、铅、砷、石油烃、DDT和粪大肠菌群，并且与2012年相比，超标程度有明显加重。但是本区域的沉积物质量总体上良好，只有局部海域沉积物受六六六、DDT和砷等污染物的污染，从总体上看综合潜在生态风险低。

近岸海域的黄河口和莱州湾区域陆源污染物排海、不合理养殖及生物资源过度开发现象严重，导致海水富营养化严重、营养盐失衡、生境改变，并且直接导致该区域的生态系统处于亚健康的状态，健康状态趋于恶化。部分重点海水养殖区出现活性磷酸盐、无机氮、化学需氧量和粪大肠菌群超标现象。本区域海洋垃圾较多，主要以包括塑料制品、木制品、橡胶制品、玻璃、织物及其他共六大类在内的生活垃圾为主。莱州湾滨海地区海水入侵面积已超过1500平方千米，严重入侵面积为700平方千米，海水入侵最远距离达20千米。导致盐渍化程度很高，不利于生态环境的发展。综合来说，黄河三角洲高效生态经济区海洋环境污染趋势仍未得到有效遏制，面临的形势仍然十分严峻。具体表现出四个特点：一是，近岸海域生态环境压力较大。首先，工农业污水的排放、海上溢油等突发事件对经济区近岸海域生态环境造成了破坏，生态系统出现脆弱。其次，人们的过度开发利用，造成湿地、河口等地的资源数量和种类锐减，生物多样性指数下降，生态环境遭到破坏。二是海水增养殖区环境质量良好。首先，由于技术的引进与更新，海水增养殖模式更加科学、合理，养殖密度和水体减缓能力等方面更加趋于合理。其次，经济区内大力推广了循环养殖模式，对于海水养殖带来的自身污染问题得到了有效地解决。最后，由于海洋动植物具有自净能力，养殖规模和范围的增大，也对海洋环境的健康带来了有利的影响。三是主要河口及邻近海域污染程度不断加深。包括黄河、小清河等河流在内的河流携带大量的污染物进入海洋，对河口及邻近海域的环境造成了严重破坏与污染，破坏了各种动植物的生存环境，使得局部海域海洋生物面临绝种的威胁。四是气候变化对生物生存环境造成不利影响。由于气候变化的影响，本区域降水量呈现一个逐渐减少的趋势，导致入海径流量降低，近岸海域盐度升高，对海洋生物资源的生存环境造成了不利的影响，影响海洋生物的生存。

第三节　黄河三角洲海洋战略性新兴产业发展状况

近年来，在技术和市场需求的双重拉动下，海洋战略性新兴产业蓬勃兴起，已成为我国海洋经济新的增长点。海洋战略性新兴产业以海洋高技术发展为基础，以海洋技术成果产业化为核心内容，具有重大发展潜力和广阔市场需求，对相关海陆产业具有较大带动作用，可以有力增强国家海洋开发能力的海洋产业门类。根据国家海洋局对海洋战略新产业的界定，结合徐胜、姜秉国和韩立民的研究，我国现阶段海洋战略性新兴产业主要包括海洋生物育种与健康养殖、海洋高端装备制造、海洋生物医药、海水综合利用、海洋可再生能源及深海战略性资源开发六大产业门类。

黄河三角洲高效生态经济区是我国和山东省海洋战略性新兴产业培育和发展的主阵地之一，在地理区位、资源禀赋、产业基础和科研力量等方面具有一定优势。通过实地调研发现，在黄河三角洲经济区六大海洋战略性新兴产业中，海水综合利用业与海洋可再生能源业仍处于起步发展阶段，深海资源开发则处于技术储备和相关科研基地建设阶段，初步具备规模的海洋生物育种与健康养殖业、海洋高端装备制造业及海洋生物医药业则面临着层次提升、产业重组、发展模式转变等新的发展要求。因此，立足黄河三角洲经济区海洋战略性新兴产业发展现状及问题，结合产业自身特点，探索具有高效生态经济区特色的海洋战略性新兴产业发展战略，对于推动我国和山东省海洋战略性新兴产业更快发展具有一定的现实意义。

从黄河三角洲海洋产业演进的路径逻辑来看，当前，随着陆海资源短缺、传统海洋产业功能退化的"倒逼机制"，使得依靠陆域资源和要素投入的产业模式的缺陷"水落石出"，必须通过技术创新和新型海洋资源的开发为核心的海洋战略性产业的发展"突出重围"。以传统资源密集投入、低附加值、自发布局为特征的黄河三角洲海洋产业发展已经进入了转型升级的拐点区间，黄河三角洲高效生态经济区海洋产业发展和培育以技术创新驱动、陆海产业融合联动的海洋战略性新兴产业具有客观必然性：第一，海洋产业结构以临港石化、船舶制造、涉海建筑、港口海运、渔业、滨海旅游等传统海洋产业为主，海洋生物、海洋油气、矿产、海岛能等海洋新兴产业规模小、比重低。第二，深海、风能、潮汐等新兴海洋资源的开发不足，海洋资源的开发深度和广度空间大。第三，海洋产业大多处于价值链低端，技术附加值低、产业联动性弱。海洋战略性新兴产业是指具有广阔的市场前景和资源消耗低、带动系数大、综合效益好等产业特征的产业。海洋战略性新兴产业在海洋经济发展中处于产业链上游、附加值高、能耗低、经济贡献大，是加快海洋经济发展和结构调整的重点发展目标。积极发展和培育新兴海洋产业，是优化黄河三角洲海洋经济结构、形成新的海洋经济增长点的重要途径。《黄河三角洲高效生态经济区发展规划》《关于加快培育和发展战略性新兴产业的实施意见》中将海洋装备制造、清洁能源、海洋药物及生物制品、海洋生物育种、海水综合利用及深海开发技术、海洋新材料等产业作为黄河三角洲的战略性新兴产业进行发展，来进一步提升黄河三角洲海洋产业的核心竞争力。

一、海洋生物育种与健康养殖业

海洋生物育种与健康养殖业是黄河三角洲海洋渔业产业中兼具发展效益和发展质量，并最具发展潜力的组成部分，代表海洋渔业产业发展的方向。以雄厚的海洋生物科研力量、优越的海湾和水域条件及一批渔业大中型企业为支撑，黄河三角洲地区海洋生物育种与健康养殖业取得了明显发展成效。在产品结构上，实现了由单一品种向多品种、由低价值品种向高价值品种的转变，一批性状优良、产量高、效益好的水产品种相继开发成功并投入生产；在养殖模式上，突破了池塘、港湾、筏式养殖等传统养殖方式，进一步推广了浅海可移动筏式养殖、浅海养殖、网箱养殖和陆地工厂化养殖等现代化、集约化养殖模式，并相继建立了多种形式的渔业养殖示范园区。当前，除可养殖水域大幅缩减和近海渔业资源消耗过度带来的海水养殖发展空间危机外，黄河三角洲地区海洋生物育种与健康养殖业面临的问题还包括：部分养殖苗种种质退化严重，疾病频发；部分苗种的繁育和养殖关键技术难题难以突破；产品质量安全和全行业的标准化生产与监管任重道远，质量难题始终困扰广大生产者；生产力量较为分散，以一家一户分散经营为主，产业化和规模化水平较低。

（一）生态、集约和高效的生产模式

立足黄河三角洲海洋生物育种与健康养殖业现有发展基础，针对当前海水增养殖业发展面临的问题，因地制宜探索生态、集约、高效的海水种苗和健康养殖模式，推进海水增养殖业由粗放式向集约式方向转变。具体包括：以龙头企业为基础，建立养殖示范基地，优化提升技术流程和管理水平，积极推广工厂化循环水养殖模式；从养殖技术、设备制造、配套产业等方面着手，积极做好深水抗风浪网箱养殖模式的研究工作，推动深水抗风浪网箱养殖规模化发展；在以小规模养殖池塘为主的养殖区域，试验和推广立体生态养殖模式，提升海水池塘利用率和单位面积产出效益；推进海洋牧场建设，因地制宜打造一批生态型牧场、渔获型牧场、休闲垂钓型牧场和海珍品型牧场；积极发展以名优新品种繁育为主要内容的海洋生物育种产业。

（二）产学研相结合的技术创新模式

在海洋生物育种与健康养殖领域，黄河三角洲拥有一批实力雄厚的国家级或省市级专业科研机构，长期以来对产业技术创新发挥着重要推动作用。但是，海洋生物育种与健康养殖业的技术创新对生产实践及其设施的依赖性很强，单纯依靠科研院所的力量难以承担。同时，渔业技术创新具有很强的公益性和外部性特征，不仅要为国家的宏观经济目标和渔民的公共利益服务，而且其技术成果本身很难保密，排他性较差。因此，必须加强对海洋生物育种与健康养殖业技术创新的政府扶持和法律保护，充分利用企业、大学及科研机构各方的技术力量，走产、学、研合作创新的道路。海洋生物育种与健康养殖业领域具体的产学研合作创新模式包括合作技术开发、委托开发、建设实验基地、共建实验室或研发机构及构建产业技术创新战略联盟等。

(三)以企业和产业化组织(专业合作社、公司+渔户等)经营为主体的产业组织模式

随着市场经济体制的确立,家庭分散经营规模小、效率低、风险承受能力差、管理水平落后等弊端越发突出,小生产与大市场之间的矛盾逐步显现,成为制约黄河三角洲地区海水养殖业发展的不利因素。对此,应以规模化经营为方向,探索多样化的产业组织模式。其中,包括个体、合伙、股份制及股份合作制企业在内的企业化经营应是区域内海洋生物育种与健康养殖业产业组织模式创新的基本方向,而包括专业合作社、"公司+渔户"等在内的产业化组织作为海洋渔业阶段性发展形式也不失为实现渔业生产组织结构优化的有效途径。

东营市30万亩现代渔业示范区、东营河口50万亩生态渔业区等现代渔业园区配套设施不断完善。渔业增养殖面积达到195万亩,全年实现水产品总产量55万吨,渔业总产值达到148亿元。全市海参放养面积达到28.1万亩,成为继辽东半岛、胶东半岛之后的又一重要的海参养殖基地;黄河口大闸蟹生态增养殖面积达100万亩,品牌价值达到13.46亿元。2014年商品大闸蟹产量达1.5万吨,实现产值17亿元;积极推广工厂化养殖,以东营睿洋现代水产科技园项目为典范,推广工厂化养殖。推行海水综合利用工程,规划建设了30万亩现代渔业示范区,建立海水净化—海参养殖—虾蟹、卤虫养殖—制取原盐的海水循环利用体系,实现海水综合利用及效益最大化。

潍坊市大力发展生态渔业,实施渔业资源修复、标准化生态鱼塘整理、浅海生态养殖、渔港及渔港经济区建设等工程,加快建设渔业资源保护区和标准化生态健康养殖园区。到2015年,水产品产量达到75万吨。

烟台市大力发展生态渔业,全市有水产育苗场80家,海水育苗水体达18万立方米,可繁育鱼、虾、蟹、贝等20多个品种。工厂化养殖面积发展到261万平方米,共营建海洋牧场8800亩,投礁规模为342万平方米,成为全国重要的水产种苗繁育基地。建立明波综合园区、太平湾—芙蓉岛海洋牧场园区等9个省级渔业园区,省级"高新技术企业"3家、国家级原种场2处、省级原良种场5处,莱州梭子蟹入选山东省十大渔业品牌。

二、海洋可再生能源产业

海洋可再生能源产业是开发海洋潮汐能、风能、海浪能、海底热能、海洋生物能为主的可再生能源开发和生产，对于这些可再生能源的获取技术、设备，保存技术和设备，传递技术和设备的研发和使用。

近年来，黄河三角洲经济区海洋能源建设全面发力，重点发展海洋风能、海洋能等可再生能源产业，初步形成了以企业为主导、以科研院所为技术支撑、辅以政府补贴的海洋可再生能源产业化技术开发体系，建设了一批海洋可再生能源产业园区，着力打造海上可再生能源产业链。其中，海洋电力业已进入大规模扩张阶段，依托沿海风力资源优势，建立了多个滨海风电场；此外，海水源热泵技术、波浪能、潮流能和潮汐能的关键技术也在逐步突破。总体来看，黄河三角洲经济区在海洋可再生能源方面已具备了一定的开发利用规模，但仍有一系列因素制约其发展，如投入力度小，持续性经费投入不足；缺乏优惠政策的激励和引导，企业参与的积极性不高；科技研究力量不足，核心技术竞争力薄弱等。

从黄河三角洲海洋可再生能源业发展现状来看，仅风电产业实现了产业化，进入并网运营阶段，潮汐能、波浪能、海流能利用尚处于研究开发阶段。鉴于此，本书着重分析海洋风电产业。

(一)"政府支持+产业链整合+产业集群支撑"的产业组织模式

首先，政府应积极介入并支持海洋风电业尤其是海上风电产业的发展。在海洋风电产业发展中，政府的作用主要表现在制定产业发展规划、组织开展基础技术研发、实施风电特许权招标制度、利用政策和税收优惠支持市场主体参与海洋风电开发等方面。其次，通过产业链的垂直整合或横向合并，提升产业的组织化水平。具体调整思路是：在风电产业高速发展时期，当市场需求较大，规模经济还没有完全发挥出来之前，产业链整合的方式更偏重于前向或后向的垂直整合，如鼓励风电设备企业凭借自己的技术优势向下游延伸，涉足风电资源开发领域，抢占风电场资源，开发建设风电场向购买方整体转让。在风电产业发展到一定水平，市场趋于饱和，规模经济效应基本释放之后，产业链整合方式应更加偏重于横向合并或联合的水平整合。最后，以潍坊、烟台等城市现有或规划中的大型风电场项目为依托，集中布局风电设备零部件制造企业、整机设备制造企业及风力发电配套服务企业，打造风电产业集群，降低产业链环节间的交易成本。

(二)自主创新与引进消化吸收再创新相结合的技术创新模式

目前黄河三角洲海洋风电企业生产成本较高的主要原因在于缺乏具有自主知识产权的核心技术。因此，海洋风电产业的技术创新应首选自主创新模式，以黄河三角洲地区企业及科研院所为主体，联合国内相关科研机构开展技术创新研究，开发出具有竞争力的原创技术，打破原有的技术垄断，抢占技术制高点。同时，区域海洋风电产业的关键技术及大型设备制造技术尚不成熟，还处在引进消化吸收阶段，外部依赖性强，因此应特别重视在充分吸收关键技术的基础上进行再创新，依靠技术的二次创新摆脱原有的技术控制，逐步实现关键技术及设备的国产化。

东营市新能源方面，风力发电设备中的风机叶片、塔基、支架及系列相关零部件均实现本地化生产，风电装机容量79.05万千瓦；太阳能光伏产业，形成了硅棒拉制、硅料切片、电池片制造、光伏组件封装、光伏系统集成等产业链条，建设光伏发电能力1.7万千瓦。

潍坊市积极培育发展战略性新兴产业，改造提升传统产业，加快环境友好型工业聚集发展，经济结构实现优化升级。新能源开发，积极开发近浅海域滩涂风电资源，重点建设大型风电场项目。加快发展光伏发电和生物质能发电，进行地热、浅层地热和潮汐能开发利用示范研究。滨海区新能源产业园目前有两家风电企业已经建成投用，华能风电一期49.5兆瓦已并网发电，国电风电一、二期共75兆瓦已并网发电。另有中海油风电一期50兆瓦已核准，现正在进行项目施工前期准备工作。国电联合动力实验风场1#6兆瓦实验风机已完成设备吊装。景世乾太阳能光伏发电项目正在建设中，其中包括10兆瓦金太阳光伏电站和25兆瓦地面电站项目正在加紧施工中。

三、海洋高端装备制造产业

海洋高端装备制造业是以海面、海水、海底、深海岩层为层次，研发设计制造适用于海面、海水、岩层环境下的现代机械和设备，这些机械设备用于海面作业，海水环境下生产制造运作，在海岩中或深海底行动作业操作，要求对海水的腐蚀、冲力、浸泡，海岩的不稳定、硬度，海面的海浪、海风都有抵御和适应能力的设备机械。以大吨位载货运输、高安全载客游轮、精细化海面作业船舶、海水作业设备、海底作业装备为主要用途的船舶。

黄河三角洲具有发展海洋装备制造业的区位优势、工业优势和资源禀赋优势。以龙头企业为核心，以海洋高端装备制造业特色园区为载体，目前区域内已形成了几大极具竞争力的特色产业集群，包括以东营为中心的浅海油气装备研发制造基地，和以潍坊为中心的船用动力配套基地。此外，为弥补研发能力的不足，区域内先后引入了中船重工所属725、719、716等国内顶级船舶技术研究实验场地，提高了海洋工程船舶技术的自主创新能力。虽然产业规模显著提升，但黄河三角洲经济区海洋装备制造业依然存在发展方式比较粗放、产业结构层次不高、高附加值产品缺乏、产业技术创新体系不健全、科技成果转化能力不强、地区间发展不协调、产业同构化现象严重等问题，在很大程度上制约着产业的进一步发展。

(一)产业链重组与产业集群打造相结合的产业组织模式

以组装加工为主、设计和销售在外、产品和业务低端化是黄河三角洲地区海洋装备制造业面临的主要问题。鉴于此，应围绕海洋装备制造业国际发展趋势及国内外市场需求，拓展特种船维修与改装、海洋工程装备制造及海洋仪器仪表研发制造等业务领域，以提升价值和追求利润为导向重组产业链条，提升海洋装备制造业发展水平。同时，由于海洋高端装备制造业产业链长、产业关联度高，具有明显的集群特征，因此走集群化发展道路对海洋高端装备制造业发展具有战略意义。产业集群的打造不是众多中小装备制造企业在地理空间上的简单聚集，而是要以区域内某个或几个骨干企业为核心，围绕骨干企业生产需求布局相关配套企业，形成产业链上下对接的区域生产网络。

（二）自主创新、引进创新、产学研合作创新与产业共性技术研发基地建设相结合的技术创新模式

首先，为突破海洋高端装备制造业关键设计技术的瓶颈，一方面需要强化自主创新，突破核心技术；另一方面要积极利用国内外科技资源，开展技术集成创新和引进消化吸收再创新，培育产业核心竞争力。其次，加强技术创新源头——科研机构与制造企业之间的研发合作，引导重点企业、国内外科研机构及高等院校开展关键核心技术的联合攻关，形成"以企业为主体、市场为导向、产学研相结合"的技术创新体系，打造技术创新联盟。最后，依托区域内业已形成的装备制造业基地，以产业发展需求为导向，以企业集团或联盟为核心，吸引大学和科研院所参与，争取政府的财政支持，共同组建共性技术研发基地。

东营市高端装备制造业实现快速发展。石油装备制造业，出台了《关于加快石油装备产业发展的意见》，探索出了制造业服务化发展方式，占据了产业价值链的高端市场，形成了集研发、制造、服务、内外贸于一体的较为完整的产业体系。海洋石油工程装备在中小型海洋模块化装备领域形成较为完善的产品体系，具备了海洋钻、采、修模块装备和中小型海洋钻井平台等研发、制造能力。全市石油装备产业产值占到全国的1/3。

山东科瑞控股集团是一家集高端石油装备研发制造、油田一体化工程技术服务、油田综合解决方案提供与油田工程总承包三位一体的综合性国际化企业集团，研发制造陆地与海洋钻修井装备、油田大型压裂机组、天然气压缩机等九大高端系列产品，是中国石油装备产业基地龙头企业、国内单体规模最大的石油装备制造企业。2014年，科瑞集团实现销售收入119亿元，其中石油装备出口9.32亿美元。在搭建了多个技术研发中心、不断提升自身技术研发水平的同时，科瑞集团对技术研发、检测、咨询等业务进行了逐步剥离，与胜利油田科研单位、西南石油大学、中国石油大学等知名院校联合组建了科技类民办非企业、也是国内首个石油装备产业技术研究院——山东胜利石油装备产业技术

研究院，按照"技术研发—成果转化—产品市场化—实现盈利"的模式进行运作，已累计转化技术成果30余项，为石油装备制造企业实现产值数10亿元。

2014年，潍坊市规模以上机械装备制造企业1022家，主营业务收入3500亿元，分别居全省第2位、第3位。潍柴创建于1946年，是目前中国综合实力最强的汽车及装备制造集团之一，是全国最大的船舶动力供应商，国内海洋动力市场份额达50%以上，2014年实现销售收入1270亿元。近年来，其成功并购法国博社安公司，填补了16升船舶动力产品和技术空白。战略重组了意大利法拉第集团，掌控了高端游艇产业资源，潍柴动力国Ⅲ"蓝擎"系列发动机性能居世界先进水平。盛瑞传动，从事重型柴油机关键零部件和汽车高端自动变速器的研发和制造，是国内品种最全、实力最强的重型发动机关键零部件综合制造商之一，成功开发出世界首款前置前驱汽车8挡自动变速器（8AT）、是国内汽车AT自动变速器科研制造领域的领军企业。福田雷沃国际重工是一家以工程机械、农业装备、车辆、核心零部件为主要产品的大型装备制造企业，是国内重要的农用机械生产基地，产品远销全球120多个国家和地区。豪迈科技是世界轮胎模具制造基地，2014年轮胎模具出口占全国同类产品的80%以上。

四、海水综合利用产业

海水利用是对于富含钾、钠等元素的海水进行淡水化处理，达到淡水使用的标准；另外是海水经过简单过滤处理直接用于人类生产生活，代替淡水来运用到适用范围。以海水为主要原料，包括海洋中其他存在化学元素的物质体，进行深加工，结合其他相关资源物质，合成新产品、新元素、新物质，使用先进科学技术对海洋资源的精细加工。

黄河三角洲是我国海水综合利用业发展较早的地区。近年来，沿海各市在海水利用方面取得长足进展，海水利用能力逐步增强，技术水平不断提高，产业规模初步形成。截至目前，经济区内已建海水淡化工程18处，淡化能力每日2万多立方米，以反渗透和低温多效蒸馏为主的淡化技术日渐成熟。海水直接利用主要应用在电力、化工等领域，年利用海水135亿立方米。在海水化学资源综合利用方面，创出了"一水多用"的生产模式，走在了全国前列。但从总体来看，黄河三角洲海水综合利用业发展速度仍较慢，规模仍较小，市场竞争力不强。究其原因主要有：具有自主知识产权的关键技术较少，设备制造及配套能力较弱，海水淡化成本仍相对较高；缺乏统筹规划和政策法规的引导；水资源开发利用市场机制不完善等。

(一)以产业链组合为主要内容的生产模式

以综合利用为原则，以实现循环经济为目标，打破行业和项目界限，围绕区内大型电厂、化工厂及海水综合利用相关产业聚集度高的园区，因地制宜探索多种产业链组合方式，把海水净化、滨海旅游、供热、发电、海水淡化、浓海水制盐、废弃资源再利用有机结合，打造上下游产品紧密衔接、资源节约、生态环保的海水综合利用生产模式。

(二)"政府引导+行业指导+市场运作"的产业运营管理模式

在政府掌控水务市场的客观环境下，现阶段黄河三角洲地区海水综合利用产业应遵循"政府引导、行业指导、市场运作"的运营管理原则，在强化市场资源配置功能的基础上，通过调整水价、制定优惠政策等方式充分发挥政府引导作用，并根据产业发展的实际需要适时成立海水综合利用行业协会，制定海水综合利用行业标准和行业规范，有效发挥其行业指导作用。

(三)统筹多种技术创新模式

目前，黄河三角洲海水综合利用规模仍比较小，主要原因在于自主创新技术面临规模示范和产业化发展的"瓶颈"未能突破，造成海水综合利用成本较高。区域内已建成的万吨级海水淡化工程几乎全部采用国外技术，海水利用成套化技术尚待成熟，大型海水利用工程关键核心技术亟待突破。鉴于此，应在培育和壮大各类科技创新力量、增强独立创新能力的基础上，将区域内科研力量加以整合，积极创造条件开展产学研合作创新，并统筹自主创新与引进消化吸收再创新、原始创新与技术集成创新，提升海水综合利用产业技术水平。

东营市传统产业依托较好的产业基础和技术优势，实现快速转型升级，80%以上的技术装备达到国内先进水平。石化产业产业链条不断伸长墩粗，由汽柴油炼化、催化裂化、延迟焦化等单一石油炼制，发展到加氢、气分、醚化、聚丙烯、丁辛醇等多种工艺及产品的深加工，实现了由燃料型向化工型转变。盐化工产业形成了以烧碱、氯气、盐酸、有机硅、环氧丙烷、新戊二醇、透明质酸等为主导产品的产业链。橡胶轮胎产业形成了以轮胎生产为中心，集天然胶种植、合成橡胶、钢丝帘线、橡胶助剂、轮胎胶囊、模具、硫化机、轮胎生产等于一体的完整产业链条。有色金属产业在材料及其再生资源利用方面具备了较好的产业基础和技术优势，产业链条向后续深加工延伸。

潍坊市大力发展新材料。建设以新型油田化学品、盐化工为特色的新材料产业基地，重点发展热超导、电子、无机传热、环保、高分子等新材料。重点做好以海科院、天一化学、天维膜等院所、企业为主体的新型阻燃剂及膜材料的快速发展，培育好以高信化工、万润化纤、华鸿纤维等企业为主的高分子材料产业的发展。

五、海洋生物医药产业

海洋生物医药是以海洋中的生物为研究主体，通过现代科学技术对海洋中的生物进行研究，从海洋环境下生长的生物体中提取、分离或是发现适用于海洋以外生物所需要的物质。

黄河三角洲海洋生物医药产业起步较早，相关科研力量雄厚，经过多年发展已研制开发了海洋药物、保健品、功能食品及精细化工产品等多个品种，基本形成了以海洋药物和海洋功能食品为主、以生物新材料与活性物质提取为辅的海洋生物医药产业体系，成为黄河三角洲发展海洋经济的一个重要增长点。值得关注的是，目前海洋生物医药业总体规模仍然较小，难以成为区域主导产业，对地区经济发展的带动力不强。究其原因包括：海洋药物生产流程复杂，研发、测试、临床等研究阶段时间周期较长，资金投入不足；海洋生物医药生产过程缺乏标准化和规范化；产学研结合不紧密，科研成果不能及时转化为市场产品。

(一) 以生物技术产业园整合提升为核心的产业组织模式

生物技术产业园是黄河三角洲海洋生物医药产业领域较为普遍的组织模式, 目前已形成多个产业园区。但园区发展良莠不齐, 多数园区规模较小, 技术力量薄弱, 企业的集聚效应未得到充分发挥。下一步, 应着重对现有园区进行整合提升, 可采取的模式主要包括平台耦合模式、服务耦合模式、专业孵化器耦合模式和园区经济共同体耦合模式等。

(二) 横向联盟、纵向联盟与基于补缺的联盟相结合的技术创新模式

秉承有利于创新资源整合, 有利于成果产业化的方针, 打破当前各创新主体之间各自为政、联系松散的状况, 加强市场、研发与生产之间的密切联系, 构建协调互动的技术创新体。首先, 引导海洋生物制药产业链上相同节点或相关节点上的企业组建横向技术战略联盟, 强化规模经济, 提升对产业链上其他节点企业的竞争优势; 其次, 引导产业链上下游节点之间的企业形成纵向战略联盟, 通过联盟获得或者内化联盟成员企业之间的优势技术和资源, 通过在不同价值链上的合作达到整个价值链上的总体增值; 最后, 引导区域内企业根据自身实力建立基于补缺的技术创新联盟, 形成发展合力, 其中核心企业只研发涉及自身关键领域的技术, 而对于其他环节的薄弱技术则通过联盟方式联合其他研发企业共同完成技术创新。

潍坊市重点开发海洋生物医药。重点开发耐盐碱转基因植物新品种, 开发生物药物及治疗肿瘤、心脑血管、老年病等新型高效药物, 建设中药种植GAP (good agricultural practice, 中药材生产质量管理规范)、生产过程GMP (good manufacture practice, 生产质量管理规范) 标准化体系。发展L-乳酸、聚乳酸生产。加快海洋生物医药、海洋功能食品、海洋化工、海洋工程材料、环保技术及装备、海水综合利用等领域的研究开发和成果转化, 开发一批具有自主知识产权的核心产品, 培育一批海洋高技术产业群。

六、深海资源开发产业

以深海、深海海底为资源环境的资源开发利用, 主要有深海海水勘探、海

底勘探、深海生物获取、深海岩层勘探、岩层下海底资源探测、开发，深海探测作业设备研发、测试、使用，对深海海底火山、地壳、生物、地热、矿物的勘探、开发、利用。

深海资源开发属于国家资源战略范畴，与国家安全息息相关，涉及国家的政治、经济权益。山东省是我国沿海大省和海洋科技强省，但黄河三角洲经济区深海资源开发工作尚处于筹备起步阶段，目前只是做一些服务性工作，如科学研究、深海勘探设备研制、后勤服务等。2010年国家深海基地落户青岛即墨，为山东省和黄河三角洲经济区深海资源开发及产业化发展创造了良好机遇并发挥了引领作用。项目建成后不仅为深潜器及其工作母船提供地面保障，还将是面向全国深海科学研究、海洋资源调查、深海装备研发和试验、海洋新兴产业服务的多功能、全面开放的国家级公共服务平台，从而极大增强我国深海资源开发能力。

作为我国海洋经济大省和海洋科技强省，山东省应积极参与国家深海战略性资源的开发。黄河三角洲区域内各城市参与国家深海资源开发战略的模式主要包括科研参与、产业链参与和基地配套参与三个方面。首先，以全国深海战略需求为导向，充分发挥既有海洋科研力量优势，组织前沿技术研究开发，在深海油气及矿产开发装备、深远海环境监测设备、海洋信息服务等领域超前部署，形成一批代表全国先进水平的技术和产品，为国家深海资源开发事业做好战略技术储备。其次，根据区域内海洋经济发展基础及海洋科研力量领域配置现状，从已形成较好发展基础的海洋仪器仪表、海洋科考、海洋高端装备制造、港口与海上运输等领域着手向深海资源开发产业相关环节延伸，做大做强深海探测技术与设备研发制造、大型海上平台设计制造、大型海洋船舶制造等产业，为国家深海资源开发战略的实施做好产业链组接工作。另外，要充分运用四大港口的铁矿石和原油运输能力，东营、滨州炼油企业的原油加工能力，海洋高端装备制造能力及集聚深海资源开发科研力量的能力，打造深海资源开发的重要陆上基地，为我国和山东省深海资源开发事业奠定良好的基础。

东营市加大矿产资源开发力度，先后实施深部找矿项目7个，预测煤炭资源量61亿吨，探明4500万吨；岩盐资源量1096.79亿吨；油页岩资源量1600

亿吨，推算页岩油资源量300多亿吨；干热岩作为新型地热资源正在实施勘察，走在了全国前列。加快地热资源开发利用，探明地下热水资源量为3447亿立方米，可采资源量为560亿立方米，日允许开采量为154万立方米，是全省地热资源最丰富的地区，被命名为"中国温泉之城"。

第四节　黄河三角洲高效生态经济区四大港区发展现状

自2009年黄河三角洲高效生态经济区规划批复以来，黄河三角洲地区的发展上升为国家战略。其中临港产业布局概括为"四港、四区、一带"，即围绕着莱州港、潍坊港、东营港、滨州港四个港口搞四个开发区，在北部形成一个沿海经济发展带。《黄河三角洲高效生态经济区现代物流业发展规划》进一步明确了"两中心、一带、两翼"的物流业发展布局，重点依托东营、滨州、潍坊、莱州四个港口，建设环渤海湾物流产业发展带。四大港区发展对于黄河三角洲高效经济区建设具有重大意义。港口与城市经济是一种双生共存的关系，随着临港产业的规模发展，"城以港兴，港城联动"的发展趋势越来越明显。四大港区发展实现了区域发展由"背海发展"到"面海发展"的战略转移。

一、黄河三角洲四大港区的发展条件

根据黄河三角洲高效生态经济区规划要求，东营临港产业区将建设石油化工基地、能源储备基地，建成环渤海经济圈重要的物流节点、鲁北及晋冀区域性物流中心和重要物资集散地；滨州临港产业区将着力打造先进制造业、绿色化工、资源综合利用、现代物流、农产品加工五大产业集群，建成黄河三角洲高效生态经济建设的先导区，环渤海区域性物流中心，重要的蓝色经济集聚区，生态和谐的宜居新城；潍坊北部临港产业区建成海洋循环经济试验区，特色海洋产业集聚区，蓝黄战略融合发展示范区，生态宜居滨海新城；莱州临港产业区建成黄河三角洲高效生态经济区的先行区，烟台西部重要的经济增长极。

(一)区位优势明显

东营港区地处环渤海湾港口布局的适中位置，距天津港90海里，距大连港122海里，是东北经济区与华北、中原经济区交通通道的中心控制点。东营港和东营港经济开发区水上交通十分方便，出渤海湾与国内外各港口相通。陆路交通非常发达，与首都北京、省会济南和天津、青岛等重要港口城市都有高等级公路连接。

滨州港地处渤海经济圈和黄河经济带的交汇处，是山东省西北部的主要出海口。目前荣乌、济青高速公路构成了北海经济开发区与北京、天津、威海的直接联系，并以此为基点辐射全国主要城市。疏港公路、新海路及省道线等干线公路构成了北海经济开发区与滨州市区、周边县市的便捷联系通道。黄大铁路、德龙烟铁路的规划建设，将与朔黄铁路、胶济铁路、京沪铁路相互连接，联系沿海港口，拓展内陆腹地，为开发区提供便利的铁路运输条件。航空客运依托济南、天津机场，车程均在1.5小时以内，货运则依托滨州、东营机场，实现与全国主要城市的物流对接。

莱州港产区地处渤海东南岸，与辽东半岛、天津滨海新区隔海相望，是青岛、烟台、潍坊三市的枢纽地带，连接黄河三角洲高效生态经济区、山东半岛蓝色经济区和胶东半岛高端产业聚集区三大板块的重要接合部，大莱龙铁路、威乌高速贯通全境，原206国道、三城线、文三线等国、省主干道四通八达，距烟台、潍坊和青岛机场均在100千米左右，发展临港产业的条件得天独厚。

潍坊港区地处山东半岛中部，山东省东西沿海经济带的中心区域，是山东省重要的区域中心城市和沿海开放城市。潍坊港位于潍坊市北部沿海，西临淄博、东营，东连青岛、烟台，港口后方集疏运体系畅通，区位条件优越。

(二)自然资源富集

东营港区内全部为国有未利用土地，是我国东部沿海地区后备土地资源最多、开发潜力最大的地区之一。土地成方连片，没有耕地，不涉及"三农"，适宜发展各类临港产业，特别是生态化工产业、现代物流业。该区是环渤海地区淡水资源十分丰富的地区，黄河在东营入海，流路稳定，多年平均径流量

228亿立方米，保持了十年不断流。蓄水能力1720万立方米的孤东水库和蓄水能力达1亿立方米的孤北水库，可以支撑大规模开发建设需要。

滨州临港产业区位于山东省最北岸，渤海湾西南岸，规划总面积1500平方千米，人口4.6万，是全国沿海人均土地最多的地区之一，也是国内沿海后备土地资源最为丰富的地区之一。北海经济开发区地广人稀，以滩涂、盐碱地、盐场为主，地势平坦，工程条件相对较好，拥有大规模开发建设的土地资源；其西北部是滨州贝壳堤岛与湿地国家级自然保护区，生态环境优越，区域自然条件较好。

潍坊港区各类资源丰富，尤其是旅游资源独特。作为潍坊市面向渤海湾南岸的重要发展地区，潍坊滨海因其滩涂资源、盐田资源的先天优势，未来发展过程中具有较大的功能拓展空间。相比潍坊市其他市辖区、开发区而言，潍坊滨海的用地资源足以承担起全市海洋经济发展主战场的历史使命。潍坊滨海的海洋浅滩资源可以说是地区的稀缺旅游资源。区域内比例降为3000∶1的滩涂资源，加上已经建成的沿海防护堤，形成了几十平方千米的、具备了防潮防浪功能的水上活动区域。

莱州港区海岸线长108千米，海域面积3900公顷；未利用土地30多万亩，是蓝色经济区九大集中集约用海片区之一。已探明矿产资源30多种，其中，已探明黄金储量800吨，居全国第一位，菱镁石储量居全国第二位；陆地、海上都具备建设风电的条件，风电规模位居全省首位；自然景观独特，文化底蕴深厚，是重要的滨海旅游度假胜地，建设临港产业区具有持续的资源保障能力。

(三)产业基础雄厚

四大港区具有广阔的经济腹地优势。四大港区直接经济腹地为山东东营、淄博、滨州、德州和潍坊等地市，间接经济腹地包括济南、泰安和聊城，并可辐射冀南、晋中等地区。四大港区其腹地煤炭、矿产资源十分丰富。黄河三角洲区域内经济发展相对落后，但由于第一产业及第二产业中采掘业、冶金和石油化工等重化工业所占比重较高，为港口经济的发展带来了极大的潜力。近年来，黄河三角洲区域固定资产投资高速增长，这也为四大港口经济长期增长打下了基础。

东营港区所在东营市是山东省省辖市，下辖三县两区，全市土地面积8053平方千米，人口180万。东营港经济开发区经过多年发展，该区域已经形成了石油化工、盐化工、纺织业、机械电子产业、轮胎产业、造纸工业、食品工业等优势产业，尤其是石化产业得到迅猛发展。东营港后备陆域广阔，可以充分发挥临海优势，向内陆腹地辐射，逐步形成以港口为核心的临港产业和替代产业。

滨州港区主导产业优势明显。已经形成了优势比较突出的航空航天、电子信息、石油开采及加工、海洋化工、现代冶金、汽车及装备制造、食品加工和生物制药等八大主导产业，具备了比较雄厚的产业基础，形成了高新技术产业群。这些产业科技含量高，产业链长，辐射功能强。

潍坊港区产业体系较为完备。在山东海化等大型企业的带动下，潍坊滨海的工业部门已建立了较为完整的循环经济体系，具有良好的盐化、石化工业基础，在国内乃至世界范围内具备一定的竞争优势。同时产业体系未来升级条件日趋成熟已具备石化盐化一体化的条件。

莱州港区所在莱州市产业基础良好。经过多年的培育和发展，形成了一批特色突出、竞争力较强的支柱产业，机电、黄金、盐及盐化工等主导产业的优势地位进一步巩固，高新技术产业和循环经济发展步伐加快。2011年，区内地区生产总值达到320亿元，规模以上工业总产值达到850亿元，生物产业、装备制造、新能源等战略新兴产业产值占50%以上。现代物流已经成为新的主导产业，初步形成了临港物流和加工制造业相互促进的发展格局，滨海旅游呈现加速发展态势。出口总额达到6.6亿美元，实际使用外资6200万美元，引进市外国内资金38亿元，是开放合作的高地，建设临港产业区具有坚实的基础。

(四)承载能力较强

东营港区自然环境承载力较强。港区多年平均径流量228亿立方米，港区一次性蓄水能力达1.17亿立方米。港区电力供应充足。生态产业区、仓储物流区、中央商务区"三大片区"配套建设进展顺利，重点完善了道路、绿化、水系、供电、消防、给排水、污水处理等设施。

滨州形成以科技创新、研发办公、商务金融、会议接待等功能为主，是设施配套完善的创新型研发服务中心。新城建设因地制宜，个性特色鲜明，营造富有冲击力和感染力的城市景观，充分体现独具特色的地方文化和生活特征，构筑资源节约、环境友好、宜业宜居、和谐共生的生态居住区。

潍坊港区城市综合服务区初步形成以中央商务区为中心，采取倒丁字形、中心积聚的空间布局模式，形成向周边产业组团和生活组团指状辐射的形态。城市综合服务区由中央商务服务、高效总部商务、会展文化服务和中央商务拓展四部分构成。初步构建了"工"字形格局的生态安全网络，形成"三带、四核、八廊、水网"的生态安全格局。

莱州港区生态环境承载力较强。水动力条件较好，自净能力较强，近岸海域功能区水质达标率为100%，生态修复和环境治理取得显著成效，是黄河三角洲区域生态保护较好的区域之一。近岸海域生态环境质量总体良好，能够为临港产业区建设提供有力的支撑。

二、临港产业集聚园区建设

临港产业加快集聚，后发优势凸显。在黄河三角洲高效生态经济区建设中，东营、滨州、潍坊和烟台莱州四个临港产业区充分发挥各自优势，加快发展，在山东转方式、调结构中发挥了重要作用。山东省对四大临港产业区进行整体规划，由山东省发展改革委出台的《黄河三角洲高效生态经济区四大临港产业区发展规划》，进一步明确了临港产业区的具体范围和发展重点，这将有利于各临港产业区协同推进、争创区域发展新优势，形成山东经济发展的新亮点。

目前，四大港口产业正在形成初步集聚，如表4-4所示：东营临港产业区建设石油化工基地、能源储备基地，建成环渤海经济圈重要的物流节点、鲁北及晋冀区域性物流中心和重要物资集散地；滨州临港产业区着力打造先进制造业、绿色化工、资源综合利用、现代物流、农产品加工五大产业集群，建成黄河三角洲高效生态经济建设的先导区，环渤海区域性物流中心，重要的蓝色经济集聚区，生态和谐的宜居新城；潍坊北部临港产业区建设海洋循环经济试验区、特色海洋产业集聚区、蓝黄战略融合发展示范区、生态宜居滨海新城；莱州临港产业区建设黄河三角洲高效生态经济区的先行区，成为烟台西部重要的经济增长极。

表4-4　黄河三角洲四大临港产业区发展情况

产业区名称	位　置	面积/平方千米	临港产业区发展重点
东营临港产业区	东营港经济开发区	232	建设石油化工基地、能源储备基地，建成环渤海经济圈重要的物流节点、鲁北及晋冀区域性物流中心和重要物资集散地
滨州临港产业区	北海经济开发区	526	建设国家级循环经济示范区，环渤海地区物流中心和油盐化工、船舶制造、清洁能源、生物制药等产业聚集区
潍坊北部临港产业区	潍坊滨海经济技术开发区	677	依托潍坊滨海经济开发区，打造船舶发动机和汽车制造、科技兴贸创新和全国最大的海洋化工基地，建成国家级循环经济示范区
莱州临港产业区	包括三山岛等9个镇的沿海区域	350	发展现代物流业，建成电力、冶金、精细化工、机械制造、滨海旅游、生物育种等产业聚集区

园区承载能力不断增强，引领带动作用显现。截至2013年，四大临港产业区进驻企业1206家，总产值达到3000亿元，占黄河三角洲地区生产总值的71%。依托30家省级以上经济（技术）开发区，积极推行园中园和一区多园模式，形成了主营收入过50亿元的各类特色园区23家。东营、潍坊、邹平等3个开发区升级为国家级经济技术开发区。

东营港坚持优化调整产业结构，努力打造特色产业园区。东营港经济开发区，大力发展临港经济，打造现代生态化工基地和国际物流港。投资930亿元实施了一批重大项目，形成了突破崛起之势。积极发展县域经济，制定出台了推进县域科学发展、支持利津加快发展等政策，推进各县区协调发展跨越发展。2012年各县区经济增幅都在16.9%以上，广饶县在全国百强县中居第57位。2013年所有县区公共财政预算收入基本都达到10亿元以上。河口区在抓好已有企业增资扩规的同时，大力实施产业招商，借助外力加快发展，华锐集团、海螺集团、江西正邦、新加坡澳亚集团、印尼佳发集团等国内外行业巨头纷纷落户，绿色生态化工、高端装备制造、高效生态农业、战略性新兴产业等主导产业初具规模，产业配套和集聚发展能力明显增强。

重点工程有序推进，建设进程骤然加快。1500万吨中海油原油上岸、8个业主码头开工、5个生态工业园和3个临港物流园启动，在腹地扩大、基础设施统筹和社会管理职能转移三大利好的推动下，轻装上阵的东营港开发区，建设进程骤然加快。而港区一体化后的河口区，也正在进入加速发展。成立不久的蓝色经济开发区，只用四个半月就完成了一年的基础设施建设任务，7个10亿元以上的产业项目已经全面开工。

莱州港着力建设黄河三角洲坚强桥头堡和出色排头兵。莱州港区位优势也促进了临港产业的发展，临港仓储、物流、加工"三箭齐发"。园区内已建成各类油化品仓储设施170万立方米，园区将陆续加快推进华大油品仓储二期、国家粮食储备库、耀铸进口铁矿石集散中心等项目。按照以油品、液体化工品及矿产品为主的定位，在港口附近的莱州工业园内，规划有17.5平方千米的临港工业区和2平方千米的临港物流园区，目前包括香港华大控股、大通石油等10家油化品仓储企业已进驻在内。目前，园区已经形成了以临港产业、黄金开采及深加工、玉米育种、水产育苗及养殖为主导的产业格局。

园区承载功能不断完善，现代物流业快速崛起。莱州临港物流园区跻身全省服务业重点园区，成为黄河三角洲地区唯一省级物流园区。企业集群效应逐步显现，新加坡德力西等19家国内外大企业入驻园区。一批重大项目顺利实施，总投资14亿元的莱州至昌邑输油管道项目目前全部竣工投运，新增仓储能力100万吨。

潍坊港狠抓重点园区开发，以招商促发展。产业园区建设稳步推进。昌邑潍坊滨海产业园区建设稳步进行，与此遥相呼应的是昌邑滨海（下营）经济开发区建设加速推进。昌邑市按照潍坊滨海开发"一体两翼"的总体战略布局，举全市之力突破昌邑潍坊滨海产业园建设和昌邑滨海开发。重点园区加快开发。"一区一园"发展规划上报省政府待批。滨海区"一城四园"完成规模以上固定资产投资205亿元，总配套面积达到160平方千米。高新区"63513"示范工程顺利推进，10个特色产业园区形成规模，新兴高端产业占比达到66%。综合保税区二期围网具备条件，服务功能进一步显现，寿光（羊口）、昌邑（下营）两个开发区建设加快推进。

三、临港产业园区产业发展方向

(一)突破临港加工业

东营港区围绕装备制造产业和生态化工业，临港装备制造产业重点发展海上钻井平台、化工专业船舶、石油化工机械装备、新能源机械装备等制造业。按照绿色、低碳、循环发展理念，重点发展石油化工、盐化工、生物化工相结合的生态化工产业，打造环渤海地区重要的生态化工产业聚集区。

滨州港区依托原盐生产基地重点发展盐化工，适度发展石油化工，高效率地利用产业链上的资源，带动整个产业链的发展。以石油天然气下游产品开发、延长产业链条为目标，建设精细化工产业园；依托现有工业企业，通过引进、扩建，启动一批医药、建材、机械制造和农副产品加工等生产企业；重点发展精细化工产业链，建设下游深加工、高附加值的高端石化产品生产基地和有色金属合金材料。

潍坊港区化学工业已经具备较好的发展基础，近期应在推进石化盐化一体化的过程中，重点培育精细化工，为未来生物医药、新材料等高端、高新产业的全面发展打下坚实基础。依托土地、卤水等资源优势，加快中海油海化集团、海王化工、新和成药业、国邦药业、联兴碳素、润丰化工、山东潍坊龙威等骨干企业发展，建成"两化"融合特征明显，产品技术和工艺装备世界先进的全国最大生态海洋化工产品基地。进一步调整油品与化工原料的结构，走"盐化石化一体化"和"油头化尾"的路子，重点发展精细油品、精细石油化学品和石油焦、重浇沥青等特色产品。

莱州港区按照创新驱动、集聚发展的要求，以重点园区和骨干企业为主体，以汽车及飞机零部件、专用设备制造和海洋装备制造为重点，着力打造一批规模大和带动能力强的优势产业集群，培育一批拥有自主品牌和较强自主创新能力的龙头企业，开发一批具有较高技术水平和市场竞争力的拳头产品，打造产业高端、产品高端、技术高端的现代制造业基地。

(二)做大做强战略性新兴产业

东营港区主要发展新能源、新材料、海洋生物、生态技术等国家战略性新兴产业。积极推进天然气替代煤改造项目和清洁油品生产项目，对外提供清洁能源。研究开发地热、浅海风能、潮汐等新能源，搞好废弃余热综合利用。进一步改造和完善电力设施，建设与电源输送相适应、能提供充足电能和优质服务的现代化电网。

滨州港区着力发展海水综合利用和高新技术产业。海水综合利用重点发展海水淡化、海水直接利用、海水淡化技术和装备制造、海水化学资源综合利用等优势领域。通过扩大海水利用的规模，带动海水利用装备制造业，最终形成海水利用、设备制造、技术创新、产业发展相互促进的良性发展模式。高新技术产业重点发展电子产业、轻工业加工业、新型材料产业和能源产业，使其成为科技创新和产业化发展的重要基地，在区域经济发展中发挥辐射和带动作用。

潍坊港区突出发展装备制造业和新能源产业。装备制造业一方面借助潍柴集团的产业基础，重点发展柴油机制造，作为远期发展工程机械、船舶制造的关键环节；另一方面在国家"十三五"高新产业发展方针的指导下，借助黄河三角洲高效生态经济区的政策嵌入优势，引入新能源汽车、新能源装备等功能，作为产业体系升级转型的主要功能。新能源产业一方面要有效利用风力资源，合理开发风电产业，发展新能源供应功能；另一方面依靠先进制造业的产业基础，发展新能源装备制造功能，在服务本地新能源供应业的基础上，实现产品及服务对外输出与辐射。

莱州港区突出成长性强的龙头企业。要抓住国家大力培育和发展战略性新兴产业的重大机遇，立足优势领域，以重大建设项目为载体，以生物育种、新材料、新能源、节能环保等为重点，开发一批具有自主知识产权的核心产品，延伸产业链条，培育一批高成长性企业，建设全国重要的生物育种研发中心与生产基地、节能环保和清洁能源、新材料生产基地。

第五章　海洋战略性新兴产业发展评价模型及指标体系构建

第一节　产业发展状况评价理论及模型

由于海洋产业评价涉及众多指标，同时鉴于我国海洋统计工作的特殊性和统计口径的非一致性，考虑到海洋统计数据的可得性、可靠性和完备性，本书采用定性与定量相结合的方法，构建海洋产业评价体系。笔者从海洋产业发展的经济绩效、社会绩效和生态绩效三个维度研究海洋战略性新兴产业发展的绩效，把海洋战略性新兴产业对社会就业、科技研发投入、人才等贡献纳入对海洋战略性新兴产业绩效测评的指标体系中研究，同时也把海洋资源利用和海洋污染纳入对海洋产业绩效测评的指标体系中进行研究，构建海洋战略性新兴产业综合绩效科学的评价指标体系，从而为测度和比较不同海洋战略性新兴产业对地方区域的影响提供依据。

一、产业发展绩效及评价

(一)发展绩效

绩效一般来说反映了人们从事一定活动取得的成果或成绩，也可称为效绩、成效、业绩。用在经济管理活动方面，是指社会经济管理活动的结果和成效；用在人力资源管理方面，是指主体行为或者结果中的投入产出比；用在公共部门中来衡量政府活动的效果，则是一个包含多元目标在内的概念。对绩效的界定，主要有两种观点，一种倾向于结果和产出，另一种倾向于行为和过程。前一种观点，伯纳丁和比蒂认为绩效是在特定时间范围内，对于特定活动、行为的结果或生产的成果；后一种观点，一些学者则认为，绩效应该是活动或行为中所表现出来的诸如工作能力、协作意识一系列行为特征。坎贝尔认为绩效应是与组织目标有关的行动或行为，而不是行为后果或结果，能够用个人的熟练程度来测量。前者是以结果为导向，一般容易测量，后者是以行为为导向，此种情况下绩效的测量就比较困难，因此本书对绩效进行评价并没采纳此种定义，而是采取了行为结果作为绩效的一部分，并结合生产中的投入因素来进行绩效评价。产业发展绩效是指某一产业在既定的市场结构下表现在成本、产量、利润、产品质量及技术进步等方面的状态，可以从某一产业的发展是否增加了社会的经济福利、是否能满足消费者的需求等方面来衡量，影响产业绩效的结构性因素主要包括：行业的增长、行业集中度、行业的进入壁垒、多元化、地域差异、战略集团、行业风险等。

产业发展绩效受到很多因素的影响，不同产业的自身特点使得产业结构、企业行为及产权结构等各种因素在影响产业绩效的过程中发挥的作用不同。因此，对于各个产业，对产业绩效进行评价所采用的指标也不同。目前对产业发展绩效的研究还是以经济绩效研究为主，重量轻质，重产出，轻投入，这显然是不合理的。近些年对生态经济的研究日益增多，对产业绩效的理解也应该随之加深，产业发展的投入及对环境的影响应该包含其中。

(二)绩效评价

绩效评价就是采用科学的方法，运用特定的指标和准则，对生产经营活动过程及其结果做出价值判断，以根据评价结果对生产活动做出改进。简单地可以理解为比较投入产出，力求用尽可能小的所费去获得尽可能大的所得。绩效评价既是一种确定目标状态的方法，又是改进目标绩效不可缺少的途径：通过对行业内的个体绩效进行评价，能够明确所评价个体在行业内所处的位置及其与竞争对手的差距，为决策者制定整体战略提供有用的依据；对行业整体绩效进行评价，通过比较某行业现在与过去、现在与未来的状况，能够明确行业整体状态以及其未来的发展趋势。本书的绩效评价是通过对各海洋战略性新兴产业绩效的评价，比较构成海洋战略性新兴产业总体的各海洋产业发展的总体状况，所处的位置及各海洋产业的差异，为地区海洋战略性新兴产业的下一步改进提供依据。对海洋产业综合绩效进行评价，将绩效评价定义为对海洋战略性新兴产业活动的绩效进行一系列科学测量与评定，具体指的是评价海洋产业的总体绩效，也就是对海洋产业的经济、社会、生态效率做一个综合的评价。

二、产业发展状况评价模型

美国运筹学家T.L.Saaty教授于20世纪70年代提出了层次分析法，它是将定量和定性分析相结合的一种系统分析方法。层次分析法将一个复杂的多目标决策问题看作一个系统，把一个复杂的问题分解成各个组成因素，并将这些因素按支配关系分解为多指标的若干层次，通过两两比较判断确定每一层次各组成因素的相对重要性，通过定性指标模糊量化方法算出层次单排序（权数），然后得到影响因素对于目标的重要性的总排序。层次分析法是一种多准则的决策方法，既能处理定量元素，也能处理定性元素。它体现了分解、判断、综合这一人们决策思维的基本特征，比较实用，具备逻辑性、系统性、简洁性等优点，其中最重要的优点是简单明了。AHP方法的基本原理是：首先根据所要分析的问题建立一个描述系统状况的层次结构，这一层次结构必须是递阶且内部独立的；然后构造判断矩阵对每一层次组成要素进行两两重要性的比较，并根据比较结果计算每一层各要素的权重；最后根据重要性总排序，按最大权重原则确定最优方案。具体分析步骤如下：

(一)建立层次结构模型

根据具体问题选定影响因素，找出有隶属关系的要素，将这些影响因素按隶属关系组合分层，由此建立层次结构模型，但要保证各层组成要素间的相对独立性。层次结构目标层、准则层、子准则层、方案层，具体划分应依情况而定（见图5-1）。

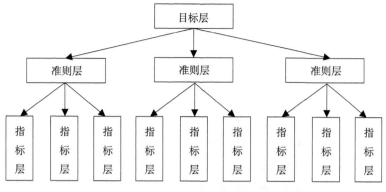

图5-1 层次结构模型

(二)构造判断矩阵

这是层次分析法的一个关键步骤,建立递阶层次结构以后,元素的并列、从属关系就明确了。从层次结构模型第二层开始,对其所支配的下层元素进行两两比较,构造各层因素对上一层每个因素的比较判断矩阵。设某一层次A有B_1,B_2,B_3,…,B_n个构成要素,这些要素之间应该是相互独立的,构造判断矩阵的目的是比较这些构成因素对层次A的影响程度,亦即重要性,也就是计算这些指标在上一层中的比重,对这些构成因素进行影响程度排序。为避免单个专家判断的片面性,应邀请多位专家对层次结构模型进行矩阵判断。每位专家要对每一层次的构成因素进行矩阵判断,两两比较其重要性,做出如表5-1的两两比较判断矩阵。其中,a_{ij}表示指标b_i比b_j对元素A相对重要程度的数值。

表5-1 比较判断矩阵

A	B_1	B_2	…	B_i	…	B_n
B_1	a_{12}	a_{13}	…	a_{1i}	…	a_{1n}
B_2	a_{21}	a_{22}	…	a_{2i}	…	a_{2n}
…	…	…	…	…	…	…
B_i	a_{i1}	a_{i2}	…	a_{ii}	…	a_{in}
…	…	…	…	…	…	…
B_n	a_{n1}	a_{n2}	…	a_{ni}	…	a_{nn}

专家对指标体系各层次做两两判断矩阵进行打分时采用1~9比率标度法（见表5-2）。

表5-2　标度及含义

标度	含义
1	两个指标相比，两者同样重要
3	两个指标相比，前者比后者稍微重要
5	两个指标相比，前者比后者明显重要
7	两个指标相比，前者比后者强烈重要
9	两个指标相比，前者比后者极端重要
2，4，6，8	上述两个相邻判断之中值，重要性是判断之间的过渡
倒数	如果第 i 个指标与第 j 个指标比较得到 b_{ij}，那么第 j 个指标与第 i 个指标比较则得到第 $1/b_{ij}$

（三）层次排序

层次排序分为层次单排序和层次总排序。层次单排序的目的是对某一层次各元素的重要性排序。本书利用方根法计算单个因素的重要程度，计算公式为：

$$w_i = \sqrt[n]{\prod_{j=1}^{n} a_{ij}} \, (i=1,2,3,\cdots n) \tag{5-1}$$

归一化的权重系数公式：

$$W_i = w_i / \sum_{i=1}^{n} w_i (i=1,2,3,\cdots n) \tag{5-2}$$

显然 W_i 满足 $\sum_{i=1}^{n} W_i = 1$

得出各层次间各项要素权重：$W = (W_1, W_2, \cdots W_n)^T$

计算矩阵的最大特征值：$\lambda_{max} = \dfrac{1}{n} \sum_{i=1}^{n} \dfrac{(AW)_i}{W_i}$

考虑到一个专家打分的片面性，可邀请多位专家对层次结构模型做矩阵判断，分别计算每一位专家矩阵判断下的各指标权重，最后取所有专家矩阵判断下权重的算术平均值或几何平均值，再归一化，就可以得到各指标的权重。利用所有层次单排序的结果，就可以计算出层次总排序，这里所说的层次总排序，主要指针对决策目标的权重排序。

(四)判断矩阵的一致性检验

由于被比较对象的复杂性和决策者主观判断的模糊性，出现不一致的情况也是正常的。当判断矩阵的阶数大于2时，构造的判断矩阵往往会出现不一致性问题。但判断矩阵的不一致性应有一个度，要在合理的范围内，如果出现第一个构成因素比第二个因素重要，第二个因素比第三个因素重要，第三个因素又比第一个因素重要的情况，就明显不符合常理，那么判断矩阵就没有什么意义。所以要鉴别判断矩阵是否可以接受，即应对判断矩阵进行一致性检验。

第二节　海洋战略性新兴产业发展评价指标体系选取原则

一、目的性和系统性原则

目的性是出发点，任何指标体系的设计，都是为了一定目的、一定需要服务的。没有明确的目的把握，就难以设计出有效的指标体系。例如，海洋经济发展水平指标体系的设计是为给决策者和公众提供一个了解和认识海洋经济发展进程的有效信息工具，因此整个指标体系就应很好地体现海洋经济发展水平的内涵和宗旨，紧紧把握海洋经济发展水平评估原则，按此思路设计的海洋经济发展水平综合评价指标体系才能真正体现其目的性。

系统性是指指标体系内的各指标之间要有一定的逻辑关系，而不是杂乱无章地罗列。海洋经济系统是一个开放的涉及若干要素的复杂的系统，系统整体性较强，因此评价指标体系的设计应充分体现这一特性，全面反映海洋经济可持续发展的各个方面。在进行海洋产业绩效评价时，应将海洋产业作为一个大系统，综合分析影响产业绩效的各因素，将这些因素按隶属关系分类到不同的子系统中去，在分析影响因素的基础上建立综合绩效评价指标体系。

二、科学性和整体性原则

海洋经济发展评价的指标体系，从每一个指标计算内容，到计算方法，都必须科学、合理、准确。指标体系一定要建立在对系统充分认识和研究的科学基础上，要能比较客观和真实地反映经济发展状况，并能较好地量度海洋经济建设水平。同时，指标体系的设计应满足整体性和系统性原则，指标不管层次多少，各指标之间和各层指标组之间，都应具有内在联系，共同形成一个有机系统。指标体系是对海洋经济发展质量的总体描述和抽象概括，要求所选择的各个指标能够作为一个有机整体，在其相互配合中比较全面、科学、准确地反映和描述海洋经济发展的状况和特征。

三、代表性和独立性原则

指标并不是选取得越多越好，太多重复的指标会相互干扰，能较好地反映研究对象某方面特性的具有代表性的指标是妥当的，这种指标应包含明显的差异性，即不同指标具备可比性。同时，所选择的各个指标应相对独立、内涵清晰，同一层次的指标间不应存在交叉及相互关联或存在因果关系，每个指标须具有独立性，互补重叠、互补取代，尽量避免信息上的重复。

四、可操作性原则

海洋产业综合绩效评价的指标体系设计应保证指标应该是容易量化的，数据是可获得的，而且数据应翔实、可靠；指标设计力求以尽可能少的可以量化的指标来反映海洋产业的综合绩效；数据的处理方法要科学简化。可操作性不强的指标体系在处理起来会比较困难。指标在数量上要少而精，在实际应用过程中要方便、简洁，尽可能选择计算简单、易于获得、有统计资料可查即有稳定数据来源的指标；指标应可行，符合客观实际水平，易于操作、具有可测性，以减少主观臆断的误差。总之，评价指标含义需明确，收集资料应简便易行，获取的数据要口径一致且具有规范性。

第三节　海洋战略性新兴产业发展评价指标体系

一、指标的选择

海洋经济发展水平的评估不仅体现在海洋产业发展的成果上，更突出表现在科技进步水平，环境保护，资源合理开发与利用及对沿海省份社会发展的推动作用方面。因此，本书选取了此三个角度作为指标体系的大框架，依据指标体系建立的原则结合海洋经济发展水平的数据特征和可得性遴选、构建表征指标，建立了一套能够反映海洋战略性新兴产业发展水平的综合评估指标体系（如表5-3所示）。该体系分为三个层次：第一层为一级指标A，包括海洋资源环境状况（A1）、海洋产业经济发展水平（A2）及沿海地区社会发展水平（A3）；第二层为二级指标B，包括海洋资源利用状况（B1）、海洋环境污染与治理状况（B2）、海洋经济发展规模（B3）、海洋经济发展质量（B4）、沿海地区人口与生活质量（B5）、科技发展水平（B6）与海洋综合管理能力（B7）；第三层为三级指标C，经过再次甄别经咨询数位经济专家意见和初步计算的权重做二次筛选，最终确定28项三级指标（C1~C28）（见表5-3）。

表5-3　海洋战略性新兴产业发展水平的综合评估指标体系

一级指标A	二级指标B	三级指标C
海洋资源环境状况（A1）	海洋资源利用状况（B1）	海水养殖面积（C1）
		海盐生产能力（C2）
		海洋原油产量（C3）
		海洋天然气产量（C4）
		海洋矿业产量（C5）
		海洋化工产品产量（C6）
	海洋环境污染与治理状况（B2）	沿海地区工业废水排放总量（C7）
		沿海地区工业固体废物产生量（C8）
		海水水质测评（C9）
		海洋类型自然保护区面积比重（C10）

一级指标A	二级指标B	三级指标C
海洋产业经济发展水平（A2）	海洋经济发展规模（B3）	海洋产业总产值增长率（C11）
		海洋产业总产值占地区总产值的比重（C12）
		海洋生产总值占全国海洋生产总值的比重（C13）
		港口货物吞吐量（C14）
	海洋经济发展质量（B4）	海洋第二产业产值比重（C15）
		海洋第三产业产值比重（C16）
		人均海洋产业产值（C17）
		涉海就业人员比重（C18）
沿海地区社会发展水平（A3）	沿海地区人口与生活质量（B5）	沿海人口密度（C19）
		城镇化水平（C20）
		沿海地区人均可支配收入（C21）
	科技发展水平（B6）	海洋科研机构数量（C22）
		海洋专业数量（C23）
		技术人员人均课题数（C24）
		海洋科研机构拥有发明专利总数（C25）
	海洋综合管理能力（B7）	海域使用金（C26）
		滨海观测台（C27）
		确权海域面积比重（C28）

二、指标体系的释义及测算模型

下面就选定的评价海洋战略性新兴产业发展水平的28项基础指标加以解释，并对需要经过计算得出的指标计算公式做出说明。

（一）海洋资源环境状况（A1）

反映海洋资源环境状况的是海洋资源利用状况（B1）和海洋环境污染与治理状况（B2），包括9个三级指标，均从不同角度诠释和表征其利用和发展水平。海洋资源发展水平是海洋经济健康、持续发展的基本要素，其对区域海洋经济的发展起基础性支撑作用，反映某一沿海区域范围内海洋资源的数量和质量水平。该部分包括海水养殖面积（C1）、海盐生产能力（C2）、海洋原油产量（C3）和海洋天然气产量（C4）、海洋矿业产量（C5）、海洋化工产品产量（C6）6个指标。这些指标表示海洋资源的开发利用总量状况，反映海洋资源的利用质量和效率水平。海洋环境保护治理水平包括海洋环境污染状况和反映对污染的处理状况两方面。生态环境污染程度的高低是海洋经济增长质量高低的一个重要标志，海洋环境污染因素的指标，主要反映对海洋经济高效、可持续发展的压力，是制约海洋经济发展的负向指标。沿海地区的工业和生活污水将大量污染物携带入海，给近岸海域尤其是排污口邻近海域环境造成巨大压力，同时陆域与海域相连，陆源污染物对海洋环境的影响严重。因此本书选取了沿海地区工业废水排放总量（C7）和沿海地区工业固体废物产生量（C8）作为衡量海洋污染状况的指标。海洋环境保护水平包括海水水质测评（C9）和海洋类型自然保护区面积比重（C10）2项指标，它们反映环境污染控制能力与控制成效。环保投入越大，沿海地区的环境控制和自净能力越强，海洋环境就越好，海洋保护区可以维护海洋基本生态过程，保护海洋生物多样性，说明海洋资源的恢复能力和海洋环境保护现状，用其比率反映海洋类型保护区变化情况。

（二）海洋战略性新兴产业经济发展水平（A2）

本指标包括8项指标，分别从经济发展的规模（B3）和发展质量（B4）角度诠释海洋产业经济发展状况。其中，海洋产业总产值增长率（C11）反映海洋经济增长的速度和发展水平，是体现经济增长稳定性的最优指标，计算方法为按可比价格计算报告期海洋生产总值减去基期海洋生产总值的增量，再除以基期海洋生产总值，其计算公式为：

$$海洋产业总产值增长率 = \frac{(报告期海洋生产总值 - 基期海洋生产总值)}{基期海洋生产总值} \times 100\% \qquad (5\text{-}3)$$

海洋产业总产值占地区总产值的比重（C12）表示地区生产总值几成来自海洋，体现了海洋经济对国民经济的贡献，计算公式为：

$$海洋产业总产值占地区总产值的比重 = \frac{海洋生产总值}{地区GDP} \times 100\% \qquad (5\text{-}4)$$

海洋生产总值占全国海洋生产总值的比重（C13）是对地区海洋经济发展水平实力的重要补充，体现了地区海洋经济发展竞争力水平，计算公式为：

$$海洋生产总值占全国海洋生产总值的比重$$
$$= \frac{地区海洋生产总值}{全国海洋生产总值} \times 100\% \tag{5-5}$$

港口货物吞吐量（C14）是衡量国家、地区、城市建设和发展的量化参考依据，该指标反映港口生产能力大小和生产经营活动成果，一般说来该指标值越大，表明港口基本设施水平越高，从而海洋产业发展能力越强。滨海旅游业的收入可以说明海洋经济发展的质量。

海洋经济结构反映海洋经济所处的发展阶段是否协调合理，也是评估海洋经济总体发展水平的重要内容。海洋第二产业产值比重（C15）是指海洋第二产业总产值占全部产业总产值的比例，是衡量海洋经济运行结构是否合理的重要评价指标。第二产业所占份额逐渐提高，说明产业结构趋于合理化。公式为：

$$海洋第二产业产值比重 = \frac{海洋第二产业总产值}{海洋产业总产值} \times 100\% \tag{5-6}$$

同理，海洋第三产业产值比重（C16）是指海洋第三产业总产值占全部产业总产值的比例，也是衡量海洋经济运行结构是否合理的重要评价指标，公式为：

$$海洋第三产业产值比重 = \frac{海洋第三产业总产值}{海洋产业总产值} \times 100\% \tag{5-7}$$

人均海洋产业产值（C17）按人口平均的海洋经济发展水平，立足于对地区海洋经济的影响，综合反映了海洋生产力的发展水平，是反映海洋宏观经济效益的一个重要指标，其计算公式为：

$$人均海洋产业产值 = \frac{海洋产业总产值}{区域年平均总人口} \tag{5-8}$$

涉海就业人员比重（C18）从吸收劳动力的角度反映了区域海洋经济的规模和在区域经济发展中的地位与贡献，反映涉海就业促进地区就业的情况，计算公式为：

$$涉海就业人员比重 = \frac{涉海就业人数}{区域就业人员总数} \times 100\% \qquad (5-9)$$

(三)沿海地区社会发展水平(A3)

该指标体系包括10项指标，从人口生活质量（B5）、科技发展水平（B6）和海洋事务综合管理能力（B7）着手，以全面反映沿海地区社会发展的水平和潜力。

海岸带生态自然环境脆弱，只能承载有限的人口压力，但城市的发展使得人口太过密集，会影响海洋经济发展的综合水平，对沿海地区未来的发展造成一定影响。用黄河三角洲沿海人口密度（C19）来描述该地区自然环境的人口压力，计算公式为：

$$沿海人口密度 = \frac{沿海城市人口总量}{海岸线长度} \qquad (5-10)$$

城镇化水平（C20）、沿海地区人均可支配收入（C21）都是衡量沿海地区人们生活质量的指标，海洋经济的发展是否改善了沿海地区人民的收入、消费和生活水平，提升了沿海地区的生活层次，可以较好地反映海洋经济发展的社会效益水平。

海洋科技对海洋经济的影响渗透到海洋经济发展系统的各个要素，并始终贯穿海洋经济发展的不同历史进程，对海洋经济的稳健、生态发展产生巨大推动作用，利用海洋科技可提高海洋环境保护效率，提升对海洋资源的利用能力。因此，海洋科技发展水平是体现海洋经济发展水平能力和潜力的重要标志。本书选取海洋科研机构数量（C22）、海洋专业技术人员数量（C23）、人均课题数（C24）和海洋科研机构拥有发明专利总数（C25）4个表征指标，它们反映了一个地区的科研实力和科技创新能力。

海洋科研工作具有资金密集性和长周期性，因此一个地区的海洋科研机构最能反映地区对海洋科技的投入水平，而只有具有较高海洋经济发展水平的地区才拥有数量较多、质量好的海洋科研机构，因此海洋科研机构可以很好地表征一个地区海洋经济发展综合水平；同时，一个质量优良的海洋科研机构需要配备精良的海洋科研团队和高质量的海洋科研人才，海洋专业技术人员越多，表示该地区海洋科研能力越强，其海洋经济发展水平就越高；海洋科技效率也是反映海洋科研能力强弱的重要指标，显而易见，一个地区的海洋科技效率高，其海洋经济发展程度就高。而大多数海洋科技投入由于海洋科技产出的相对时滞性（特别是应用研究与基础研究）并不会立即显现直接效果，基于数据的可获得性，我们用人均承担的科研课题数量表征海洋科技效率，通常来看，海洋科技活动人员人均承担的科研课题数越多，海洋科技效率越高；同时，一个地区海洋发明专利总数越多，海洋科技创新能力和水平就越高。

随着海洋资源开发程度的加深，人们的海洋事务管理水平日益提升，以改变海洋资源利用的无序和低效状态，通过相关部门和政策引导人们发展海洋经济，实现海洋资源效益价值最大化和最优利用程度。因此一个地区海洋事务管理能力越强，表明其海洋发展的综合实力越强。本书选取了海域使用金（C26）、滨海观测台（C27）和确权海域面积比重（C28）3个指标衡量海洋的管理能力。海域使用金额实现海域使用的有偿性机制，反映海域资源管理深度，滨海观测台的数目体现对海洋灾害、气象等管理投入，其中确权海域面积比重计算公式为：

$$确权海域面积比重 = \frac{累计确权海域面积}{全部海域面积} \times 100\% \tag{5-11}$$

反映了海域管理广度；以上3个指标越大，表明海洋综合管理水平越高。

第四节　数据选取及标准化

笔者根据《中国统计年鉴（2012—2015）》《中国海洋统计年鉴（2012—2015）》《山东统计年鉴（2012—2015）》《黄河三角洲6市（滨州、东营、淄博、潍坊、德州、烟台）统计年鉴（2012—2015）》数据资料，摘选出黄河三角洲海洋战略性新兴产业的具体数据，这些数据充分反映了黄河三角洲海洋战略性新兴产业在2011—2014年的发展状况（见表5-4、表5-5、表5-6、表5-7、表5-8、表5-9、表5-10）。

表5-4 黄河三角洲海洋资源环境状况原始数据(2014年)

指　标	数　据
海水养殖面积（公顷）	78355.3
海洋捕捞产量（吨）	328170.6
远洋捕捞产量（吨）	52148.9
海水养殖产量（吨）	685586.7
盐田总面积（公顷）	28698.6
海盐生产面积（公顷）	22475.3
年末海盐生产能力（万吨）	362.9
海盐产量（万吨）	330.9
海洋原油产量（万吨）	442.9
海洋天然气产量（万立方米）	1842.9
海洋矿业产量（万吨）	215.3
海洋化工产品产量（吨）	1662924
沿海地区工业废水排放总量（万吨）	25717.5
海地区工业废水直排入海量（万吨）	1329.5
工业废水处理量（万吨）	55080.8
沿海地区工业固体废物处置量（万吨）	83.1
一般工业固体废物综合利用量（万吨）	2625.7
第二类水质海域面积（平方千米）	2530
第三类水质海域面积（平方千米）	1470
第四类水质海域面积（平方千米）	650
劣于第四类水质海域面积（平方千米）	880
海洋类型自然保护区数量（个）	4
保护区面积（平方千米）	822

表5-5 黄河三角洲地区海洋产业生产总值原始数据

年度	海洋生产总值（亿元）	第一产业（亿元）	第二产业（亿元）	第三产业（亿元）	海洋生产总值占沿海地区生产总值比重（%）
2011	1213.25	72.80	600.56	539.88	17.5
2012	1366.67	77.90	668.30	620.47	18.5

续表

年度	海洋生产总值（亿元）	第一产业（亿元）	第二产业（亿元）	第三产业（亿元）	海洋生产总值占沿海地区生产总值比重（%）
2013	1539.37	83.13	746.60	709.64	19.2
2014	1612.6	103.5	787.0	792.1	19.9

表5-6　海洋产业生产总值原始数据（山东省）

年度	海洋生产总值（亿元）	第一产业（亿元）	第二产业（亿元）	第三产业（亿元）	海洋生产总值占沿海地区生产总值比重（%）
2011	8029.0	540.9	3961.9	3526.3	17.7
2012	8972.1	648.7	4362.8	3960.6	17.9
2013	9696.2	715.7	4593.9	4386.6	17.7
2014	11288	794.5	5089	5404.5	19.0

表5-7　海洋产业生产总值原始数据（全国）

年度	海洋生产总值（亿元）	第一产业（亿元）	第二产业（亿元）	第三产业（亿元）	山东省海洋生产总值占国内生产总值比重（%）	海洋生产总值增长速度（%）
2011	45580.4	2381.9	21667.6	21530.8	9.42	10.0
2012	50172.9	2670.6	23450.2	24052.1	9.39	8.1
2013	54718.3	3037.7	24608.9	27071.7	9.31	7.8
2014	60699.1	3109.5	26660	30929.6	9.54	7.9

表5-8　黄河三角洲地区海洋产业生产总值构成统计原始数据

年度	海洋生产总值（%）	第一产业（%）	第二产业（%）	第三产业（%）
2011	100.0	6.7	49.4	43.9
2012	100.0	7.2	48.6	44.2
2013	100.0	7.4	47.4	45.2
2014	100.0	7.0	45.1	47.9

表5-9　黄河三角洲高效生态经济区主要经济指标

指　标	年度		
	2013	2014	2015
地区生产总值（亿元）	7985.2	8512.3	8741.2
第一产业（亿元）	982.8	971.4	620.5
第二产业（亿元）	4277.4	4589.7	4924.7
第三产业（亿元）	2725.0	2951.2	3196.1
规模以上工业主营业务收入（亿元）	28008.4	28064.4	28120.5
规模以上工业利税总额（亿元）	3874.4	3037.5	2381.4
规模以上工业利润总额（亿元）	2439.2	1934.3	1533.9
固定资产投资（亿元）	5307.8	6040.2	6873.8
进出口总额（亿美元）	280.9	290.4	300.3
出口总额（亿美元）	166.7	155.8	145.7
实际到账外资（亿美元）	11.9	12.0	12.8
公共财政预算收入（亿元）	562.9	614.7	671.2
公共财政预算支出（亿元）	680.4	771.6	875.0
金融机构本外币存款余额（亿元）	90.6	864.9	8257.6
住户存款（亿元）	155.4	783.3	3949.3
金融机构本外币贷款余额（亿元）	96.0	800.5	6674.3
农民人均可支配收入（元）	11516.7	12553.2	13683

表5-10　黄河三角洲沿海地区社会发展水平原始数据（2014年）

指　标	数　值
货物吞吐量（万吨）	18370.4
旅客吞吐量（万人）	188.7
货运量（万吨）	1318
货物周转量（亿吨公里）	144.1
海洋科研机构（个）	3
海洋科研机构从业人员（人）	560
海洋科研机构科技课题数（项）	233
海洋科研机构科技专利申请受理数（件）	71

续表

指　标	数　值
海洋科研机构科技专利授权数（件）	62
海洋科研机构拥有发明专利总数（件）	111
海洋专业点数（个）	21
海滨观测台站（个）	22
颁发海域使用权证书（本）	163
海域使用金（万元）	20895.6
确权海域面积（公顷）	25336
海域面积（公顷）	454000
年平均总人口（万人）	1001.7
涉海就业人数（万人）	182.6
区域就业人员（万人）	856.3
海岸线长度（公里）	895

第六章 黄河三角洲海洋战略性新兴产业发展评价

对黄河三角洲海洋战略性新兴产业发展评价分为三个步骤：首先按照层次分析法的分析过程计算出基于AHP的各指标的权重，然后根据所取得的数据运用权重与处理过的指标数据相乘的简单方法计算出黄河三角洲海洋战略性新兴产业的综合绩效，最后根据计算的结果评价产业的经济、社会、生态及综合状况，得出结论。

第一节 黄河三角洲海洋战略性新兴产业原始数据处理

根据统计年鉴收集和整理的黄河三角洲海洋战略性新兴产业原始数据（表5-4、表5-5、表5-6、表5-7、表5-8、表5-9、表5-10），依据海洋战略性新兴产业发展水平的综合评估指标体系测算公式（表5-3、表5-4、表5-5、表5-6、表5-7、表5-8、表5-9、表5-10、表5-11）计算整理出黄河三角洲海洋战略性新兴产业发展指标值（见表6-1）。

表6-1 黄河三角洲海洋战略性新兴产业发展指标数据（2014年）

指　标	数　值
海水养殖面积（C1）（公顷）	78355.3
海盐生产能力（C2）（万吨）	362.9
海洋原油产量（C3）（万吨）	442.9
海洋天然气产量（C4）（万立方米）	1842.9
海洋矿产产量（C5）（万吨）	215.3
海洋化工产品产量（C6）（吨）	1662924
沿海地区工业废水排放总量（C7）（万吨）	25717.5

续表

指　标	数　值
沿海地区工业固体废物产生量（C8）（万吨）	83.1
海水水质测评（C9）（平方千米）	4650
海洋类型自然保护区面积比重（C10）（%）	15.6
海洋产业总产值增长率（C11）（%）	16.4
海洋产业总产值占地区总产值的比重（C12）（%）	19
海洋生产总值占全国海洋生产总值的比重（C13）（%）	2.66
港口货物吞吐量（C14）（万吨）	18370.4
海洋第二产业产值比重（C15）（%）	45.1
海洋第三产业产值比重（C16）（%）	47.9
人均海洋产业产值（C17）（元）	16098.6
涉海就业人员比重（C18）（%）	21.3
沿海人口密度（C19）（万人/平方千米）	1.12
城镇化水平（C20）（%）	53.8
沿海地区人均可支配收入（C21）（元）	25689
海洋科研机构数量（C22）（个）	3
海洋专业数量（C23）（个）	21
技术人员人均课题数（C24）（个）	0.4
海洋科研机构拥有发明专利总数（C25）（件）	111
海域使用金（C26）（万元）	20895.6
滨海观测台（C27）（个）	22
确权海域面积比重（C28）（%）	5.6

第二节　指标权重值的确定

一、二级指标层（B）所包含权重值的确定

在进行专家打分时邀请了十位专家，为保证专家打分的客观性，邀请的专家分别来自学术界、政府机关及事业单位。由于一一列出十位专家打分的篇幅太长，而且重复，此处只列出一位专家对层次结构模型中的一个层次进行打分

的计算过程。需要注意的是由于矩阵判断较难理解，因此在专家打分之前应统一对专家进行打分技术上的指导，确保专家打分表可用。基于AHP的指标权重的具体操作步骤为：首先是根据专家打分表列出各层的判断矩阵（见表6-2），其他专家的打分矩阵类似。然后计算出每位专家比较判断矩阵打分下的权重值（见表6-3），再对权重值进行归一化处理（见表6-4）。

表6-2 专家一对二级指标层(B)的矩阵判断

A	海洋资源利用状况（B1）	海洋环境污染与治理状况（B2）	海洋经济发展规模（B3）	海洋经济发展质量（B4）	沿海地区人口与生活质量（B5）	科技发展水平（B6）	海洋综合管理能力（B7）
海洋资源利用状况（B1）	1	1/2	1/4	1/6	1/7	1/8	1/9
海洋环境污染与治理状况（B2）	2	1	1/3	1/4	1/6	1/6	1/7
海洋经济发展规模（B3）	4	3	1	1/2	1/5	1/5	1/6
海洋经济发展质量（B4）	6	4	2	1	1/3	1/4	1/5
沿海地区人口与生活质量（B5）	7	6	5	3	1	1/2	1/4
科技发展水平（B6）	8	6	5	4	2	1	1/2
海洋综合管理能力（B7）	9	7	6	5	4	2	1

表6-3 十位专家矩阵判断下的权重值

	1	2	3	4	5	6	7	8	9	10
W_1	0.536	0.463	1.514	0.504	2.124	1.542	2.722	1.506	2.623	1.485
W_2	0.757	0.853	0.362	1	0.393	0.582	1.221	0.531	0.495	0.389
W_3	0.443	1	0.502	0.511	1.202	1.690	0.502	2.581	1.543	2.521
W_4	0.448	0.373	1	0.395	2.491	1.472	2.123	1.541	2.625	1.497

续表

	1	2	3	4	5	6	7	8	9	10
W_5	0.501	1.302	0.491	0.605	0.427	1.650	0.535	1	2.323	1.452
W_6	2.754	2.771	1.531	2.506	1	1.541	0.442	1.472	0.605	1.389
W_7	0.807	0.793	0.376	1	0.402	0.511	1.205	0.583	0.455	0.417

笔者利用求和法求归一化权重值。

将 A 的每一列向量归一化得 $\tilde{W}_{ij} = \dfrac{a_{ij}}{\sum\limits_{i=1}^{n} a_{ij}}$；对 $\tilde{W}_{ij}$ 按照行求和得 $\tilde{W}_i = \sum\limits_{i=1}^{n} \tilde{W}_{ij}$；将

$\tilde{W}_i$ 归一化 $W_i = \dfrac{\tilde{W}_i}{\sum\limits_{i=1}^{n} \tilde{W}_i}$，$W = (W_1, W_2, \cdots, W_n)^T$；结果如表6-4。

表6-4　十位专家矩阵判断下的归一化权重值

	1	2	3	4	5	6	7	8	9	10
W_1	0.0858	0.0613	0.2621	0.077	0.2642	0.1716	0.3111	0.1634	0.2459	0.1623
W_2	0.1212	0.1129	0.0627	0.153	0.0489	0.0648	0.1395	0.0576	0.0464	0.0425
W_3	0.0709	0.1324	0.0869	0.078	0.1495	0.1880	0.0574	0.2801	0.1446	0.2755
W_4	0.0717	0.0494	0.1731	0.063	0.3099	0.1638	0.2426	0.1672	0.2461	0.1636
W_5	0.0803	0.1722	0.0850	0.092	0.0531	0.1836	0.0612	0.1085	0.2177	0.1587
W_6	0.4409	0.3668	0.2651	0.384	0.1244	0.1713	0.0505	0.1598	0.0567	0.1518
W_7	0.1292	0.1050	0.0651	0.153	0.0500	0.0569	0.1377	0.0634	0.0426	0.0456

显然每一位专家的打分下的权重值都满足：$W_1 + W_2 + W_3 + W_4 + W_5 + W_6 + W_7 = 1$。

一致性检验：首先计算出每一位专家打分下的最大特征值（见表6-5），再计算出每位专家打分下的 CI 值（其中 $n=7$）（见表6-6），最后算出每一位专家打分下的 CR 值（见表6-7）。

根据表6-4计算 $\lambda = \dfrac{1}{n}\sum_{i=1}^{n}\dfrac{(AW)_i}{W_i}$，作为最大特征根的近似值$\lambda_{\max}$（见表6-5）。

表6-5 每一位专家打分下的最大特征值

1	2	3	4	5	6	7	8	9	10
7.0432	7.0642	7	7	7.0689	7	7.0142	7.0187	7	7

根据 $CI = \dfrac{\lambda_{\max} - n}{n-1}$ 公式计算得出CI值（见表6-6）。

表6-6 每一位专家打分下的CI

1	2	3	4	5	6	7	8	9	10
0.0072	0.0107	0	0	0.0115	0	0.0024	0.0031	0	0

再根据 $CR = \dfrac{CI}{RI}$ 公式计算得出CR值（见表6-7）。

表6-7 每一位专家打分下的CR

1	2	3	4	5	6	7	8	9	10
0.0046	0.0056	0	0	0.0089	0	0.0036	0.0075	0	0

计算所得CR值均小于0.1，可以通过一致性检验。最后取所有专家对同一指标所给权重的几何平均值，再归一化处理，得到二级指标层B中各指标的权重值。

W_B=（0.083　0.117　0.172　0.098　0.203　0.116　0.211）

二、三级指标层（C）所包含各权重值的确定

同理，根据计算二级指标权重值的计算方法和求和法，在各专家对三级指标（C）各指标打分下的指标权重的计算过程与二级指标（B）指标权重的计算过程相同，所得结果如下：

W_{B1} = （0.093　0.164　0.196　0.108　0.253　0.186）

W_{B2} = （0.228　0.192　0.259　0.321）

W_{B3} = （0.245　0.197　0.262　0.296）

W_{B4} = （0.287　0.257　0.173　0.283）

W_{B5} = （0.368　0.359　0.273）

W_{B6} = （0.189　0.268　0.253　0.290）

W_{B7} = （0.298　0.326　0.376）

第三节　黄河三角洲海洋战略性新兴产业发展综合评价测算

一、数据标准化处理

本书对数据进行标准化处理的方法是假设源数据为 M，标准化之后的数据为 N，正指标的处理方法为 $N = \dfrac{(M - M_{min})}{(M_{max} - M_{min})}$，逆指标的处理方法为 $N = \dfrac{(M_{max} - M)}{(M_{max} - M_{min})}$。

二、综合评价测算

由上节得到的各指标的权重：

W_B = （0.083　0.117　0.172　0.098　0.203　0.116　0.211）

W_{B1} = （0.093　0.164　0.196　0.108　0.253　0.186）

W_{B2} = （0.228　0.192　0.259　0.321）

W_{B3} = （0.245　0.197　0.262　0.296）

W_{B4} = （0.287　0.257　0.173　0.283）

W_{B5} = （0.368　0.359　0.273）

W_{B6} = （0.189　0.268　0.253　0.290）

W_{B7} = （0.298　0.326　0.376）

综合评价的计算公式为：

$$W_{综}=（W_{B1}×0.083+W_{B2}×0.117+W_{B3}×0.172+W_{B4}×0.098+W_{B5}×0.203+W_{B6}×0.116+W_{B7}×0.211）$$

根据综合评价公式 $W_{综}$ 和表6-1黄河三角洲海洋战略性新兴产业发展数据计算得出黄河三角洲海洋战略性新兴产业发展综合绩效（见表6-8）。

表6-8　黄河三角洲海洋战略性新兴产业发展综合绩效

一级指标（A）	海洋资源环境状况（A1）		海洋产业经济发展水平（A2）		沿海地区社会发展水平（A3）			整体
二级指标（B）	海洋资源利用状况（B1）	海洋环境污染与治理状况（B2）	海洋经济发展规模（B3）	海洋经济发展质量（B4）	沿海地区人口与生活质量（B5）	科技发展水平（B6）	海洋综合管理能力（B7）	综合绩效（$W_{综}$）
绩效值	0.76255	0.73752	0.43895	0.4025	0.35134	0.1136	0.4153	0.4367
离差	0.34725	0.32222	0.02365	-0.0128	-0.06396	-0.3017	0.34725	—

第四节　黄河三角洲海洋战略性新兴产业发展评价结果分析

由黄河三角洲海洋战略性新兴产业发展综合绩效表6-8可以看出，黄河三角洲海洋战略性新兴产业发展综合绩效都不高，二级指标（B）综合绩效排名由高到低分别为：海洋资源利用状况（B1）、海洋环境污染与治理状况（B2）、海洋经济发展规模（B3）、海洋综合管理能力（B7）、海洋经济发展质量（B4）、沿海地区人口与生活质量（B5）、科技发展水平（B6），其中海洋资源利用状况（B1）、海洋环境污染与治理状况（B2）、海洋经济发展规模（B3）三项指标高于整体综合绩效，剩下的B4、B5、B6、B7四项指标低于整体综合绩效。

海洋资源环境状况（A1）综合绩效中海洋资源利用状况（B1）高于海洋

环境污染与治理状况（B2），并都高于整体综合绩效0.34725和0.32222。

海洋产业经济发展水平（A2）综合绩效中海洋经济发展规模（B3）高于海洋经济发展质量（B4），与整体综合绩效的离差为0.02365和-0.0128。

沿海地区社会发展水平（A3）综合绩效中由高到低为海洋综合管理能力（B7）、沿海地区人口与生活质量（B5）、科技发展水平（B6），与整体综合绩效的离差为0.34725、-0.06396、-0.3017。

第七章　黄河三角洲海洋战略性新兴产业发展存在的问题与成因

第一节　黄河三角洲海洋战略性新兴产业发展存在的问题

一、相关的政策法规不健全

从世界范围来看，海洋经济发达国家的发展优势很大程度上取决于其政策法规的健全。反观我国，尽管国家海洋局已启动了海洋战略性新兴产业规划研究工作，但海洋战略性新兴产业的环境效益、社会效益和经济效益还没得到充分认识，尚未形成全社会积极参与和支持海洋战略性新兴产业的良好环境，极大地减缓了海洋战略性新兴产业的发展速度。海洋战略性新兴产业的发展尚处初期，产业发展虽然拥有广阔的发展前景但潜力没有被充分挖掘出来，想要实现蓬勃发展必须依靠国家政策的大力支持。从海洋战略性新兴产业现有政策来看，还存在很大缺失。以海洋可再生能源为例，《中华人民共和国可再生能源法》的颁布与实施使我国海洋可再生能源的研究与开发工作有法可依，但仍存在政策体系不完整、激励力度不够、相关政策之间缺乏协调等问题，尚未形成支持海洋可再生能源持续开发利用的长效机制。

二、缺乏相关的管理与协调机构

海洋经济发达国家通过建立政府管理与协调机构，管理和调拨国家专项资金，负责通过合理的方式向研发海洋科技的科研机构及科技创新企业提供资金支持，使政府、科研机构及企业形成一体化机制，有利于政府的宏观管理，更有利于海洋战略性新兴产业的应用和产业化。我国由于受到旧体制的束缚，新兴海洋产业的发展缺乏协调机制，产业与沿海市地之间、产业与行业之间、产业与环境之间存在矛盾，严重阻碍着海洋资源的合理配置。因此，建立相关管理和协调机构来统筹考虑各种资源的综合开发和利用，形成支持海洋战略性新兴产业持续健康发展的长效机制着实十分必要。

三、技术自主研发能力薄弱，科技成果转化率低

与其他海洋产业相比，海洋药物、海水综合利用和深海采矿等海洋产业对技术和资金，特别是对海洋高新技术的依赖性很大。受国内科技发展水平的制约，海洋自主研发能力较弱，突出表现为我国装备技术与制造基础薄弱，关键元器件与材料国产化率低，在设计、配套等核心技术上几乎是空白。另外，科技成果转化率低，科技成果始终处于研发阶段的状况依旧突出。在海洋经济发展对海洋科技愈加依赖的趋势下，关键技术自给率低和科技成果转化率低的现状很大程度上削弱了科技对于海洋战略性新兴产业的支撑作用，影响了海洋战略性新兴产业综合效益的发挥。

四、缺乏有效的投融资机制

海洋战略性新兴产业是以高新技术为首要特征的新兴产业，技术研发和产业培育需要大量的资金投入。发达国家强化科技管理，持续大量地投资于海洋科技领域，极大地推动了科技研发的进度和关键技术的突破。相比之下，我国与发达国家的海洋科研与经费投入相差悬殊，缺乏对海洋战略性新兴产业研究与开发的长期资金投入机制，难以提供促使其蓬勃发展的物质保障。另外，国外的海洋油气勘探开发技术、先进海洋仪器的研制开发等主要以大企业的投入为主，如英国在1994—1995年的海洋研发经费中，企业的投入占整个经费投入额的36%。鉴于海洋战略性新兴产业高风险、高投入、回报周期长的特点，仅仅依靠政府资金投入远远满足不了其发展的需要，形成有效的社会融资机制是当前亟待解决的问题。

五、人才储备不足，高层次人才匮乏

与海洋经济发达国家和地区相比，需要对海洋战略性新兴产业的人才储备不足、高层次人才匮乏的问题给予高度重视。随着海洋经济的快速发展，海洋产业的从业人数从2010年的1151.7万人递增到2014年的1212.5万人（见表7-1），海洋生物医药、海洋电力和海水利用的就业人数五年中分别为1.0万人、1.0万人、1.0万人、1.0万人、1.0万人和1.1万人、1.1万人、1.2万人、1.2万人、1.2万人，占各年度海洋产业就业总人数的比重不足1‰，表明现有与后备力量严重缺乏，对海洋战略性新兴产业的可持续发展构成极大的威胁。

表7-1　2010—2014年相关海洋战略性新兴产业就业人员情况　　单位：万人

海洋产业 ＼ 年份	2010	2011	2012	2013	2014
合计	1151.7	1167.5	1183.5	1199.1	1212.5
海洋渔业及相关产业	559.3	565.5	573.2	580.8	587.3
海洋石油和天然气业	19.8	20.1	20.4	20.7	20.9
海滨砂矿业	1.6	1.6	1.6	1.7	1.7
海洋盐业	24.1	24.4	24.7	25.0	25.3
海洋化工业	25.7	26.1	26.5	26.8	27.1
海洋生物医药业	1.0	1.0	1.0	1.0	1.0
海洋电力和海水利用业	1.1	1.1	1.2	1.2	1.2
海洋船舶工业	33.0	33.4	33.9	34.3	34.7
海洋工程建筑业	62.0	63.0	63.9	64.7	65.4
海洋交通运输业	81.2	82.5	83.6	84.7	85.7
滨海旅游业	125.7	127.1	128.9	130.6	132.0
其他海洋产业	217.2	221.6	224.7	227.6	230.2

在海洋战略性新兴产业人才储备不足的情况下，具备较强适应能力、创新能力和竞争力的高层次人才也极为缺乏，以海洋生物医药业科技人才为例（见表7-2），从海洋生物医药业科技人员的职称情况来看，2010—2014年拥有中

级、高级职称的海洋生物医药业科技人员比例数呈现稳中有升的良好态势。其中拥有高级和中级职称的海洋生物医药科技人员分别占13.69%和26.03%。从学历上看（见表7-3），这种劣势更为明显：相对于13.69%的硕士研究生比重而言，拥有博士学位的海洋生物医药业科技人员只占其中的1.37%，进一步说明了海洋战略性新兴产业高层次人才的匮乏，严重束缚了海洋战略性新兴产业的竞争力和创造力。

表7-2　2014年相关海洋战略性新兴产业就业人员职称构成统计　单位：人

海洋产业 ＼ 职称等级	科技活动人员	高级职称	中级职称	初级职称
合计	34174	14161	11692	4891
海洋基础科学研究	16766	7033	6061	2377
海洋自然科学	13132	5659	4859	1690
海洋社会科学	742	347	185	62
海洋农业科学	2819	1017	998	584
海洋生物医药	73	10	19	41
海洋工程技术研究	15743	6544	5034	2233
海洋化学程技术	5359	2110	1653	597
海洋生物工程技术	205	61	83	60
海洋交通运输工程技术	3192	984	1071	786
海洋能源开发技术	2617	1435	794	205
海洋环境工程技术	1057	392	403	205
河口水利工程技术	2741	1331	792	308
其他海洋工程技术	722	231	238	72
海洋信息服务业	1011	332	309	220
其他海洋信息服务	861	332	309	220
海洋技术服务业	654	252	288	61
海洋工程管理服务	543	214	261	54
其他海洋专业技术服务	111	38	27	7

表7-3　2014年相关海洋战略性新兴产业就业人员学历构成统计　　单位:人

海洋产业 ＼ 职称等级	科技活动人员	博士	硕士	本科	专科
合计	34174	8277	10386	10069	2931
海洋基础科学研究	16766	5535	4649	4169	1251
海洋自然科学	13132	4943	3521	2841	892
海洋社会科学	742	130	298	224	49
海洋农业科学	2819	461	820	1054	301
海洋生物医药	73	1	10	50	9
海洋工程技术研究	15743	2613	5115	5283	1531
海洋化学程技术	5359	811	1327	1647	683
海洋生物工程技术	205	18	94	68	21
海洋交通运输工程技术	3192	189	1214	1322	330
海洋能源开发技术	2617	911	905	551	191
海洋环境工程技术	1057	57	337	571	77
河口水利工程技术	2741	541	925	977	209
其他海洋工程技术	572	86	313	147	20
海洋信息服务业	1011	86	371	322	125
其他海洋信息服务	722	86	371	322	125
海洋技术服务业	654	43	251	295	24
海洋工程管理服务	543	38	236	250	17
其他海洋专业技术服务	111	5	15	45	7

六、国际合作有待加强

黄河三角洲地区海洋战略性新兴产业的发展已经有了一些国际合作的事项和经验,逐渐呈现出国际化发展的趋势。从海洋战略性新兴产业整体来看,目前仅在海洋油气业和海水淡化业方面实现了国际合作,其他领域均未进行有效的国际对接,因此在国际化程度的时代背景下处于被动的地位,极大地阻碍了黄河三角洲地区海洋战略性新兴产业潜力的发挥。面对国际海洋经济合作共赢的历史机遇,积极有效的国际合作才是海洋战略性新兴产业发展的必由之路。

第二节　黄河三角洲海洋战略性新兴产业存在问题的成因

一、海洋战略性新兴产业发展尚处于初期阶段

近年来，随着海洋科技的不断进步，黄河三角洲海洋战略性新兴产业取得了一定程度的发展。海洋生物医药业、海水利用业、海洋可再生能源发电业等海洋战略性新兴产业迅速崛起，发展势头强劲，海洋装备制造业、深海战略资源开发也取得了巨大的成就。但是，黄河三角洲海洋战略性新兴产业发展基础却比较薄弱，发展规模较小。2014年黄河三角洲海洋生物、海水利用、海洋电力三大海洋战略性新兴产业增加值占海洋GDP的比重不足0.3%，严重阻碍了海洋战略性新兴产业在转变经济增长方式、实现跨越式发展方面优势的发挥。另外，从产业发展周期角度看，黄河三角洲海洋战略性新兴产业尚处发展初期，相应的宏观规划和管理体制、机制尚未建立。目前我国还没有国家层面的海洋战略性新兴产业总体发展规划，海洋领域战略性新兴产业的发展定位和方向亟待明确；具体的产业扶持政策和产业发展指导意见尚未制定，亟须出台具体的政策措施在体制、机制上鼓励海洋战略性新兴产业的发展。国家层面海洋战略性新兴产业总体发展规划及产业发展指导意见的缺失使得具体产业发展缺乏导向，难以拟定适应海洋战略性新兴产业发展需要的政策法规，致使相关的政策法规难以建立健全，而海洋战略性新兴产业管理体制、机制尚未建立又使得缺乏相应的管理和协调机构成为必然。

二、海洋战略性新兴产业的科技水平相对落后

海洋战略性新兴产业的首要特征就是海洋高新技术，海洋科技是海洋战略性新兴产业的助推器。海洋战略性新兴产业存在的自主研发、人才储备等问题都要依靠大力发展海洋高新技术和实施科技兴海来解决。黄河三角洲海洋战略性新兴产业的科技水平和创新能力同发达国家和地区相比还存在较大的差距，突出表现在以下几个方面。

(一)海洋科技对海洋经济的贡献率低

与美国、日本等一些海洋经济强国相比，支撑我国及黄河三角洲地区海洋战略性新兴产业发展的海洋生物技术、海洋药物资源开发技术、海水淡化技术及海洋能利用技术等对海洋经济的贡献率偏低，严重影响了海洋经济产值的增长和国际竞争力的提高。

(二)缺乏必要的基础研究与应用技术储备

首先，黄河三角洲海洋战略性新兴产业发展起步较晚，缺乏对目前海洋基础科学研究水平的客观认识，原始性创新不多，忽视科学研究的连续性，只抓短平快项目，造成基础海洋科学技术研究成果少，有国际影响的重大突破则更少，不利于海洋科学技术的产业化发展进程。其次，科学研究工作是一项积累的过程，而科研成果的出现需要大量的技术储备。黄河三角洲地区的海洋战略性新兴产业发展在认识到海洋科技是海洋经济现实生产力的同时，却忽视了科学技术研究的规律，急于将科研成果立即转化推广，产生直接的经济效益，这使得黄河三角洲地区科研成果储备占研究项目总数的5%~10%，与发达国家的20%有较大差距，损害了黄河三角洲海洋战略性新兴产业的可持续发展和潜在效益的挖掘。

(三)技术装备落后

作为以海洋高科技为主要特点的海洋战略性新兴产业的发展是要以先进的技术装备为物质基础的，而黄河三角洲地区目前的海洋技术装备远远落后于海洋发达地区和国家。海洋油气资源开发、深海矿产资源勘探等领域都需要大批引进国外的技术装备，海洋科学研究所需要的许多先进的仪器和试验设备也需要从外国引进，具有自主知识产权的技术或装备较少，这种较强的依赖性制约了海洋战略性新兴产业的蓬勃发展。

(四)科技资源缺乏有效整合

有效整合高校、企业和科研院所的科技资源是海洋经济发达国家推动海洋战略性新兴产业发展的一条成功之道。然而，黄河三角洲地区海洋战略性新兴产业的产学研脱钩、技术转移困难，造成了科技成果转化率低的局面。

三、海洋战略性新兴产业发展的资金投入不足

海洋战略性新兴产业的发展除了依靠海洋科技的强大支撑外，还需要支持其可持续发展的持续大量资金。长期以来，海洋经济发展的资金来源主要依靠政府的资金投入，来源渠道单一且资金数量有限，对于需要大量资金注入的海洋战略性新兴产业来说，有限的政府资金投入与大量资金需求的矛盾迫切需要建立多元化的资金来源渠道。然而，由于海洋战略性新兴产业具有技术含量高、研发周期长、风险较高的特点，又难以吸引大量、连续的资金注入，使得资金短缺成为制约海洋战略性新兴产业发展的主要因素。近年来，西方国家的风险资本和证券市场已经逐步代替政府投资，成为科技研发的重要来源。我国海洋战略性新兴产业也正逐步采用风险投资的形式来融通资金，但黄河三角洲地区风险资本的主要来源仍是政府财政科技拨款和银行科技开发贷款，并没有充分利用包括个人、企业、金融或非金融机构等具有投资潜力的力量来共同构筑一个有机的风险投资网络，因而采用风险投资的海洋战略性新兴产业的资金来源渠道单一，资金缺口较大，不能满足黄河三角洲海洋战略性新兴产业的巨额资金需要。匮乏的资金来源加之我国投融资渠道尚不够衔接、不畅通的现实情况，严重制约了黄河三角洲地区海洋战略性新兴产业的发展。

四、海洋战略性新兴产业的人才缺乏

21世纪海洋的竞争，归根结底是知识和人才的竞争。从根本上来说，海洋科技的发展和海洋经济的进步都取决于劳动者素质的提高及大量合格人才的培养。对于以海洋科技进步为发展前提的海洋战略性新兴产业来说，能否拥有适合发展需要的、实现产业跨越式发展的大量专业人才更是决定其兴衰成败的关键。由于海洋战略性新兴产业的人才需要具有较高的海洋科技水平，因而人才现有量相对较少。在人才总量匮乏的情况下，掌握海洋高新技术的高层次专业技术人才和具备国际化视野的高级经营管理人才更为稀缺。以海洋生物医药

业为例，目前黄河三角洲地区海洋生物医药专业技术人员比例不足1%。另外，从人才分布上来说，高层次人才大都分布在科研院所和高校，很少分布在生产一线，对于海洋药物的研究开发、海洋装备制造和深海采矿等技术密集且富有挑战的海洋战略性新兴产业来说，高层次人才更是奇缺。因此，着眼于海洋战略性新兴产业的可持续发展，着力培养一批掌握核心技术、引领海洋产业未来发展的海洋领军人才及其相应科技研发团队已成为十分紧迫的战略任务。

第八章　黄河三角洲海洋战略性新兴产业发展布局与路径

第一节　黄河三角洲海洋战略性新兴主导产业定位

海洋战略性新兴产业是具有高科技支撑性、高产业关联度、市场发展潜力大等特征的新兴产业，是实现海洋经济持续增长和产业结构升级的主导产业，对提升国家和区域海洋综合实力具有重大作用。故而，为了更好地引导黄河三角洲高效生态经济区海洋经济发展、带动海洋产业转型升级、提高黄河三角洲海洋经济竞争力水平，首先应当科学地选择出适合黄河三角洲区域的海洋战略性新兴产业。

一、理论基础

主导产业选择的研究成果主要有较成熟的选择理论和选择方法。关于主导产业选择的理论，具有代表性的有："罗斯托理论""赫希曼理论""筱原理论"。"罗斯托理论"由美国经济学家罗斯托在《经济成长的阶段》一书中提出，是主导产业研究的开端。罗斯托提出主导产业的选择基准是：选择具有较强扩散效应（前瞻、回顾、旁侧）特征的产业作为主导产业。将主导产业的产业优势辐射传递到产业关联链上的各产业中，以带动整个产业结构的升级，促进区域经济的全面发展。"赫希曼理论"是发展经济学家赫希曼在《经济发展战略》一书中提出的。赫希曼提出了主导产业选择的产业关联度基准：选择具有在投入产出中对其前、后向产业有较大促进作用的产业作为主导产业。"筱原理论"是由日本学者筱原三代平提出的。筱原三代平提出了主导产业选择的两条基准：收入弹性基准和生产率上升基准，即选择具有收入弹性大且生产率上升的产业作为主导产业。以上主导产业选择理论有力地指导了主导产业的选择、区域主导产业的选择和战略性新兴产业的选择等，为产业选择问题的研究奠定了理论基础。在此基础上，出现了许多关于主导产业选择的理论和选择基准。

主导产业选择的方法主要分为定性选择方法和定量选择方法。主导产业的定性选择方法主要是基于主导产业的概念内涵，构建主导产业的选择原则和基准，对具体产业进行定性描述，选择符合主导产业选择原则和标准的产业作为主导产业的一种方法。主导产业的定量选择方法则主要是根据主导产业的选择理论和选择标准，构建主导产业选择评价指标体系，对评价指标赋予权重，进行实证选择的一种方法。通常对指标赋予权重的方法主要分为两类：一类属于主观赋予权重法；另一类属于客观赋予权重法。张骏骏、邵建平通过使用评分表的方法确定各指标的权重，这是主观赋权法。主观评价法的缺点具有很大的主观臆断性，不够客观反映事实；优点是对数据依赖性小。梁妍、王青等学者使用了主成分分析法进行定量研究。刘旭旭采用因子分析法进行定量选择。这些方法都属于客观评价法。应用这些客观评价法进行产业选择，优点是使得评价较客观，不具有主观性，选择的产业与现实接近；缺点是对数据准确性要求高。随着对产业选择的研究不断深入，目前学者多采用综合评价法进行研究。综合评价法是用主客观评价法综合评价的一种方法，是目前采用较多的方法。事实上，无论是主导产业的定性选择方法还是定量选择方法，对主导产业、区域主导产业和战略性新兴产业等产业选择问题都具有理论指导性和操作可行性，因此，通过这两种方法相结合可以为我国从众多的海洋产业选择和确定海洋战略性新兴产业提供合理的方法。本书接下来，借鉴钻石模型的六要素对海洋战略性新兴产业选择进行定性研究，然后，利用主成分分析法对此进行实证计量研究，从而最终科学地筛选出我国的海洋战略性新兴产业。

二、基于钻石模型的海洋战略性新兴产业选择基准

(一)钻石模型研究产业选择的可行性分析

钻石模型是哈佛商学院教授波特提出的，其思想内容体现在《国家竞争优

势》一书中。钻石模型是研究国家如何在国际上取得竞争优势，因为国家的竞争优势由产业的竞争力体现，所以钻石模型研究的最终落脚点是产业的竞争力。由此得出，产业竞争力的影响因素有6个。产业竞争力又会影响到产业的选择，因为产业选择是选择具有竞争力的产业。如果一个产业不具有竞争优势，在发展过程中容易被淘汰，那么该产业就没有必要去大力发展。因此，我国可以借鉴钻石模型研究产业竞争力的模式来研究产业选择问题。

本书研究的是海洋战略性新兴产业的选择问题，海洋战略性新兴产业是具有海洋新兴产业和战略性新兴产业特征的产业，具有高科技性、增长潜力大、战略性、带动其他产业较快发展、政府导向性和新兴性等特征。一个海洋产业能否被选择为海洋战略性新兴产业，关键在于是否具备上述属性特征。因此，这些属性特征是影响海洋战略性新兴产业选择的因素，而且这些因素之间的作用是相互的。而钻石模型是由生产要素、需求条件、企业战略结构与竞争、相关与支持性产业4个基本要素和政府、机会两个辅助要素组成。这6个要素彼此形成一个动态的钻石体系，它们之间相互影响，一个要素的变化会影响到其他要素的变化。钻石模型的6个要素正好对应海洋战略性新兴产业选择的6个影响因素，但是这6个影响因素具体怎么作用海洋战略性新兴产业的选择？本书提供了一个研究思路，借鉴钻石模型的六要素对海洋战略性新兴产业的选择问题进行研究，首先确定海洋战略性新兴产业选择的6个基准；其次根据6个选择基准，构建海洋战略性新兴产业选择评价指标体系；最后利用主成分分析法对此进行实证研究，选择海洋战略性新兴产业。

(二)基于钻石模型的海洋战略性新兴产业选择基准

借鉴波特钻石模型，同时综合考虑海洋战略性新兴产业的特征，提出了海洋战略性新兴产业的6个选择基准。

1.生产要素基准

生产要素是产业选择的基础条件，其既包括自然资源，也包括人力资源、资本和技术要素等。生产要素作为评价产业选择的重要标准之一，因为海洋战略性新兴产业既是技术密集型产业，又是资源密集型产业。所以，海洋战略性新兴产业的选择，既要考虑其资源禀赋条件，还要考虑其在人力、物力和技术上的投入量。只有具备这些生产要素优势的海洋产业，才有巨大的增长潜力，能够符合海洋战略性新兴产业的特征，可以选择为海洋战略性新兴产业。

2. 市场需求基准

市场需求量的大小能够反映一个产业的发展潜力大小与市场前景的广阔度。由于海洋战略性新兴产业要能够带动海洋产业经济的发展，具有增长潜力大的特征，所以市场需求是海洋战略性新兴产业选择的必要条件。只有海洋战略性新兴产业的产品在市场中具有稳定、持续、大量的需求，才能选择为我国海洋战略性新兴产业。由于收入需求弹性大小可以反映市场需求量的大小，因此，将收入需求弹性大的海洋产业作为海洋战略性新兴产业。

3. 产业关联度基准

产业的发展过程从原料的供应，到加工生产，最后到产品销售，在这一过程中必然要与其他产业发生复杂的关系，这一关系叫作产业关联度。由于海洋战略性新兴产业具有高产业关联度特征，所以，产业关联度应作为海洋战略性新兴产业选择的重要基准之一。海洋战略性新兴产业是资金和技术密集型产业，产业规模大，具有竞争优势，能够通过上下游产业之间的作用，把自身优势辐射到相关产业中。同时，与其相关的上下游产业反过来影响海洋战略性新兴产业的发展。因而，海洋战略性新兴产业及其相关产业能够凝聚优势，提高海洋产业的综合实力，带动整体经济发展。

4. 产业竞争基准

具有竞争优势的产业，能够长期、快速、健康地发展。因为海洋战略性新兴产业具有战略性，未来可能成为支柱产业，在国民经济中占据重要地位。那么，产业的竞争优势应作为海洋战略性新兴产业选择的评价标准之一。产业的竞争优势可以表现为对社会就业的相对优势，也可以表现为对总产值的贡献率。将具有竞争优势的海洋产业选为海洋战略性新兴产业。

5. 政府导向基准

政府通过各种宏观上的措施作用于产业选择，是产业选择的引导者。尤其对于一个新兴产业，目前在市场上的占有份额可能有限，只通过市场作用，可能出现市场失灵。如果政府能加以适当调控，可以改变僵局。海洋战略性新兴产业的投资大，回报期长，需要政府给予适当鼓励，海洋战略性新兴产业才能正确选择。政府可以通过人力、物力和财力等方式进行鼓励。政府引导作为选择海洋战略性新兴产业的评价标准之一。

6.机会基准

机会是海洋战略性新兴产业选择的助推剂，本书讲的机会主要是海洋产业方面的科技发明创造。海洋战略性新兴产业是高技术产业，不仅产业本身技术含量高，还能吸收其他科技成果。那么选择的海洋战略性新兴产业要能够充分吸收科技成果。海洋产业通过应用大量的科技成果，使得海洋战略性新兴产业的发展有更多的技术支持。机会应该作为海洋战略性新兴产业选择的评价标准之一。

三、黄河三角洲海洋战略性新兴产业选择指标体系构建

(一)海洋战略性新兴产业选择指标体系构建原则

对海洋战略性新兴产业选择进行定量分析时，应根据选择基准确定选择评价指标体系，但是指标体系构建要遵循以下基本原则。

1.客观性原则

依据选择基准构建评价指标的过程中，要尽量客观地分析所选指标的经济含义，不受主观因素的影响，应根据指标经济含义正确选择评价指标。

2.可行性原则

在选择评价指标时，尽量采用有统计数据支撑的指标，而对数据不可得的指标则只能作舍弃处理。

(二)海洋战略性新兴产业选择评价指标体系

基于选择基准和指标体系建立原则，构建黄河三角洲海洋战略性新兴产业选择的指标体系，如表8-1所示。

表8-1　黄河三角洲海洋战略性新兴产业选择指标体系

一级指标	二级指标	指标解释
生产要素	人力投入要素	用平均劳动生产率表示。平均劳动生产率=某海洋产业产值/该海洋产业就业人员数，反映产业的人力资源，比值越大，表明具有人力资源优势
市场需求	市场需求规模	用产业增长率表示。产业增长率=（报告期某海洋产业增加值−基期该海洋产业增加值）/基期该海洋产业增加值，比重越大，反映产业市场需求规模越大
	产业增长潜力	用需求收入弹性表示。需求收入弹性=某海洋产业需求增加率/人均国民收入增加率，反映各海洋产业的发展潜力
产业关联	产业关联度	用皮尔逊相关系数表示。反映一个产业与全国人均GDP之间的相关关系，皮尔逊相关系数值越大，反映该产业对国民经济具有较强的带动作用
产业竞争	产业专门化率	用劳动力专门化率表示。劳动力专门化率=某海洋产业劳动力人数/海洋产业劳动力总人数
	产业贡献率	产业贡献率=某海洋产业增加值/海洋产业总产值，反映产业的发展态势
政府导向	对外依存度	产业外向度=（产业专业化系数−1）/产业专业化系数；产业专业化系数=（报告期某海洋产业增加值−基期该海洋产业增加值）/海洋产业总产值的增加值，反映政府对海洋产业对外开放环境的支持力度

四、基于主成分分析法的黄河三角洲海洋战略性新兴产业定量选择分析

(一)主成分分析法的原理

主成分分析（principal component analysis）是一种基于各指标之间的相关关系，利用降维的思想将原来的多个指标转换成几个而且是互不相关的指标，从而使得研究达到简单的目的统计方法。主成分分析法由霍特林首先提出，通过降维的目的，在损失很少信息的条件下，把多个指标转化为几个综合指标，称为主成分。每个主成分均是原来变量的线性组合，而且各个主成分之间互不相关，因此，主成分相比原来变量更具有优越性。

1.主成分分析模型

假设原始变量是 x_1, x_2, …, x_p，其相关系数矩阵为 R，λ_1, λ_2, …, λ_p 为

其特征值，e_1，e_2，…，e_p 为其标准化正交特征向量，则第 i 个主成分为 $y_i = e_1 x_1 + e_2 x_2 + e_{pi} x_p$，$i = 1$，$2$，…，$p$，是原始变量的线性组合，它们互不相关。所有主成分的计算公式为：

$$\begin{cases} y_1 = e_{11}Zx_1 + e_{21}Zx_2 + \cdots + e_{p1}Zx_p \\ y_2 = e_{12}Zx_1 + e_{22}Zx_2 + \cdots + e_{p2}Zx_p \\ \cdots \\ y_p = e_{1p}Zx_1 + e_{2p}Zx_2 + \cdots + e_{pp}Zx_p \end{cases} \tag{8-1}$$

设第 k 个主成分的方差占总方差的比例为 $p_k = \dfrac{\lambda_k}{\sum\limits_{i=1}^{p} \lambda_i}$。如果前 m 个主成分的方差和占了总方差的很大一部分（85%以上），那么将 m 个主成分代替原来的 p 个变量。

2. 主成分分析法的计算步骤

第1步，原始数据的标准化处理。

$$x_{ij} = \frac{x_{ij} - \overline{x_j}}{\sqrt{\mathrm{Var}(x_j)}} \tag{8-2}$$

按进行标准化处理，使每个属性均值为0，方差为1。

第2步，确定主成分。

第 k 个主成分的方差贡献率为 $p_k = \dfrac{\lambda_k}{\sum\limits_{i=1}^{p} \lambda_i}$，主成分 y_1，y_2，…，y_p 的累计方差贡献率为 $\sum\limits_{k=1}^{p} p_k$。使得累计方差贡献率（或者特征值大于1）的前 m 个特征值选择主成分。

第3步，主成分命名解释。

基于主成分变量与原始变量之间的相关关系，给主成分变量命名，使得研究对象的特征明显。

第4步，计算主成分值。

采用回归方法计算主成分得分系数，以主成分得分系数为权重，对原始数据标准化后的数据采用加权法构造主成分得分函数，如式（8-1）。

第5步，计算综合得分。

通过因子加权法计算综合总分，以各主成分的方差贡献率分别为各主成分的权重，构造综合评价函数为 $y_{综} = \sum\limits_{i=1}^{k} a_i y_i$，计算综合得分。

(二)数据来源及原始数据整理

本书的数据来源于《中国海洋统计年鉴2015》《中国统计年鉴2015》《山东统计年鉴2015》《黄河三角洲六市（滨州、东营、淄博、潍坊、德州、烟台）统计年鉴（2015）》。依据表8-1黄河三角洲海洋战略性新兴产业选择指标体系中，各个二级指标的计算公式，计算各项指标数值，得出黄河三角洲海洋产业指标数据（见表8-2）。

表8-2　2014年黄河三角洲经济区主要海洋产业指标数据

指标＼海洋产业	人力投入要素	市场需求规模	产业增长潜力	产业关联度	产业专门化率	产业贡献率	对外依存度
海洋渔业	5.155	0.168	0.350	0.998	0.484	0.072	−16.758
海洋油气业	66.102	1.121	3.148	0.919	0.017	0.033	−9.602
海洋矿业	28.250	0.087	−0.514	0.975	0.001	0.001	−2025.417
海洋盐业	2.752	0.502	0.800	0.856	0.021	0.002	−332.110
海洋船舶工业	37.174	0.232	1.332	0.982	0.029	0.031	−30.842
海洋化工业	23.977	0.319	1.291	0.928	0.022	0.016	−48.125
海洋生物医药	83.800	0.608	1.746	0.982	0.001	0.002	−229.129
海洋工程建筑	14.192	0.300	1.396	0.932	0.054	0.022	−35.132
海洋电力	40.558	0.946	5.087	0.896	0.001	0.001	−402.545
海水利用	42.727	0.973	5.204	0.924	0.001	0.001	−395.473
海洋交通运输	46.912	0.203	1.203	0.973	0.071	0.096	−10.413
滨海旅游	42.629	0.218	0.777	0.992	0.109	0.134	−6.673

(三)分析过程

1.原始变量是否适合做主成分分析

从表8-3可知，KMO（Kaiser Meyer Olkin，取样适当性量数）值为0.328，

根据Kaiser给出的KMO度量标准，表明原变量不太适合主成分分析。但巴特利特球度检验统计量观测值为44.117，相应的概率值为0.002，假设显著性水平α=0.05，则概率值小于显著性α，根据巴特利特球度检验标准，则拒绝原假设，认为适合做主成分分析。

表8-3　KMO 和 Bartlett（Bartlett's Test of Sphericity，巴特利特球度检验）的检验

取样足够度的 Kaiser-Meyer-Olkin 度量		0.328
Bartlett 的球形度检验	近似卡方	44.117
	df（degree of freedom，自由度）	21
	Sig.（Significance，显著性）	0.002

2.原始数据标准化

将表8-2的原始数据按公式（8-2）进行标准化处理，得到标准化后数据如表8-4所示。

表8-4　标准化后数据

指标＼海洋产业	Zscore人力投入要素	Zscore市场需求规模	Zscore产业增长潜力	Zscore产业关联度	Zscore产业专门化率	Zscore产业贡献率	Zscore对外依存度
海洋渔业	−1.31150	−0.85383	−0.82661	1.17188	3.07791	0.86233	0.49060
海洋油气业	1.26440	1.81332	0.74855	−0.62286	−0.37388	−0.02855	0.50320
海洋矿业	−.33540	−1.08053	−1.31300	0.64936	−0.49215	−0.75954	−3.04872
海洋盐业	−1.41306	0.08093	−0.57328	−2.05411	−0.34432	−0.73670	−0.06506
海洋船舶工业	0.04177	−.67472	−0.27379	0.80839	−0.28519	−0.07424	0.46578
海洋化工业	−.51599	−.43123	−0.29687	−0.41839	−0.33693	−0.41689	0.43533
海洋生物医药	2.01240	0.37759	−0.04072	0.80839	−0.49215	−0.73670	0.11639
海洋工程建筑	−.92955	−.48441	−0.23776	−0.32752	−0.10040	−0.27983	0.45822
海洋电力	0.18479	1.32355	1.84012	−1.14538	−0.49215	−0.75954	−0.18917
海水利用	0.27647	1.39911	1.90599	−0.50927	−0.49215	−0.75954	−0.17671
海洋交通运输	0.45334	−.75588	−0.34641	0.60393	0.02525	1.41057	0.50178
滨海旅游	0.27232	−.71390	−0.58623	1.03557	0.30613	2.27862	0.50837

3.提取主成分

根据标准化后的数据（见8-4），得出变量间的相关关系如表8-5相关矩阵。表8-6为解释的总方差，其中合计一列是各成分的初始特征值，方差的%一列是各成分的方差贡献率，累积的%表示主成分的累积方差贡献率。从表8-6中可以看出，前三个主成分对总方差的解释度近84.726%，根据累计方差贡献率≥80%（或者特征值大于1）的前m个成分选择为主成分的原则，故可以选择前三个主成分进行分析。

从主成分的碎石图可以看出，前三个主成分的特征值大于1，根据提取主成分的标准，进一步证明前三个主成分应该选择主成分。

表8-5　相关矩阵

		Zscore 人力投入要素	Zscore 市场需求规模	Zscore 产业增长潜力	Zscore 产业关联度	Zscore 产业专门化率	Zscore 产业贡献率	Zscore 对外依存度
相关	Zscore 人力投入要素	1.000	0.469	0.374	0.250	-0.430	0.003	0.090
	Zscore 市场需求规模	0.469	1.000	0.876	-0.575	-0.380	-0.427	0.169
	Zscore 产业增长潜力	0.374	0.876	1.000	-0.460	-0.345	-0.340	0.226
	Zscore 产业关联度	0.250	-0.575	-0.460	1.000	0.447	0.557	-0.028
	Zscore 产业专门化率	-0.430	-0.380	-0.345	0.447	1.000	0.484	0.255
	Zscore 产业贡献率	0.003	-0.427	-0.340	0.557	0.484	1.000	0.408
	Zscore 对外依存度	0.090	0.169	0.226	-0.028	0.255	0.408	1.000

表8-6　解释的总方差

成分	初始特征值			提取平方和载入			旋转平方和载入		
	合计	方差的%	累积%	合计	方差的%	累积%	合计	方差的%	累积%
1	3.086	44.089	44.089	3.086	44.089	44.089	2.711	38.728	38.728
2	1.609	22.987	67.076	1.609	22.987	67.076	1.735	24.781	63.510
3	1.236	17.650	84.726	1.236	17.650	84.726	1.485	21.217	84.726
4	0.560	8.003	92.730						

续表

成分	初始特征值			提取平方和载入			旋转平方和载入		
	合计	方差的%	累积%	合计	方差的%	累积%	合计	方差的%	累积%
5	0.306	4.377	97.107						
6	0.184	2.629	99.736						
7	0.018	0.264	100.000						

注：提取方法为主成分分析。

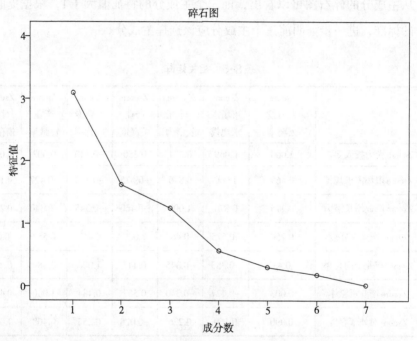

碎石图

4. 主成分命名

从表8-7旋转后的因子载荷矩阵，可知各主成分与指标间的相关关系，因此，可以命名出各主成分。

表8-7　旋转成分矩阵[a]

指　标	成分		
	1	2	3
Zscore市场需求规模	0.893	−0.030	0.329

续表

指　标	成分		
	1	2	3
Zscore产业增长潜力	0.860	0.062	0.309
Zscore产业关联度	−0.805	0.283	0.409
Zscore对外依存度	0.310	0.853	0.038
Zscore产业贡献率	−0.498	0.722	0.128
Zscore产业专门化率	−0.400	0.633	−0.393
Zscore人力投入要素	0.152	−0.018	0.971

注：提取方法：主成分。

旋转法：具有Kaiser标准化的正交旋转法。

a.旋转在5次迭代后收敛。

对各主成分的命名如表8-8所示，通过表8-8，可以对各主成分的经济含义有所了解。

表8-8　各主成分命名表

主成分	载荷较高的指标	经济含义
1	市场需求规模、产业增长潜力	市场发展潜力
2	对外依存度、产业贡献率、产业专门化率	产业竞争力
3	人力投入要素、产业关联度	产业关联度

5.计算主成分值

采用回归方法计算主成分得分系数，即公式（8-1）中的系数e_{ij}，SPSS软件将自动完成，结果见表8-9。

表8-9　成分得分系数矩阵

指　标	成　分		
	1	2	3
Zscore人力投入要素	−0.070	−0.026	0.676
Zscore市场需求规模	0.326	0.088	0.117

指　标	成　分		
	1	2	3
Zscore 产业增长潜力	0.328	0.141	0.103
Zscore 产业关联度	−0.356	0.053	0.392
Zscore 产业专门化率	−0.031	0.352	−0.250
Zscore 产业贡献率	−0.131	0.376	0.133
Zscore 对外依存度	0.238	0.567	−0.045

注：提取方法：主成分。

旋转法：具有 Kaiser 标准化的正交旋转法。

构成得分。

根据公式（8-1），计算各主成分如下：

$$\begin{cases} y_1 = -0.070Zx_1 + 0.326Zx_2 + \cdots + 0.238Zx_7 \\ y_2 = -0.026Zx_1 + 0.088Zx_2 + \cdots + 0.567Zx_7 \\ y_3 = 0.676Zx_1 + 0.117Zx_2 + \cdots + -0.045Zx_7 \end{cases} \tag{8-3}$$

6.计算综合得分

使用主成分加权计算法，根据表8-6所示的主成分分析的方差贡献率，第一主成分占44.089%，第二主成分占22.987%，第三主成分占17.650%，计算综合得分函数。综合评价模型为：

$$y_{综} = 0.44089y_1 + 0.22987y_2 + 0.1765y_3 \tag{8-4}$$

通过综合评价模型计算公式（8-4），计算黄河三角洲高效生态经济区12类主要海洋产业的主成分得分及综合得分见表8-10，并进行了排序。

表8-10　黄河三角洲12类主要海洋产业的主成分得分及综合得分

海洋产业	y_1	排名	y_2	排名	y_3	排名	$y_{综}$	排名
海洋油气业	1.613	1	1.112	2	0.766	3	0.713	1
海洋化工业	1.605	2	1.814	1	1.025	2	0.514	2
海洋生物医药	1.586	3	0.110	4	1.456	1	0.325	3
海洋船舶工业	0.536	4	−0.041	6	0.397	5	0.284	4
海水利用	−0.205	8	0.658	3	0.412	4	0.216	5

续表

海洋产业	y_1	排名	y_2	排名	y_3	排名	$y_综$	排名
海洋电力	−0.214	9	0.048	5	−0.289	8	0.196	6
海洋矿业	−1.041	11	−0.443	8	−0.241	7	0.111	7
海洋渔业	−0.021	6	−0.106	7	0.291	6	0.082	8
海洋工程建筑	−0.424	10	−2.045	12	−2.086	12	−0.245	9
滨海旅游	−0.111	7	−0.517	10	−0.506	9	−0.558	10
海洋交通运输	0.044	5	−0.463	9	−0.659	10	−0.664	11
海洋盐业	−1.738	12	−0.674	11	−0.855	11	−1.012	12

五、黄河三角洲海洋战略性新兴产业定位选择的建议

根据以上主成分分析的结果和黄河三角洲海洋产业发展现状，可以初步选择以下8个海洋产业作为黄河三角洲海洋战略性新兴产业：海洋油气业、海洋化工业、海洋生物医药业、海洋船舶工业、海水利用业、海洋电力、海洋矿业、海洋渔业。

(一)海洋油气业

从主成分分析结果可以看出，海洋油气业的综合得分是0.713，排名第一。第一主成分的得分为1.613，排名第一，表明海洋油气业的市场发展潜力大，符合海洋战略性新兴产业的特征。从海洋油气业的地位分析，黄河三角洲区域海洋油气资源丰富。我国近海分布三大油气盆地：渤海油气盆地、南黄海油气盆地和东海油气盆地。黄河三角洲渤海海洋油气业是黄河三角洲海洋经济的主导产业。《2016年中国海洋经济统计公报》显示，2015年，我国海洋产业总体保持稳步增长。其中，主要海洋产业增加值26791亿元，比上年增长8.0%；海洋油气产量保持增长，其中海洋原油产量5416万吨，比上年增长17.4%，海洋天然气产量136亿立方米，比上年增长3.9%。受国际原油价格持续走低影响，全年实现增加值939亿元，比上年下降2.0%。从以上关于海洋油气业的定量与定性分析可知，海洋油气业将可以选择为黄河三角洲海洋战略性

新兴产业，符合海洋战略性新兴产业的特征。

(二)海洋化工业

从主成分分析结果可以看出，海洋化工业的综合得分是0.514，排名第二。第一主成分的得分为1.605，排名第二，表明海洋化工业的市场发展潜力大。第二主成分的得分为1.814，排名第一，表明海洋化工业的产业竞争力较强。符合海洋战略性新兴产业的特征。从海洋化工业的地位分析，黄河三角洲区域海洋化工产业发展较早、产业基础雄厚、产业竞争力强。从全国产业发展态势看，《2016年中国海洋经济统计公报》显示，2015年海洋化工业较快增长，全年实现增加值985亿元，比上年增长14.8%，这必然带动黄河三角洲海洋化工产业快速发展，进一步提升产业竞争力和扩大市场占有率。

(三)海洋生物医药

从各海洋产业的综合评价结果可以看出，海洋生物医药业的综合得分是0.325，排名第三。但是第三主成分得分是1.456，排名第一，表明海洋生物医药业的产业关联度最大，能够带动其他海洋产业的快速发展，符合海洋战略性新兴产业的特征。从海洋生物医药业的现状分析，海洋生物医药业作为海洋新兴产业，是国家发展的重点之一，继续保持较快增长态势。《2016年中国海洋经济统计公报》显示，2015年海洋生物医药业持续快速增长，全年实现增加值302亿元，比上年增长16.3%，成为增速最快的海洋产业。

(四)海洋船舶工业

从定量分析结果得出，海洋船舶工业的综合得分是0.284，排名第四。第一主成分得分0.536，排名第四，说明海洋船舶工业的市场发展潜力比较大，具有发展优势。第三主成分得分0.397，排名第五，反映了海洋船舶工业具有比较大的产业关联度，具有海洋战略性新兴产业的特征。从海洋船舶工业的发展现状看，《2016年中国海洋经济统计公报》（以下简称显示《公报》），2015年，海洋船舶工业加速淘汰落后产能，转型升级成效明显，但仍面临较为严峻的形势。全年实现增加值1441亿元，比上年增长3.4%。

(五)海水利用

从定量分析结果可以看出，海水利用业的综合得分是0.216，排名第五。第二主成分的得分为0.658，排名第三，表明海水利用业的产业竞争力较强，具有相当的市场前景。海水利用业的发展现状分析，海水利用业作为海洋新兴产业，发展迅速。《公报》显示，2015年，海水利用业保持平稳的增长态势，发展环境持续向好，全年实现增加值14亿元，比上年增长7.8%。

(六)海洋电力

从定量分析结果可以看出，海洋电力业的综合得分是0.196，排名第六。第二主成分的得分为0.048，排名第五，表明海洋电力业的产业竞争力较强，具有相当的市场前景。海洋电力业的发展现状分析，海洋电力业作为海洋新兴产业，发展迅速。《公报》显示，2015年，海洋电力业发展平稳，海上风电场建设稳步推进，全年实现增加值116亿元，比上年增长9.1%。

(七)海洋矿业

从定量分析结果可以看出，海洋矿业的综合得分是0.111，排名第七。第三主成分的得分为-0.241，排名第七，表明海洋矿业的产业关联性比较强。海洋矿业的发展现状分析，海洋矿业作为海洋新兴产业，发展迅速。《公报》显示，2015年，海洋矿业快速增长，全年实现增加值67亿元，比上年增长15.6%，发展速度排名第二。

(八)海洋渔业

从定量分析结果可以看出，海洋渔业的综合得分是0.082，排名第八。第一主成分的得分为-0.021，排名第六，说明海洋渔业的市场发展潜力比较大，具有发展优势。海洋渔业的发展现状分析，海洋渔业育种与培育作为海洋新兴产业，发展迅速。《公报》显示，2015年，海洋渔业保持平稳发展态势，海水养殖和远洋渔业产量稳步增长，全年实现增加值4352亿元，比上年增长2.8%。

第二节　黄河三角洲海洋战略性新兴产业布局优化

一、黄河三角洲海洋战略性新兴产业布局状况

(一)总体布局

黄河三角洲拥有着丰富的自然资源、独特的生态环境、优越的地理位置和巨大的开发潜力，是继长江三角洲、珠江三角洲之后又一个亟待开发的资源宝地。国家已经把黄河三角洲列为高效生态经济区，作为海洋经济发展的重要区域。

山东半岛根据《黄河三角洲高效生态经济区发展规划》的要求，按照产业集聚、城市辐射、突出重点的原则，立足产业基础和开发潜力，充分考虑区域分工和联系，突出区域特色，按照"四点、四区、一带"布局。即加快东营、滨州、潍坊、莱州四个港口建设，重点规划建设四大临港产业区，形成北部沿海经济带，初步规划面积约4400平方千米，建成全省的生态产业基地、新能源基地和全国的循环经济示范基地。四区即东营、滨州、潍坊、莱州四大临港产业区。依托港口和铁路交通干线，加强基础设施建设，大力发展临港工业、临港物流和现代加工制造业，推动人才、物资、资金、信息等生产要素的高效流动和快速集聚，促进产业集群式发展，成为北部沿海经济带的关键支撑。

要以发展高效生态经济和绿色产业为主导方向，实行保护性开发，走可持续发展的路子。包括进一步加快油气资源的勘探开发步伐；依托能源资源优势，重点发展石油化工、盐化工和海洋化工、农用化工等各类化工产业；积极构架大交通网络格局；大力推广滩涂贝类资源的农牧化经营，提高海水养殖的规模化、集约化；按照现代农业的要求，加快现代化农业的建设步伐。根据资源环境承载能力、发展基础和潜力，着眼于充分发挥比较优势，按照高效与生态相统一、发展和保护相一致、人与自然相和谐的原则，结合自然资源的组合

特点，区域发展规划，按重点开发区、限制开发区和禁止开发区三类功能区规划。遵循循环经济发展理念，以资源合理开发和高效利用为目标，以主体功能区划为依托，加快构建高效生态产业体系，促进资源优势加快转化为发展和竞争优势，实现高起点跨跃发展。依托山东半岛城市群和济南城市圈，对接天津滨海新区，服务环渤海，面向东北亚，以建设高效生态经济区为目标，以改革开放和技术进步为动力，以完善基础设施为先导，以园区经济为载体，遵循循环经济理念，大力发展现代农业、现代加工制造业和现代服务业，加速构建现代产业体系，加快发展外向型经济，促进经济社会又好又快发展，建成全省重要的现代农业经济区、现代物流区、技术创新示范区、全国重要的高效生态经济区，成为促进全省科学发展、和谐发展、率先发展的新的重要经济增长极。

(二)区域城市海洋经济布局

1.烟台市海洋经济布局

烟台市地处山东半岛中部，东连威海，西接潍坊，西南与青岛毗邻，北濒渤海、黄海，与辽东半岛对峙，并与大连及日本、朝鲜半岛隔海相望。烟台市大陆海岸线702.5千米，海岛曲线长达206.62千米。烟台依山傍海，气候温暖湿润，物产丰富，早在1万年前就有人类居住，历史堪称悠久。烟台市位于山东半岛北部，隔渤海与大连相望，是从山东进入东北亚的关键位置。烟台隔海与日韩两个重要的客源地相望，游客往来十分便捷，同时，烟台是连接重要旅游城市大连、青岛、威海的枢纽城市，便于区域合作、优势互补。烟台是华北及山东的重要出海通道，随着烟大铁路轮渡和各种交通设施的建成，烟台将成为连接东北和华北经济区的重要节点城市。从2006年开始，烟台市明确要大力发展"海洋经济""临港经济""服务业经济"，并成立了协调发展委员会，全力推动海洋经济和以旅游业为代表的服务业的发展。作为胶东重要城市的烟台，在建设蓝色经济区过程中要充分发挥资源、空间和产业等优势，以港口建设发展为突破口，以临海产业园为主阵地，以海洋科技进步为引领，以培植海洋优势产业为主线，全力打造竞争力强的海洋经济体系，努力建设优势集中、特色突出、发展集约、生态优良的海洋经济强市。按照"发挥区域特色、做强竞争优势、实施错位发展"的原则,确定"一带、三港、四区、七湾、九产业"的发展布局和战略重点。

在产业发展上,围绕高新技术产业、先进制造业、现代服务业和特色产业链,构建"4+5+5+3"产业格局,并积极培育发展新兴产业。其中,高新技术产业重点发展生物产业、电子信息、新材料、新能源等领域;先进制造业重点发展船舶工业及海洋工程装备、核电风电黄金装备制造、现代化工、汽车及零部件、冶金特钢等产业;现代服务重点发展现代物流、金融商务、滨海旅游、文化创意和服务外包等产业;依托本地产业和资源优势,打造黄金、葡萄酒和水产养殖加工等特色产业链。

2.潍坊市海洋经济布局

潍坊市海岸线长140千米,滩涂面积667平方千米,浅海海域近2000平方千米;境内资源十分丰富,已发现矿产资源58种,开采利用42种,其中蓝宝石、地下卤水储量居全国首位,原盐、溴素、油气、渔业、天然气等其他自然资源也比较丰富。潍坊既是山东半岛蓝色经济区建设的前沿区域,又是胶东半岛高端产业聚集区和黄河三角洲高效生态经济区的重点开发区域,是三个战略区域建设的重要节点,也是山东省17地市中唯一兼具三大战略功能的区域,具有十分重要的战略地位。潍坊市北部沿海地区特色产业集群不断扩大,已初步形成了海洋化工、石油化工、医药化工、精细化工、机械装备、纺织服装等主导产业,并在海洋装备制造、新能源、临港物流、现代制造业、高效生态农业、现代服务业和滨海旅游等特色高端产业领域取得了一定突破,形成了现代蓝色产业体系的雏形。

对于潍坊蓝色经济区发展,要从自身的条件和特色出发,一是打造带状海洋经济区。涉海企业在空间选址上趋向在沿海中心城镇集聚,形成了以北部沿海大家洼、央子、羊口、侯镇、田柳、台头、营里、上口、卜庄、柳疃、龙池11个乡镇(街道)为聚集点,荣乌高速以北区域临海产业经济带为发展轴线的"点—轴"空间结构系统。依托区域中心点的产业集聚和带动效应,初步形成了以滨海经济开发区、寿光市及昌邑市沿海地区特色海洋产业为主体的三个块状经济带。二是大力发展海洋循环经济。潍坊市海洋化工产业具有循环经济发展的基础和优势。近十几年来，创立了以海洋化工为主导产业的具有鲜明特色和国际示范价值的循环经济发展范式，形成了循环经济链网体系，实现了资源在区域内的优化配置、集约利用、闭路循环和有效增值。下一步，潍坊市海洋循环经济要大力突破点的限制，逐步向多行业推广。蓝色经济区建设是一个广阔的概念，潍坊循环经济的发展要跨越地域和行业的限制，在更大范围内推广，实现由微观到宏观、由点到面的跨越。三是延长产业价值链，强化主导产业集聚优势。立足丰富的滨海地下卤水资源，潍坊市海洋盐化工业形成了以山东海化集团、大地盐化、海天生物、海能化学、新龙电化、亚星化学等骨干企业为主体的产业集群，在潍坊蓝色经济区建设中具有重要地位。潍坊市蓝色经济区建设还要重点培育海洋高新技术产业、加速高端产业集群、大力推进海洋科技成果的推广应用和产业化，加快构建现代高新技术蓝色产业体系。重点发展海洋装备制造、高端石化等特色高端产业。依托海洋高新技术产业发展壮大，进一步推动滨海新区产业园、寿光"八大500亿级产业基地"及昌邑五大产业聚集区的规划建设。

与此同时，潍坊要积极开展莱州湾保护工程。随着区域经济的快速发展，莱州湾地区的海洋生态环境和滩涂湿地系统正承受着前所未有的巨大压力，服务功能显著下降，可持续发展能力逐渐减弱。潍坊市在蓝色经济区建设过程中要处理好经济发展和生态环境保护的关系，合理开发利用莱州湾资源，遵循低投入、低排放的循环经济发展路径。

3.东营市海洋经济布局

东营是山东省的海洋大市，发展海洋经济前景广阔。全市海岸线长350多千米，滩涂面积180多万亩，-15米等深线内浅海面积4800平方千米，海洋资源丰富，海洋经济发展的潜力巨大。经过多年的开发建设，海洋经济取得长足发展，但海洋资源优势远未得到充分发挥，海洋经济在国民经济中的比重还比较低。东营应抓住机遇，坚持开发与保护相统一，科研与产业相融合，促进海洋一二三产业协调发展，加快构筑规模大、素质高、竞争力强的高效生态蓝色经济体系，着力实施临港产业开发、海洋渔业开发、生态旅游开发上的三个突破。在产业布局和发展重点上，依据区域总体功能定位、资源环境承载能力及发展潜力，大力发展具有传统优势的石油及精细化工、石油装备制造及新能源和高端产业，是东营产业转型的主要方向。将东营港与广利港之间1200多平方千米的临海区域作为集中突破区，集中规划布局临港产业区、生态旅游区、生态高效农业区、高端产业区，建设黄河水城。将东营建成环渤海地区重要的高效生态精细化工产业集聚区和能源供给基地，使东营成为黄河三角洲先进制造业和高新技术产业的主要承载区。在规划布局东营临港产业区的基础上，东营市要把蓝色经济作为黄河三角洲高效生态经济区建设的突破口和东营新一轮经济发展的增长点，以主体产业区、重大基础设施、生态环境建设为重点，加快推进"四区一城"的重大项目建设，初步打造高效经济区发展格局。

4.滨州海洋经济布局

滨州是山东重要的沿海城市之一，海洋资源丰富、发展空间广阔，打造蓝色经济优势与潜力明显。随着北海新区开发建设不断加快，滨州海洋产业呈现出总量虽小，但起点高、增长快的特点，变化日新月异。海洋经济对全市国民经济的贡献率显著加大，成为新的增长点。滨州要立足区域特色和海洋资源优势，以北海新区为核心，以无棣县和沾化县为前沿，突出重点区域、优势产业、重大项目，大力发展海洋经济，科学开发海洋资源，培育海洋优势产业，促进蓝色经济和黄河三角洲高效生态经济发展相融合。2015年，滨州蓝色经济增加值年均增长16%，占全市生产总值的比重达到38%以上；到2020年，蓝色经济增加值占全市生产总值的比重争取达到50%以上，真正凸显出陆海优势，形成海陆合理布局、优势互补的循环经济。在产业发展方面，滨州市应优先加快推进核心区和前沿建设，着力培植发展现代海洋渔业、海洋化工、生态能源、装备制造、海洋生物医药、港口物流、海洋文化旅游七大产业基地。通过制定科学合理的规划、完善基础设施、强化人才支撑、严守环境保护关口，建设区域性的循环经济体系，带动滨州蓝色经济腾飞。在发展层次上，滨州市结合黄河三角洲高效生态经济区建设，重点发展海洋化工业、海上风电产业、船舶制造业等海洋战略性新兴产业。

二、黄河三角洲海洋战略性新兴产业布局评价

(一)理论基础及模型构建

产业布局评价及优化相关理论、优化模型构建、评价指标的选取在本书第二章第四节产业布局评价及优化相关理论部分已经详细阐述，研究主要依据产业区位理论、比较优势理论、增长极理论、产业集群理论、"点—轴系统"理论、产业生态学理论为基础，根据优势产业布局优化原则，选取区位商、增加值比重、技术水平、出口依存度、产业规模等评价指标，基于威弗—托马斯（Weaver-Thomas，WT）的工业战略产业布局优化数学模型，结合黄河三角洲高效生态经济区的产业布局实际情况和第八章黄河三角洲海洋战略性新兴产业选取数据进行分析。

(二)评价分析

黄河三角洲高效生态经济区功能定位与产业布局之间是密切关联的，从经济区的功能定位看，产业因素是决定高效生态经济区功能定位的重要指标之一，也是功能定位的产业发展方向，因而经济区的产业布局是根据高效生态经济区的功能定位情况展开的，是功能定位在产业方面的具体实施。但同时也应看到，产业布局与功能定位存在一定的差别，就是由于产业之间关联的复杂性，功能定位的实现不仅仅是功能区内部所能完全达到的，还需要特定的辅助区域的辅助产业支持功能区的产业发展，产业布局区域要远远大于功能区的地理范围，这些问题在进行产业布局理论分析时均已经深入地进行了分析。我们利用产业布局优化模型对产业布局规划进行实证分析。

产业布局是利用产业之间的生产函数参数之间的关联程度确定的，即将参数集 I 对应的生产函数参数减去子经济区的样本参数，得到产业布局的参照标准：

$$Z_{li} = |A_c - A_s| + |c_c - c_s| + |m_c - m_s| + |b_c - b_s| \qquad (8-5)$$

同样可以推导出其他子经济区对产业在该地区发展的生产函数参数与对照参数的差值，取数值最小的地区作为该产业的布局地区：$D=\min (Z)$

1.产业布局模型参数量化分析

根据经济区经济地理边界和城市之间综合效应的系统聚类结果和黄河三角洲海洋战略性新兴主导产业选择结果，笔者选择容易在区域之间造成产业竞争的海洋油气业、海洋化工业、海洋生物医药业、海洋船舶工业、海水利用业、海洋电力、海洋矿业、海洋渔业8个产业的布局进行布局分析，而对于港口经济产业、沿海旅游产业和沿海生态产业等与区域特征密切关联的产业不进行布局分析。在选择产业布局的参照对象时，选择山东半岛地区的综合数据为参照对象。根据产业布局模型，利用Eviews进行编程分析，按照产业布局的参照标准公式进行参数关系换算，分析结果见表8-11。

表8-11 黄河三角洲海洋战略性新兴产业生产函数关系分析

海洋产业	各产业的产业布局参照标准值		
	黄河三角洲区域	半岛鲁东南区域	半岛前岛区域
海洋渔业	0.9035	0.3328	0.1766
海洋油气业	0.0957	0.4463	0.9576
海洋矿业	0.0846	0.3259	0.5941
海洋盐业	0.9071	0.4825	0.1743
海洋船舶工业	0.9515	0.0465	0.4151
海洋化工业	0.1936	0.9952	0.1978
海洋生物医药	0.8188	0.1092	0.1012
海洋工程建筑	0.6418	0.0848	0.0705
海洋电力	0.4735	0.0891	0.4804
海水利用	0.9874	0.0961	0.4686
海洋交通运输	0.6766	0.0748	0.0915
滨海旅游	0.5776	0.0596	0.4396

通过表8-11可以看出，山东半岛产业布局具有三个明显的特征，半岛鲁东南片区产业布局密集度最高，产业类型呈现多样化，这主要受益于青岛市对

该区域的带动作用，在分析的12个产业中，海洋船舶工业、海洋生物医药、海洋工程建筑、海洋电力、海水利用、海洋交通运输、滨海旅游7个产业适合分布于该地区，加上青岛和日照具有的港口经济和优秀的旅游资源等，山东半岛的鲁东南片区成为山东半岛蓝色经济区的龙头区域。而以烟台和威海为核心的前岛片区，也有6大产业适合布局在该区域内，在海洋渔业、海洋生物医药、海洋盐业、海洋化工业、海洋工程建筑、海洋交通运输等产业方面，也争得与青岛相同的产业布局机会，成为山东半岛的主体区。

而黄河三角洲沿海及相关区域，在海洋油气和海洋化工产业方面具有较好的适宜位置，加上黄河三角洲的高效生态经济国家战略规划，黄河三角洲地区及其关联的济南高新技术产业的辐射，黄河三角洲地区也是蓝色经济区重要的辅助与辐射区域。

另外，以上三类经济区的形成，与其核心城市青岛、日照、烟台、威海、潍坊、东营、滨州和济南的经济带动作用密切相关，特别是济南能够从经济地理意义上包含在蓝色经济区的范围内，主要是济南高新技术经济的辐射影响作用，也是蓝色经济区建设产业发展的核心区域，要充分挖掘和利用以上区域的产业带动作用。

2.黄河三角洲海洋产业布局规划与分析结果对照分析

目前黄河三角洲海洋战略性新兴产业的选择，突出了海洋高端产业、海洋战略性新兴产业和现代临港产业的配置等。从当前的高效生态经济区产业布局规划上主要是围绕着几个核心区进行产业规划。

滨州海洋化工工业聚集区，发展重点是海洋化工工业、海上风电产业、中小船舶制造业、物流业；东营临海石油产业集聚区，发展重点是我国最大的石油储备基地后方配套设施区、海洋石油产业、商务贸易业；潍坊海上新城，发展重点是海洋化工工业、临港先进制造业、绿色能源产业、海上机场等；莱州海洋新能源产业集聚区，发展重点是盐及盐化工工业、海上风能产业。

通过以上的产业布局看，黄河三角洲高效生态经济区建设管理部门首先在产业发展的空间载体方面，确定了海洋战略性新兴优势产业培育，也正因如此，山东省筛选出100个示范园区、322个重大建设项目，主要围绕港口、机场、铁路、公路、能源、水利、信息7个领域，希望通过合理的产业布局促进局部区域经济的发展，进而带动整个区域经济的发展。

结合产业布局适宜度的分析结果看，尽管黄河三角洲高效生态经济区的海洋战略性新兴产业布局规划具有较强的战略导向作用，但还明显存在基础建设项目过于集中的问题，产业之间的布局容易导致同质竞争，例如，海洋化工产业布局范围较大，海洋建筑工程项目投入比重偏大。今后随着高效生态经济区基础设施的完善，产业布局要进一步强化产业之间的关联关系，努力向烟台、淄博、潍坊等内陆濒海区域延展产业链条，提高区域产业之间的总体竞争力，形成涉海高端产业聚集竞争的阵地，充分利用东北亚区域经济的优势，积极发展外向型经济，特别是海洋战略性新兴产业，积极培育具有国际竞争力的海洋产业，实现以黄河三角洲海洋战略性新兴产业集聚区带动黄河三角洲整体经济发展的战略目标。

三、黄河三角洲海洋战略性新兴产业布局存在的问题

(一)产业结构层次不高，组织化程度低

黄河三角洲地区现有的海洋战略性新兴产业结构以海洋油气业、海洋化工业、海洋电力业为主，海洋船舶工业、海洋渔业规模有限，海洋生物医药业、海水利用业、海洋矿业尚处在起步阶段。而海洋战略性新兴产业多以依靠资源为集群发展的动力机制，资源作为企业生产的原材料，产业链环节的上游，企业多集中于生产资料初加工阶段，中下游的精细加工偏少，产业结构层次低。黄河三角洲除去石油化工行业多为大型国企外，其他海洋新兴产业以中小企业居多，集中于工业园区内进行生产和加工，大规模企业数量有限，中小企业在资金方面没办法和大型企业相提并论，因此在技术支持和创新力等方面依然存在诸多不足，新型厂房和设备有待全面升级，客观条件的限制致使产品技术含量低，附加值低，最终降低了产业的整体层次水平。浅海养殖品种单一，尚未形成真正的品种优势；工厂化养殖和设施渔业主要集中在少数企业，尚未形成

规模效应；水产品加工企业少，规模小，尚未做大做强。盐及盐化工业刚刚起步，主要以原盐生产为主。滨海旅游业主要围绕东部黄河三角洲自然保护区展开，没有辐射到整个区域，且缺乏与其他产业的有效融合，游客数量有限，产业规模较小。使得黄河三角洲海洋战略性新兴产业经济总量不大，"渔盐结合式"的传统产业特征明显，对陆域经济的带动作用有限，海洋产业的组织化程度低，总体上处于离散型初级开发阶段，产业间关联程度低，配套程度低。港口运输、滨海旅游和盐化工业等产业之间缺乏有效联系。各种渔业协会功能作用不明显，渔业的社会化服务程度比较低，行业自律和专业化水平有待提高，产业结构层次亟待提升，产业布局有待优化。

(二)海洋类骨干企业、拳头产品少，产业链条短，市场竞争力不强

基于黄河三角洲优势禀赋各异，产业链上的支柱产业经济效益显著，投资者多集中于主导产业链环节经济利润中，从而存在产业链某一环节偏重，均衡发展失调现象严重，使产业集群链条的完整度偏低，地区之间的产业链分布不均衡，难以实现专业化分工互补，如果不及时调整产业链条分布，主导产业链环节就会聚集着大量的企业，而相对弱势的产业链环节则企业匮乏，大量同质化的产品进入市场，并引发激烈的产业内部竞争。近些年，区域内涌现出了一批海洋骨干企业。但是，类似海星集团这样的集育苗、养殖、加工于一体的龙头企业数量少，缺乏在国内外有影响的知名品牌。盐业发展较快，形成了几个大型盐场，但目前主要以原盐生产为主，烧碱、纯碱、氯化镁等盐化工产品少，产业链条短，经济实力和市场竞争能力难以与鲁北化工、山东海化等大型海洋化工集团相比，尚未形成盐化工企业聚集的产业园区。港口、盐化工基地等一批重点项目建设进度慢，延缓了经济区海洋资源优势向海洋经济优势转化的进程。特别是由于港口建设滞后，腹地支撑条件有限，港口长期以来缺乏散货和集装箱装卸功能，尚未形成物流、人流和资金流的聚集。临港工业刚刚起步，装卸、引航、集疏运等港口靠泊服务作业水平比较低，贸易、货代、船务、航运交易、港口物流等高端服务业基本上处于空白状态，港口作为区域经济增长极的作用远远没有发挥出来。

(三)海洋科技力量薄弱,产业和科研之间结合不够紧密

海洋战略性新兴产业的发展依靠技术创新,技术创新来源于大量的专家学者的科研创造,高等科研院校是技术创新的原产地,要确保经济区战略性新兴产业在山东省乃至全国有竞争优势,就要重点培养科技水平创新人才。黄河三角洲由于交通要道的相对闭塞,重点城市对外宣传力度有限,很多学者对黄河三角洲的认知不足,了解上存在偏差,较难引进大量优秀科研人才,再加上区域内的高等院校较少,对于人才的培养依旧力度不足,区域内大量的优秀人才选择到外面的高等院校进行进修,由于区域内环境的脆弱及交通的不便,大量学者选择留外发展,致使区域内产业集群创新力不强,产业层次水平偏低。区域内院校主要分布在东营和滨州地区,其中有胜利学院为石油行业提供专业人才,东营技术学院培育技工人员,职业学院培养综合型人才,但缺乏国家重点培养院校,降低区域内相关技术人员素质文化水平。区域内虽然有中石化胜利油田研究院、地质院、勘探院和采油院四大油田科研所,但每年需要提高大量的资金才能引进国内高等学府的优秀人才,人力成本大幅上升,且盐化工、海水利用、海洋新兴能源、高效渔业等多为中小企业,其产业集群专业化研究机构甚少,高技术水平人才欠缺。2015年区域内中等专科职业学校共28所,仅占山东总学校数的5%,区域内总毕业生人数有22864人,仅占山东省总毕业人数的6%,区域内专任教师数为2959人,占山东省的5.64%,均低于山东省的平均水平。高等人才的资源、科研院所的短缺,严重影响区域内海洋战略性新兴产业的发展,限制区域产业集群经济效益的提高,致使区域整体产业层次水平偏低,海洋高新技术产业发展比较缓慢。

(四)区域发展不平衡

经济重心趋海转移的趋势必然打破传统的区域空间发展格局,以城区和经济开发区为中心的原有工业发展布局向以临港工业区和示范区为核心的海洋产业布局转移必将加快人力、物力和财力向沿海一带聚集。这种"趋海发展型模式"在一定时期内将对区域内陆经济发展产生一定的影响。如何统筹协调好陆

海经济发展，实现以陆促海、陆海一体和海陆联动发展，是实现黄河三角洲海洋经济布局调整的关键。

(五)同海洋产业之间出现海域使用冲突

旅游产业、海水养殖业、港口运输物流业、盐业及自然保护等行业用海类型均具有排他性。这是全国海洋产业共有的问题。黄河三角洲高效生态经济区海洋开发也遵循上述规律，不同行业就海岸线、滩涂和浅海等方面的使用问题存在矛盾。随着海洋开发的深入，海洋产业之间的冲突不可避免，盐业、渔业、石油勘探开发、海港和航道建设相互影响的问题也很突出。如海水养殖业占用了大量的岸线和近海海域，挤压了盐及盐化工业及滨海旅游业的发展空间；港口开发与临港工业发展对黄河三角洲旅游度假区也会产生一定的影响；临港工业的不合理布局会对湿地生态环境和自然景观造成直接破坏等。有限的岸线资源要求我们必须科学规划和合理配置海洋产业发展空间，集约经营海洋资源，实现沿海一线协调有序发展。

(六)加强生态建设,促进资源环境协调发展的任务较重

黄河三角洲生态系统比较脆弱，土地盐渍化现象严重，加上黄河断流和潮汐等自然因素的影响，沙化和盐碱化土地比重高达85%以上，植被种植难度较高。而黄河三角洲经济依附资源开采而增长，其丰富的矿产资源储量是经济增长的基础，推动了石油、化工、盐业等海洋产业的发展，在其为地区经济做出巨大贡献的同时也造成了严重的污染排放，典型生态系统破坏严重。加强生态建设，保护环境，促进资源环境协调发展的任务比较重。例如，在海洋渔业资源开发方面，过度的近海捕捞使渔业资源遭到破坏，经济品种产量低，资源枯竭日趋加重。近年来，随着陆源排污增多和淡水入海量减少，经济区海域的底栖生物多样性不断减少，海洋生物产卵场逐渐消失，海洋生态环境质量不容乐观。随着港口设施逐步完善和临港经济开发区的快速发展，以港口物流和临港产业为支柱的新的人口产业聚居区将在沿海地区形成，各种城市基础设施建设将对岸线和海域环境产生一定的影响。

四、黄河三角洲海洋战略性新兴产业布局动态优化对策

(一)制定海洋产业布局规划,完善相关产业政策体系

市场经济条件下,企业在海洋产业布局中居于主体地位,但由于外部性、信息不对称及某些海洋产业的公有性等特征,使得市场机制在我国海洋产业布局优化过程中存在一定的失灵,因此,建立和完善现有体制下海洋产业规划布局的国家宏观调控体系具有重要意义。目前,我国海洋产业布局中存在的一系列问题其中很重要的一条,就是各种海洋产业分属于不同的管理主体,没有一个真正能够把海洋产业管理协调起来的机构,各产业自身的发展布局是有计划的、自觉的,但整个海洋产业的规划布局则是不协调的、自发的。各级政府根据产业结构演进的一般规律,从整体效益出发,有效利用各省海洋特色资源的支撑力和区位的优越性,制定海洋产业调整规划及相应的产业政策,加强与海洋产业布局优化相适应的软环境建设,通过媒体宣传、信息发布、市场预测等使社会明确海洋产业布局的重点和方向,通过行政、法律、财政等手段,引导企业将资源按比例合理投放到海洋主导产业、基础产业和瓶颈产业;提供资金投入方面的制度供给,推进投融资体制改革,拓宽融资渠道,提高投资效率。此外,政府财政的转移支付要与产业结构调整、布局优化相配合,如保护近海渔业资源、利用外海或公海资源需要适度发展远洋渔业等。政府通过制定海洋产业政策对海洋经济进行管理,做到行之有度,注重干预和引导的平等性、科学性和有效性,真正做到"掌舵"而不是"划桨"。

(二)制定黄河三角洲海洋产业调整规划,建立健全相关法律法规

目前,黄河三角洲海洋产业的发展问题已经引起了省级政府的高度重视,尽管已有《全国海洋经济规划纲要》《国家海洋事业发展规划纲要》等纲领性文件从不同角度为海洋事业、海洋经济指明了发展方向,但迫切需要结合海洋经济发展实际制定更有针对性、更加具体的海洋产业发展政策。合理引导投资方向,鼓励和支持发展先进生产能力,限制和淘汰落后生产能力,促进传统海洋产业走上集约化发展道路,推动海洋战略性新兴产业迅速发展。在法律政策

体系方面，我国已经制定和实施了《中华人民共和国海洋环境保护法》《中华人民共和国渔业法》《中华人民共和国海上交通安全法》《涉外海洋科学调查研究管理规定》《矿产资源勘察区块登记管理办法》等的法律和行政法规，虽然这些法律法规和规章的涉及范围较广，而且内容与《联合国海洋法公约》的原则和有关规定基本上一致，但涉及有关海域权属管理制度、海域有偿使用制度、海洋功能区划制度及海洋经济统计制度等方面的法律法规体系尚有待进一步补充和完善。这样既可以维护我国的国家主权和海洋权益，也促进了黄河三角洲区域海洋资源的合理开发和海洋环境的有效保护，使我国的海洋综合管理逐步走上法制化轨道，为国内外企业进入海洋经济领域创造良好的投资环境。另外，我国还要建立适应海洋经济发展要求的行政协调机制，明确中央和地方、各有关部门在海洋管理中的工作职责，加强海上执法队伍的建设及相关法律法规的执法力度。

(三)实施生态化的海洋战略性新兴产业综合布局

按照《全国海洋经济发展规划纲要》，我国的海洋经济区域分为海岸带及邻近海域、海岛及邻近海域、大陆架及专属经济区和国际海底区域，开发和布局的时序是：由近及远、先易后难，优先开发海岸带及邻近海域，加强海岛保护与建设，有重点开发大陆架和专属经济区，加大国际海底区域的勘探开发力度。其中开发布局的重点是海岸带及邻近海域。根据区域自然条件和资源禀赋、经济发展水平和行政区划，把我国海岸带及邻近海域划分为辽东半岛、辽河三角洲、渤海西部、渤海西南部、山东半岛、苏东、长江口及浙江沿岸、闽东南、南海北部、北部湾和海南岛11个综合经济区，黄河三角洲高效生态经济区覆盖渤海西部、渤海西南部、山东半岛三个综合经济区，而这三个海洋经济区，每个海洋资源的类型都不相同，支柱产业也各不相同，各地区政府要把海洋经济作为重要的支柱产业加以培养，发挥各地区比较优势，打破行政分割和市场封锁，努力形成资源配置合理、各具特色的海洋经济区域。我国的大陆架和专属经济区分为黄渤海、东海和南海三大区域，三个区域的渔业资源和油气资源的状况各不相同。从总体上来说，要加强对大陆架和专属经济区的渔业资源的保护，逐步恢复渔业资源；采用多种手段对大陆架和专属经济区的油气田进行调查勘探，扩大勘探范围和程度，从而增加我国的油气资源储备。海底深处蕴藏着地球上大部分矿产资源，因此加强国际海底区域资源勘探、研究与开发，是我国海洋区域布局政策不可或缺的组成部分。为了维护我国在国际海底区域的权益，应当持续开展深海勘察，大力发展深海技术，加强生物基因技术的研究与开发，适时发展深海产业，其政策的核心内容是大力开发技术能力，只有拥有了先进的技术才能在国际海底区域的开发中占据优势。

(四)合理布局和优化海洋各类优势产业及结构

海洋新兴产业主要是指海洋高新技术产业，从技术层次看，它处在最前沿，代表了海洋产业技术发展的最高水准。在规模经济效益得到充分利用的条件下，当单靠增加投入量和扩大规模已难以取得良好效益时，海洋新兴产业的发展可以进一步提高劳动生产率，降低消耗，并获得更好的投入产出效果。海洋主导产业与其他产业的关联作用强，具有较高劳动生产率和收入弹性。这类产业通常是直接为满足最终需求服务的，因而附加价值高，技术水平先进，潜在的市场扩张能力强，对其他海洋产业具有牵动作用。正确选择布局海洋主导产业，并予以积极的干预和扶持，是实现产业结构转换的核心。海洋支柱产业是指在海洋生产总值中所占比重最大，具有稳定而广泛的资源、产品市场的产业，这类产业部门往往是依靠区域优势发展起来的。发展支柱产业的主要目的，是为国家提供更多的积累和消费，增强海洋经济实力。海洋基础产业是指为海洋经济其他产业部门提供生产资料和其他支持的基础性产业部门，这些产业部门的超前发展往往能为其他海洋产业部门（包括主导产业、支柱产业在内）的发展创造条件，反之则可能阻碍或延缓整个国民经济的发展。以上四类产业，从静态看，除海洋基础产业外，海洋支柱产业、主导产业、新兴产业的技术层次依次递增，各海洋产业产值在国民生产总值中的比重则顺向递减；从动态看，海洋支柱产业、主导产业、新兴产业在发展中则存在替代现象；从主导产业的发展看，一方面是要强化现有海洋支柱产业，另一方面则是要从现有主导产业中筛选出未来的支柱产业。可以说，海洋主导产业是未来的、潜在的支柱产业。当然，由于海洋新兴产业、支柱产业的发展又具有一定的风险性，也需要政府的重点规划和扶持。

(五)推动海洋战略性新兴产业集群式发展,优化资源产业空间布局

海洋资源的开发、产业的布局与生产力的空间布局是不可分割的过程，必须统筹兼顾。根据黄河三角洲经济区内海洋资源的区位特征、交通条件和市场环境布局相应的海洋战略性新兴产业，把产业布局的优化与区域协调发展战略融合起来。国外经验证明，城镇经济发展，商业服务业、交通运输业、通信业等的发展都将有了依托和基础条件，所以要把海洋产业布局优化与加快沿海城镇建设结合起来。沿海城镇渔港经济区建设，是建设沿海海洋经济密集带的突破口，也与海洋产业布局的优化密切相关。沿海城镇渔港经济区集区域物流、人流、资金流、信息流于一体，是海洋第一、二、三产业聚集、带动与辐射经济区经济发展的杠杆。通过加大临港基础设施的投入，在建设现代化临港产业集聚区的基础上，结合集镇建设和产业聚集，形成产业层次高、结构合理、布局优化、辐射带动明显的现代海洋经济聚集区。同时，沿海城镇经济区和聚集区的形成，是逐步完成农业劳动力向非农产业转移这一历史性任务的必由之路，也是整个海洋产业结构调整的重要环节。

(六)坚持陆海发展并重,加强海洋环境保护

海洋污染来源于陆地和海上，主要来源于陆地向海洋倾倒的垃圾污染物，因为超过海洋自身的净化能力导致污染，且日渐增强，因此，改善海洋环境质量，必须坚持陆海并重。在现有的海洋区域自净能力基础上，控制排放入海的污染物的种类、数量和速度，解决好污染水和生活垃圾的接收问题，建立并完善监管体系，对企业和市政向海洋排放的污染物加强监督和控制，做到达标排放，违法者依法追究。同时，提高战略高度到社会、经济和生态协调发展的高度，制订适合三次产业切实可行的可持续发展计划，分阶段分目标的完成；在各地资源环境承载力的基础上运用科学的方法确定各产业发展规模，尤其监测农药、化肥、饲料等的利用量等，合理布局海水养殖业，科学确定海水养殖量，减少农业和养殖业对海洋的污染。提高水资源使用率的同时还要抓好海上

污染控制，保护好近海生态环境。海洋污染一部分来源于海上，又以海洋的油田油井船舶事故为主，因此要加强对钻井平台、船舶的管理。对于已经被污染的海域，在建设海洋保护区及生态示范区的同时，持续强化海岸的保护和防护林建设，严禁开采珊瑚礁，采伐红树林和防护林，逐步改善沿海生态环境。

(七)加大财税金融政策支持力度，逐步确立企业投资主体地位

战略性新兴产业多为技术含量高、研发周期长、风险较高的产业，需要大量、连续的资金注入。政府在战略性新兴产业的投融资体系中居于基础性地位，主要发挥引导、监控和辅助作用。在发展战略性新行产业中，应整合财政专项资金，加大财政投入力度，带动社会投资，促进产业发展。我国投资体制改革目标是实现投资主体多元化和融资渠道多样化，让市场在长期资源的配置方面发挥主要和关键的作用。海洋产业布局的投资主体有两个，即企业和政府。政府投资的领域主要限定在为企业创造投资条件的海洋基础设施、海洋基础产业等方面的公共投资，作为海洋产业布局投资的引导，其作用不可替代，但却无法弥补企业投融资需求。为此，应多方面拓宽投融资渠道，逐步确立企业的投资主体地位。首先，在财政税收上给予涉海企业以优惠政策，例如，对一些联港实行"集团经营，以港养港"的策略，联港应该成为企业化经营主体，政府在前期投入后，对联港发展的前些年，采用减税或免税政策，通过联港利润作为滚动资金推动岸线其他产业布局所需。其次，积极引进外资，特别是对于一些大型临港工业（造船、钢铁、化工等），外资的引入不仅可以解决资金不足的问题，还可以通过国外先进的科技和管理模式，提升临港产业的整体竞争力。最后，重视民间资金的作用，积极支持、鼓励和引导民间投资，把民间投资纳入海洋经济发展计划之中，为民间投资创造良好环境，逐步实行公平的市场准入原则，拓宽民间投资在海洋经济领域的投资和融资渠道。

(八)加强战略性新兴产业专业人才队伍建设，构建海洋科技创新体系

建立科技创新体系，加强海洋产业布局优化的科学研究，依靠海洋科研机构，按照市场机制规律，把握政府推动原则，全面、有序、合理地整合区域内

的科技资源，并据此加强海洋布局的科技创新体系，提升布局的科技实力；合理分配海洋布局科研专项基金，扶持重点的产业布局优化技术和项目，保证项目的推进与完成；加强企校合作，以培养高层次、创新型工程技术人才为目的，调动和发挥企校合作办学的积极性，进一步加大省财政企校合作专项资金投入，鼓励高校、科研机构与企业联合培养高端人才，鼓励通过重大项目带动建立双向人才交流机制，通过订单培养、委托培养、定制培养、就业引导、项目引领等多种合作模式，搞好供需对接，按需培养人才。加强职业教育。根据产业发展需要，大力推行就业导向的培训模式，增强培训针对性和有效性。加大职业培训资源整合力度，选择一批技术力量强、科研水平高的战略性新兴产业企业，建立实习实训基地，提高培训能力。加大财政补贴和税收优惠力度，鼓励和引导社会力量开展职业培训，在师资培养、技能鉴定、就业信息服务、政府购买培训成果等方面与其他职业培训机构同等对待。强化人才引进工作，充分利用当前人才流动加快、引进成本降低的有利时机，推进人才引进工作。积极营造尊重个性、张扬特长、激励探索、提倡冒尖、鼓励创新、宽容失败的人才培养环境，加大人才引进的宣传力度，通过实施"千人计划""万人计划"和"泰山学者"等一系列高层次人才培养和凝聚工程，重点引进一批创新创业领军人才，尽快形成山东战略新兴产业的人才高地。制定合理的激励机制，采取公平、公正的竞争方式，营造良好的人才发展环境，充分调动科研人才的积极性，不断提升科技对海洋战略性新兴产业布局的贡献率。

第三节　黄河三角洲海洋战略性新兴产业发展路径

一、黄河三角洲海洋战略性新兴产业发展基本模式

根据海洋战略性新兴产业技术附加值高、对资源的综合利用性强、低碳、与陆地经济联系紧密等产业发展特征，我们提出黄河三角洲海洋战略性新兴产业的基本发展模式。

(一)高新技术创新引领发展模式

加强海洋高新技术创新能力,加快高技术产业化进程,积极推动海洋装备制造业、深海矿产资源勘探开发等产业的快速发展。大力发展石油钻采专用设备制造、海洋工程大型铸锻件生产和风电设备制造,大力发展海水淡化设备制造、深海养殖与捕捞设备制造,推进海洋装备制造产业集群建设。在推动深海矿产资源勘探开发产业方面,坚持利用高新技术引领上下游产业一体化发展,有选择地发展下游产业,完善产业结构,增强产业抗风险能力。坚持科技创新,不断提高勘探成功率和采收率,重点建设面向环渤海经济圈的东海、渤海天然气田,逐步形成多个区域性市场供应体系。

(二)资源保护下的综合开发利用模式

在有效保护并逐步改善海洋环境,维护良好生态系统前提下,加强对海洋资源的综合利用,推动海水综合利用产业、海洋生物医药产业和海洋可再生能源产业等的发展。加快研发和推广海水综合利用的技术、工艺和装备,推进海水综合利用关键技术产业化。选择基础较好、条件适宜的沿海地区分层次建立海水利用示范工程和示范区,努力形成工业海水、生活海水、淡化海水三大产业群。推动海洋生物医药产业向高精尖端延伸,打造生物医药领域科技优势产业、优势产品。加快海洋生物技术研发,培育高科技、高附加值的新产品,推动以海洋药物、生物功能制品、海洋生化制品等为重点的项目建设。大力发展风电、太阳能、波浪能、潮汐潮流能、生物质能等海洋再生能源产业。加快海洋电力技术的研发,包括风电技术、波浪能、潮汐潮流能发电技术等,继续加强风能、太阳能、波浪能独立发电模式的海洋能开发,为孤立岛屿、钻井平台、海上设施(航标灯等)等提供电力。

(三)海陆资源对接融合的统筹开发模式

充分利用海洋和陆地资源的对接融合,积极开发岸线资源,大力发展滨海旅游、港口物流等海洋现代服务业。以黄河入海口、烟台海滨、潍坊、滨州、东营海滨等区域为重点,充分利用岸线资源,大力发展滨海旅游业。利用滨海景观和海岛资源，进一步突出海洋生态和海洋文化特色，实施旅游精品战略，发展海滨度假旅游、海上观光旅游和涉海专项旅游，努力开拓国内、国际旅游客源市场。加大力度建设港口、码头等资源，积极培育航运服务业，加快发展综合航运与港口物流业，努力形成以港口物流为主的航运服务业集聚区。利用陆地信息化建设平台，结合"数字海洋"建设，大力发展海洋监测、海洋综合管理等海洋信息服务业。以沿岸园区、产业基地、项目组团建设为载体，完善金融服务、科技研发、行业中介等公共服务平台建设，加快为海洋产业配套的现代服务业的集聚发展。

二、海洋战略性新兴产业发展的创新路径

(一)加强海洋科技创新能力,促进海洋科技成果产业化进程

加快构建政产学研相结合的海洋科技创新体系，加强企业与高等院校、科研院所开展合作，建立海洋科技创新联盟。建设一批工程技术研究中心、成果转化与推广平台、信息服务平台、环境安全保障平台和示范区（基地、园区），形成技术集成度高、带动作用强、国家和地方相结合、企业和高等院校、科研院所相结合的科技创新平台。加强海洋科技的重点攻关，努力在一批重大关键技术和具有自主知识产权的技术成果。完善国际和区域科技交流合作机制，进一步加强与欧美、日韩、东盟等国家和长三角、珠三角等地区的海洋科技交流合作。加快海洋科技成果孵化和产业化，组织实施一批高新技术产业化示范工程，着力建设一批海洋科技产业示范基地，推进以企业为主体的科技成果转化体系建设。推进海洋科技推广服务体系建设，鼓励社会团体、科研院所、高校、企业和中介组织参与海洋科技创新成果推广应用，支持海洋科技成果推广中介机构、培训机构、技术推广站的发展。

(二)构建海洋生态平衡系统,推动海洋新兴产业的可持续发展

完善海域使用动态监管，加快海洋基础地理空间数据库的数据采集和系统建设，加快建立天空—海面—水下—水下地质层多维观测平台网络建设，实现气、海观测数据共享、设备共享和数据无缝对接。加快建设海洋环境监测预警

体系，加强重点海域、海湾、主要海洋功能区环境监测。落实保护制度，从源头上减少对海洋生态环境损害。加快建立海洋环境保护责任考核，将海洋环境保护上升为地方政府责任；实施重点海域入海污染物总量控制制度，建立海洋环境容量"以海定陆"的保护模式；严格执行海洋环境影响评价制度，实现新建工程项目海洋污染零增长。其次是开展资源养护，以人工方式加快海洋生态环境恢复。加快以人工鱼礁为主要形式的海洋牧场建设，加大海洋生物人工增殖放流力度。实施红树林、海草床、珊瑚礁、滨海湿地修复工程，发挥海洋生态系统吸收、存储和转化二氧化碳的作用，发展"蓝色碳汇"。

(三)充分开发深海外海资源，拓展海洋新兴产业发展新领域

充分利用深海外海资源，特别是积极开发深海油气资源。联合国家部委及相关央企，共同出资，以股份制形式组建海洋油气开发股份公司，积极参与开发深海油资源和可燃冰、深海矿产等资源。拓宽海洋开发的资金来源，组建政府牵头、民间参与的投资基金，对深海开发给予金融支持。发展航运保险业，承担海洋运输业务提供担保服务。有序推进海岛开发与保护。以区域政府为主导、引入市场经济手段，统筹协调、因岛制宜，整体规划与有序推进相结合，实现海岛管理综合化、开发主体多元化、开发模式灵活化、开发效益综合化。优化开发有居民海岛，选择开发无居民海岛，严格保护特殊用途海岛。加强海岛资源、环境的综合调查和海岛生态环境保护，建立海岛及其周边海域生态系统监控网络，定期开展生态评估。

(四)促进海陆资源互动对接，为海洋新兴产业发展提供更广阔的基础和空间

处理好沿海地带与陆域城区开发的关系，促进海陆经济互动发展，海陆通用技术相互移植，海域水产养殖与陆域水产品加工、流通相互配套，滨海与陆域交通、旅游相互协调，海域环境保护与陆域污染治理相互推进。统筹陆地资源和海洋资源的开发利用，加强陆地经济和海洋经济的联动发展，实现海陆之间资源互补、产业互动、布局互联、协调发展的一体化发展，推动海洋经济新一轮大发展。强化海洋基础设施，构建海洋经济发展新平台。重点推进主枢纽

港建设，加快建设煤炭、原油、矿石等大型专业化码头，推动发展邮轮产业。加强海洋防灾减灾体系建设加快建设标准渔港，加强防波堤、护岸等公益性设施建设。以《全国海洋功能区划》为指导，根据沿海试点城市的产业发展特点，坚持海陆统筹原则，明确各功能区的产业重点，以一体化产业布局的角度，打造具有示范性和带动作用的差异化特色海洋功能区，避免功能区产业结构同质化。

(五)构建滨海蓝色城镇带和景观带,优化海洋新兴产业发展环境

修复和美化沿海生态岸线，构建滨海蓝色城镇带和景观带，加强沿海产业与中心城镇功能的相互衔接，为海洋新兴产业发展打造良好的环境基础。统筹区域城镇发展，构建"中心城市—城镇群—中心镇"的沿海城镇空间体系，并将城镇的形态、经济发展、生态、文化历史资源与海洋充分融合起来，打造具有文化特色的滨海城镇带。借鉴美国东海岸绿道建设经验，在沿海各城镇，每隔十几公里，在高处或风景点建设小型停车场、咖啡屋，供游人观景、休息。加快建设"沿海绿道"，保护敏感的沿海自然生态系统，维护生物多样性并为两栖野生动物迁移提供通道；同时可供人们进行爬山、骑自行车、游泳、划船等户外休闲活动，为人们提供大量的游憩机会，成为滨海旅游的重要元素。对海岸线进行景观式美化，从岸海交接处往内陆延伸1~2千米作为沿海景观带，把海洋、沙滩、青山、河流、潮汐等滨海自然景观元素和路、桥、船、社区、灯光等人工景观和活动区域有机地结合起来，形成立体的滨海蓝色景观体系，为滨海旅游等海洋新兴产业提供基础。

(六)探索海洋管理体制创新,深化海洋管理体制机制改革

加大政府引导性投入，调整海域使用金的分配比例，充分调动地方政府开发和保护海洋的积极性。创新财政投资机制，综合运用国债、担保、贴息、保险等金融工具，带动社会资金投入海洋开发建设。建立集中统一有效的海洋经济建设协调管理体制，制定和落实海洋经济中长期发展规划和功能区划，进一步完善组织领导机构。规范各级涉海管理部门的职责划分，实现管理重心下移，合理界定市、县（市、区）的管理范围和权限，明确有关部门的分工和责

任，定期研究制定有关政策措施，形成职责明确、分工合理、配合协调的管理体系。试行"包海到户"和"海岛承包"，实行"统分结合、双层经营"的海上联产承包责任制，健全近海和海岛开发的体制，解决沿海地区民生问题。进一步完善市、县（市、区）二级海洋功能区划管理体系和用海审批流程，提高海域使用审批效率。建立重大用海项目储备库，进一步完善项目用海预审制度和审核工作，充分发挥省海域使用项目审核委员会作用，完善集体决策机制。完善项目专家评审制度，加强对海域使用论证单位的管理，强化项目的科学论证。

第四节　黄河三角洲海洋战略性新兴产业发展的支持体系

在制定海洋战略性新兴产业发展战略的基础上，基于对海洋战略性新兴产业发展现状及现有政策的分析，借鉴海洋经济发达国家在海洋战略性新兴产业发展政策的成功经验，遵循科学发展观的指导，从法律法规与制度环境、技术、资金、人才的不同角度入手来构建海洋战略性新兴产业的发展支持体系，推动黄河三角洲海洋战略性新兴产业实现跨越式发展。

一、海洋战略性新兴产业法律法规与制度保障

我国海洋战略性新兴产业发展战略作为指导方针，为海洋战略性新兴产业发展指明了方向。海洋战略性新兴产业的规范、有序发展，必须有一定的法律法规和制度环境政策作为保障。要通过进一步完善海洋战略性新兴产业发展的制度环境，建立健全海洋战略性新兴产业发展的法律法规，让市场机制发挥资源配置的基础性作用，顺利实现海洋战略性新兴产业发展的目标。

(一)进一步完善海洋战略性新兴产业发展的制度环境

1.实施以生态系统为基础的海洋战略性新兴产业综合管理

基于生态系统的管理理念由来已久，随着世界资源环境压力的进一步增大，生态系统的理念逐步彰显出极大的适应性和优越性。在海洋管理领域，众

多海洋强国也将管理的方式转向基于生态系统的海洋综合管理。进入21世纪以来，世界各国在实施海洋管理、发展海洋经济时更加注重构建经济社会环境的复合发展系统，统筹海洋管理涉及所有部分之间的关系，其中以美国的海洋政策最为明显。以生态系统为基础的海洋管理升级了传统意义上以行政边界为依据的海洋管理模式，取得了经济、社会、环境多位一体的综合效益，成为各国争相采用的海洋管理方法，一定程度上昭示了未来海洋管理的大趋势。由于沿海各国基本政治制度不同，海洋管理也有不同模式。我国海洋管理体制是在陆地管理基础上自发形成的，由交通、渔政、环保、海事、边防、海关等多个行政部门构成。受海洋管理体制的束缚，我国海洋经济的发展长期以来也颇受"政出多门、令出多头"的困扰，海洋战略性新兴产业由于分属不同领域也存在多头管理的问题，致使对产业内事务的管理重复交叉，出现相互掣肘的现象，严重影响了海洋战略性新兴产业综合效益的发挥。为了顺应国际发展趋势，改变长期以来依据行政边界而非生态系统的管理模式，我国在秉承以生态系统为基础的海洋综合管理理念的前提下，应围绕海洋战略性新兴产业相关生态系统组成部分之间的关系，理顺国家海洋局所属分局与地方海洋部门的关系，促使所有涉及海洋战略性新兴产业的部门尽职尽责、严格执行各种法律法规和行政条例，在相互协同和配合的基础上发挥海洋战略性新兴产业的整体效益。

2. 形成海洋战略性新兴产业发展的协调机制

美国《21世纪海洋蓝图》指出，要实现基于生态系统的海洋管理，需要建立新的国家海洋政策决策机制，包括加强对联邦海洋事务的领导和协调，强化联邦海洋事务管理机构，建立国家、州和其他当地利益相关实体的协调机制。秉承这种思路，实施以生态系统为基础的海洋战略性新兴产业综合管理就需要建立相应的协调机制，统筹管理海洋战略性新兴产业的相关事宜，确保海洋战略性新兴产业快速协调发展。《全国科技兴海规划纲要（2008—2015年）》实施后，为进一步贯彻科技兴海的战略方针，加强国家对科技兴海工作的有力领导，通过整合相关资源在国家层面上成立了全国科技兴海领导小组。该小组积极引导海洋科技成果的快速转化，不断增强海洋科技的自主创新能力，使海洋产业的核心竞争力进一步增强，以海洋科技的进步引领海洋经济的增长方式。在重大项目和专项资金的支撑下，着力于推进海洋科技产业化核心技术的研发与示范，进一步拓展海洋高新技术的应用和海洋高科技成果的实施推广。此外，为使科技兴海的效果得到充分发挥，在全国科技兴海领导小组的带领下，结合地方科技兴海规划和各地区海洋科技发展水平的现状，成立地方科技兴海机构，配合全国科技兴海领导小组展开工作，积极利用各地的海洋资源禀赋，将科技兴海的方针落到实处。全国科技兴海领导小组的建立在一定程度上使国家海洋科技发展的重心向海洋战略性新兴产业倾斜，对于海洋生物医药业、海水淡化与综合利用、海洋可再生能源业、海洋装备业及深海产业的技术研发与成果转化给予了充分的资金支持和应用推广导向。由于海洋战略性新兴产业是以海洋高新技术为首要特征的海洋新兴产业，是为贯彻科技兴海规划实施的重要战略举措，因而尽管全国科技兴海领导小组并非是专门管理针对海洋战略性新兴产业的协调机构，但对于海洋战略性新兴产业发展所需的海洋科技事宜起到了统筹指导的作用。

美国、英国等海洋经济发达国家成立"海洋联盟"或"海洋科学技术协调委员会"等专门机构来管理和协调海洋战略性新兴产业的相关事宜，其主要职责包括提高公众对海洋及沿海资源经济价值的认识，加强国内技术产品的开发，密切产业界、科研机构和大学的伙伴关系，组织有关海洋资源开发的重大经济项目和环境项目研究，协调产业发展过程中的内部矛盾等。这些机构的成立对各国海洋战略性新兴产业的统筹协调发展起到了至关重要的作用。我国应当借鉴它们的成功经验，建立一个相对完善的海洋战略性新兴产业协调体系，从中央和地方两个层面保障海洋战略性新兴产业的有序协调发展。首先，在国家层面上，建立国家海洋局领导下的海洋战略性新兴产业管理委员会，主要负责统筹考虑和统一部署涉及国家海洋战略性新兴产业的发展方向、滚动制定海洋战略性新兴产业发展规划等重大问题；统筹考虑海洋战略性新兴产业各部门的利益关系，协调海洋战略性新兴产业各部门的关系，确保海洋战略性新兴产业综合效益的发挥。海洋战略性新兴产业管理委员会可吸纳具有丰富海洋战略性新兴产业管理委员会理论积淀与实践经验的专家、学者和行政人员作为主要

成员，定期举行例会汇总一定时期内海洋战略性新兴产业发展情况并提出今后
的发展意见，按时向国家海洋局汇报工作进展等。其次，在地方层面上，沿海
地区政府也应建立海洋战略性新兴产业管理委员会，整合该地区海洋战略性新
兴产业的力量，形成相对集中的管理和统筹协调的机制。在海洋战略性新兴产
业的发展战略指引下，国家海洋战略性新兴产业管理委员会和地区海洋战略性
新兴产业管理委员会在国家和地方两个层面管理和协调海洋战略性新兴产业的
相关事宜，把行政管理、海洋科技、海洋服务、人才、资金等各项工作组合为
一个有机的整体，统筹兼顾整体与部分、中央与地方、产业与部门的利益关系
与运作环节，最大限度地保证我国海洋战略性新兴产业的健康快速发展。

（二）建立健全海洋战略性新兴产业发展的法律法规

1. 制定海洋战略性新兴产业发展专项规划

自从国务院下发《关于加快培育和发展战略性新兴产业的决定》之后，战
略性新兴产业有关的政策法规就呼之欲出。国家发改委已经审议并原则通过了
《战略性新兴产业发展"十二五"规划（框架）》还要求加快推进具体领域的
专项规划编制工作。《战略性新兴产业发展"十二五"规划（框架）》已成为
各个领域战略性新兴产业政策密集出台的前奏，掀起各领域战略性新兴产业规
划编制的热潮。作为海洋领域的战略性新兴产业，尽管国家先前已启动了海洋
战略性新兴产业规划思路研究，国家海洋局也集中各方人士积极进行海洋战略
性新兴产业的多方探讨，千方百计地给予海洋战略性新兴产业政策扶持与指
导，但至今还没有海洋战略性新兴产业专项规划。借由《战略性新兴产业发展
"十二五"规划（框架）》审议并通过的良好时机，应加快海洋战略性新兴产
业的规划编制工作，集中力量编制《海洋战略性新兴产业发展规划》《海洋战
略性新兴产业发展"十三五"规划》。《海洋战略性新兴产业发展规划》应着力
于对加快培育战略性新兴产业进行总体部署，本着海洋新兴产业规划研究与现
有的科技兴海规划等规划和战略研究相衔接的原则，在加强对海洋战略性新兴
产业分析评估的基础上，确定海洋战略性新兴产业的范围和重点发展方向。此
外，对海洋战略性新兴产业的产业基础、资源禀赋、外部条件、发展前景等进

行综合的分析与预测，并带动海洋生物医药、海水淡化与综合利用、海洋装备、海洋可再生能源、深海产业等各个领域规划的制定。《海洋战略性新兴产业发展"十三五"规划》根据国家"十三五"规划的指导方针，尤其是针对发展海洋经济的方针，从调整海洋产业结构、转变海洋经济发展方式的角度出发，制定了符合"十三五"海洋经济发展特点的海洋战略性新兴产业发展规划。该规划较之于《海洋战略性新兴产业发展规划》更具体，是《海洋战略性新兴产业发展规划》指导下的阶段性规划，旨在促进海洋战略性新兴产业在"十三五"期间实现跨越式发展。在具体内容设置上，除须具有《海洋战略性新兴产业发展规划》相应内容外，要设立产业发展的阶段性目标，考虑阶段性目标和长远目标的关系，掌控短期利益与长期利益的平衡，以便与《海洋战略性新兴产业发展规划》实现有效地衔接。

2.建立健全海洋战略性新兴产业各个领域的法律法规

在海洋战略性新兴产业的发展过程中，应借鉴海洋经济发达国家海洋战略性新兴产业发展的成功经验，在宏观政策法规上，根据不同阶段的发展特点与时俱进地制定相应的战略决策，并不断纠正完善政策指导；在微观层面上，要积极制定各个领域的专项政策规划，并不断补充完善配套法规。从世界范围来看，海洋经济发达国家海洋战略性新兴产业的发展优势很大程度上取决于其政策法规的建立健全。各国根据自身海洋战略性新兴产业的特点，制定国家层面发展政策和规划来确定海洋战略性新兴产业的发展方向和运作模式，有效地规范和促进了本国海洋战略性新兴产业的发展。如英国的《海洋能源行动计划》及日本的《深海钻探计划》有效地引导和促进了英国海洋可再生能源产业和日本深海产业的发展。面对我国海洋生物医药、海洋装备、海洋可再生能源、深海产业等各个领域尚无专门政策规划的情况，应在各自领域的宏观政策指导下建立专门的法律法规来规范和促进其自身的发展。如海洋生物医药业应在《国家中长期科学和技术发展规划纲要（2006—2020年）》《生物产业发展"十三五"规划》的指导下，结合《促进生物产业加快发展的若干政策》，制定海洋生物医药专项法来指导海洋生物医药业的发展。该专项法的意义不仅在于规范和促进海洋生物医药业的发展，更使其在解决发展过程中遇到的问题时有章可循，为实现可持续发展奠定政策基石。另外，从一般法律体系的结构来看，除了有基本法律之外，还要有专门法规和配套措施，这样的结构体系才称的上层次分明，在实践中才更容易发挥出效力。在建立海洋战略性新兴产业各个领域的专项法律基础上，要积极完善相关配套法规，细化对具体环节的规定，不断满足产业与时俱进的发展需要。例如，我国已发布实施《海水利用专项规划》，国务院有关部门应加快研究制定相关财税激励政策，建立和完善海水利用标准体系、市场准入标准，积极开展试点示范，并对示范项目给予一定的资金支持。同时，随着海水淡化成本的不断降低，势必要通过合理调整水价及其结构，促进海水淡化水的生产和使用。因此，合理确定海水淡化水价格，制定相应的定价标准及用量政策显得迫在眉睫。再如，我国海洋可再生能源业除已颁布《海上风电开发建设管理暂行办法》《海洋可再生能源专项资金管理暂行办法》以外，仍然需要潮汐能、温差能等资源开发利用的管理办法及海洋可再生能源的技术、人才等政策条款来健全我国海洋可再生能源业的法律法规，以保证产业潜力的挖掘和综合效益的发挥。

二、海洋战略性新兴产业技术支持体系

海洋战略性新兴产业是以海洋科技的进步为发展动力的。随着海洋科技在海洋事业发展中所起的作用越来越突出，海洋科技对海洋经济的贡献率在逐步增长，海洋科技将引领战略性新兴海洋产业的发展方向，为海洋强国建设提供技术支撑。依据《国家中长期科学和技术发展规划纲要（2006—2020）》对我国 2006—2020 年的科学技术发展做出的规划与部署，结合国家"自主创新、重点跨越、支撑发展、引领未来"的科技方针，以技术创新为主线，从基础和应用研究、技术研发与自主创新、技术装备、科技成果转化、知识产权保护及国际合作等角度构建我国海洋战略性新兴产业的技术政策，借以推动海洋战略性新兴产业的可持续发展。

(一)重视基础研究和应用基础研究

基础研究是科技发展的源头和动力，是科技进步的持续驱动；应用基础研

究和应用研究是科学技术转化为现实生产力的助推器。在国家大力发展海洋经济、注重海洋科技创新的政策指引下，加强基础研究和应用研究，不断挖掘海洋科技持续发展的潜力，对于海洋经济的跨越式发展发挥着极大的基础性作用。作为新形势下贯彻"科技兴海"的重要战略举措，海洋战略性新兴产业的发展更要以科技基础和应用基础研究为前提。海洋战略性新兴产业的基础和应用基础研究应围绕海洋生物医药、海水淡化与综合利用、海洋可再生能源、海洋装备及深海产业等领域中的重大和前沿科技问题，不断突破相关基础理论和技术方法，逐步提高海洋战略性新兴产业的科技贡献率，为海洋战略性新兴产业逐步成为海洋经济发展的主导力量奠定坚实的基础。

随着研究的手段和水平的不断提高，在海洋生物学、海洋生物工程技术、海洋药物与海洋化学、海洋地质学等海洋战略性新兴产业涉及的海洋科学的基础理论研究方面要有所深入，应在海洋生物技术、海水淡化与综合利用技术、海洋可再生能源开发技术、海洋装备研发技术、深海资源开发技术及深海设施设计、研发技术等关键技术领域开展科技攻关和成果应用研究，为海洋战略性新兴产业的发展提供技术支持。在海洋生物医药领域，依托现有中药现代化的研究优势，集中力量对经中医临床实践证明确有疗效的海洋生物进行研究；加强对海洋微生物发酵技术及其代谢产物及海洋药物基因工程的研究；加强海洋药物标准化及海洋药物在重大疾病治疗方面的潜力研究。在海水淡化与综合利用领域，要积极开发海水利用工程技术，加强对海水淡化和化学元素提取技术的应用研究。另外，要注重海洋可再生能源技术应用研究及海底勘测和深潜技术，深海金属矿产勘察开发技术的应用研究，为海洋战略性新兴产业的科技创新做好技术储备工作。

(二)加强技术研发与自主创新

1.加大关键技术与核心技术的研究开发力度

技术开发是从科研到生产的中介和桥梁，是科技成果产业化过程中的中心环节，技术研发的成功与否直接影响技术创新的能力高低。对于随着海洋科技的进步而发展的海洋战略性新兴产业来说，关键技术与核心技术的研究开发能力一定程度上决定了海洋战略性新兴产业的起点。因此，要积极加大对海洋生物医药、海洋淡化与综合利用、海洋可再生能源、海洋装备及深海领域关键技术与核心技术的研究开发力度，为海洋战略性新兴产业的科技自主创新奠定良好的基础。在海洋生物医药领域，要注重突破海洋生物代谢产物资源的开发和海洋生物基因资源的开发技术"瓶颈"，亟须解决海洋生态增养殖原理与新生产技术体系、海洋水产生产的生物安保、海洋生物资源精炼技术、海洋生物基因利用和海洋生物能源开发利用的研发问题。在海水淡化与综合利用方面，要重点开展大型海水淡化技术与产业化研发，创研可规模化应用的海水淡化装备和膜法低成本淡化技术及关键材料，聚焦海水直接利用和海水淡化技术，重点研发海水预处理技术、浓盐水综合利用技术、气态膜法浓海水提溴产业化技术、浓海水制取浆状氢氧化镁规模化生产技术、浓海水提取无氯钾肥产业化技术等，适时开展对海水稀有战略资源的提取利用技术研究。在海洋可再生能源方面，要加大除潮汐能发电技术以外的其他形式海洋能的应用技术研发。在海洋装备方面，鉴于对海洋（尤其是深海）工程装备所涉及的科学技术领域的研究深度还远不及陆上装备及船舶的科学技术的情况，需要及早突破共性关键技术，像深海浮式结构物环境载荷与动力响应、海洋装备波浪与航行性能综合优化科学与技术、新概念船舶与海洋浮体、船舶与海洋浮体的非线性动力学问题、船舶与海洋结构物安全性与风险分析、深海细长柔性结构动力响应与疲劳、深海装备的模型试验与现场测试方法等。另外，我国深海技术还处于起步阶段，而深海技术的发展会带动海洋资源开发、海底探测、海上信息处理等相关领域的发展。要加大对深水油气勘探、开采技术，天然气水合物调查和开采技术，热液硫化物调查、开采和利用及热液活动检测技术，深海多金属结核和富钴结壳开采利用技术的研发，重点研究大深度水下运载技术、生命维持系统技术、高比能量动力装置技术、高保真采样和信息远程传输技术、深海作业装备制造技术和深海空间站技术，突破主要技术"瓶颈"。

2.增强科技自主创新能力

随着科学技术的日益进步，当今世界各国的竞争归根结底是科技的竞争。然而，科技的竞争不仅来源于当前科技的发达程度，更多地取决于科技的自主创新能力。我国历来注重科技的自主创新能力，2004年中央经济工作会议和2005年中共中央政治局会议都把自主创新能力作为一项重要任务来抓，并将其作为"十一五"期间海洋经济工作的重心。在《中共中央关于制定国民经济和社会发展第十二个五年规划的建议》中，更是强调增强自主创新能力，以科技的进步不断推进经济增长方式的转变。因此，要从发展海洋战略性新兴产业的角度出发，继续深入贯彻"科技兴海"战略方针，积极提升海洋战略性新兴产业的海洋科技自主创新能力，使其成为加快海洋产业结构调整和海洋经济增长方式转变的重要推动力，大力提高海洋科技原始创新、集成创新、引进消化吸收再创新能力。增强海洋科技的自主创新能力，是在海洋领域贯彻《中共中央国务院关于实施科技规划纲要增强自主创新能力的决定》的积极举措，是"十三五"时期发展海洋战略性新兴产业的必然要求。要根据《全国科技兴海规划纲要（2008—2015）》的指示精神，实现海洋科技的自主创新要优先推进海洋科技的集成创新，增强海洋生物医药技术开发、海水淡化与综合利用技术开发、海洋可再生能源、海洋装备与深海技术开发集成能力。依据海洋战略性新兴产业发展的需要，重点开展海洋生物技术集成，海水综合利用产业技术集成，开展潮汐能、波浪能、海流能、海洋风能区划及发电技术集成创新，形成具备深（远）海空间利用技术的集成等。以海水综合利用产业技术集成为例，水电联产、热膜联产等多种技术集成是主要发展趋势。技术的集成创新旨在综合利用多种技术提高资源的使用效率，达到多维的收益，在降低了成本的同时保护了生态环境，符合低碳经济的发展理念，具有很强的适用性和可行性。在海洋战略性新兴产业的发展中，增强以技术集成创新为主的自主创新能力，对于发挥其社会效益、经济效益和生态效益大有裨益。

（三）注重技术装备的升级换代

海洋战略性新兴产业的发展对技术装备有很高的要求。尽管近年来海洋科技水平有了一定程度的提高，但主要的海洋技术装备依赖进口的局面没有得到根本性的改变。海洋战略性新兴产业技术装备远落后于发达国家，在深海资源勘探和环境观测方面表现尤为突出，大大削弱了海洋战略性新兴产业技术创新的物质支撑。为更好地进行海洋战略性新兴产业的科技创新，必须尽快更新换代技术装备，以先进的技术装备为海洋战略性新兴产业的科技进步提供坚实的物质保障。海洋战略性新兴产业技术装备升级换代主要集中在海水淡化、海洋能利用及海洋矿产资源勘探开发工程装备方面。在海水淡化装备方面，围绕海水淡化产业带建设、大规模海水淡化工程实施、海水利用示范城市建设、船舶及海洋钻采平台建设，大力发展各类海水淡化装备。在海洋能利用装备方面，适应海洋可再生能源开发利用需求，重点大力发展潮汐能、波浪能、海流能、海洋风能发电装备。在海洋矿产资源勘探开发工程装备方面，立足国家海洋石油与深海矿产资源勘探开发战略需要，加快研发深层和复杂矿体采矿设备、无废开采综合设备、高效自动化选洗大型设备、低品位与复杂难处理资源高效利用设备、矿产资源综合利用设备等。

（四）加快科技成果转化

技术创新的最终目的在于科技成果的商品化，而将科技成果转化为现实生产力的关键在于产学研的紧密结合。中共十七大报告明确提出要"加快建立以企业为主体、市场为导向、产学研相结合的技术创新体系"。"十三五"期间，进一步加大力度服务海洋战略性新兴产业的发展，将加快科技成果的转化作为建立技术创新体系的实施重点，在解决制约海洋战略性新兴产业发展壮大的关键性和紧迫性技术问题的基础上，促进海洋生物医药、海洋装备业等一批先进科研成果尽快转化应用，助推海洋产业结构调整。

1.构筑科技成果转化的公共平台

要实现海洋战略性新兴产业科技成果的快速转化，首先要找到产学研结合的动力，即要取得产学研各主体目标和根本利益的一致。目标与利益的一致性需要构筑集信息交流、供求协调等于一体的公共服务平台，考虑多方利益，将海洋战略性新兴产业的产学研有机结合起来，通过互通有无、优势互补达到加速科技成果转化的目的。首先，要搭建好便于产学研交流的信息网络平台。科技成果转化需要企业、科研院所与研发部门的沟通协作，信息畅通是加速科技成果转化的有效途径。要在海洋生物医药、海水淡化与综合利用、海洋可再生能源、海洋装备及深海领域搭建各自的信息网络平台，定期汇集生产企业提供的技术攻关难题和市场需求信息，经加工整理后及时传递给有关科研院所，在科研院所的进一步研究后指导研发部门研发符合生产企业需要的产品；科研院所和研发部门也要定期向生产企业发布科技成果信息，以便企业结合市场需求选择可以尽快商品化的科技成果。利用计算机网络及其他现代化信息传输工具确保科技信息的传递及时、准确、高效，保持海洋战略性新兴产业的信息渠道畅通。其次，搭建企业之间和企业与高校、科研院所之间的供求关系平台。要加强技术经纪人队伍及各种中介服务机构的建设，为科技成果的供需双方提供可靠的中介服务，保证双方的有效合作和应有法律权益。特别是政府要加强对技术市场的宏观管理和指导，加大力度，组织协调人才、金融及各生产要素市场与技术市场的紧密结合。最后，要建立一个管理体制完善的、法律法规健全的技术服务平台。该技术平台一方面要实行开放服务，为行业提供海洋技术成果工程化试验与验证的环境及相关技术咨询服务，通过市场机制整合科研资源，使所形成的海洋技术成果实现技术转移和推广，推动建立海洋高技术联盟；另一方面要建立技术市场准入机制，建立技术项目评估规范的评审专家咨询队伍，避免伪劣技术进入市场，提高上市技术项目的水平，保障海洋战略性新兴产业科技成果转化的有效性。

2.建立科技成果示范基地

作为海洋战略性新兴产业技术创新体系中的重要一环，科技成果的推广、扩散和渗透程度从一定程度上决定了转化率和转化速度。因此，建立以大学、科研机构为支撑，以企业为主体技术创新机制，使海洋战略性新兴产业科技成果的聚集和效应不断壮大的示范基地，是加速海洋高技术成果转化的重要战略措施。在区域内，选择在海洋生物医药产业、海水淡化与综合利用业、海洋可再生能源业、海洋装备业及深海产业发展中具有雄厚的基础研究能力的地区，以政府宏观规划和政策引导为导向，充分发挥市场配置资源基础性作用，按国际一流园区的标准，尽快构建我国国家海洋生物医药产业示范基地、海水淡化与综合利用业示范基地、海洋可再生能源业示范基地、海洋装备业基地及深海基地，以此促进高层次人才、研发资金和高新技术向园区集聚，形成从基础研究、技术开发、产业化到规模化发展的海洋战略性新兴产业链体系和产业集群，形成以点带面的示范带动效应，以引领我国海洋战略性新兴产业的发展。海洋战略性新兴产业不同类型示范基地的建立，为海洋生物医药产业、海水淡化与综合利用业、海洋可再生能源业、海洋装备业及深海产业的发展搭建海洋技术成果展示和交流的平台，促进转化推广及产品推介对接洽谈，在加快科技成果转化的同时，势必为我国蓝色经济的发展创造巨大的直接经济效益和社会效益。

3.建设高技术产业园区

随着海洋经济的进一步发展，国内外纷纷创办高科技产业园来加速高新技术成果的转化。许多发达国家借鉴创建科技工业园的成功经验，兴办了一些"海洋科技园"，使之成为发展海洋高技术产业的"孵化器"，以促使海洋科技成果转化为现实生产力。其中，美国在密西西比河口区和夏威夷州开办的两个海洋科技园是海洋高新技术园区的成功典范，两者虽侧重点不同，但都致力于积极发展海洋科技，不断提高海洋高技术产业的竞争力，开拓海洋高技术产业的发展空间；另外，位于美国得克萨斯州的三角海洋产业园区、位于北卡罗来纳中心海岸的佳瑞特海湾海洋产业园等，也是以海洋高技术的研发与推广为基本支撑，将海洋生物技术、海洋能源开发技术作为核心技术不断辐射相关海洋产业的发展区域，形成以海洋高新技术为重心的先进示范园区，对美国占据海洋经济发展的优势地位起到了积极的积淀作用。国内，天津塘沽海洋高新区、青岛海洋高技术产业基地及深圳市东部海洋生物高新科技产业区都在促进高技术成果转化方面取得了良好的效果。国内外海洋高新技术产业园区成功开设，为海洋战略性新兴产业园区的建立起到了良好的示范作用。以海洋高新技术为主要特征的海洋战略性新兴产业应在吸收海洋科技产业园的成功经验的基础上，结合自身的特点，建设独具特色的海洋战略性新兴产业园区。首先，海洋战略性新兴产业园区应该是一个与时俱进的以海洋科技为核心竞争力的综合性园区，是一个打破地域限制的海洋科技园区。它应在海洋科技实力较强、对外开放程度较高、对海洋高新技术有一定消化吸收能力的沿海开放区域，依托区域的海洋科技实力和各类园区资源基础而发展起来，被赋予特殊的经济管理权限，属于海洋科技特区的管理模式。其次，海洋战略性新兴产业园区要以国家海洋战略性新兴产业规划为指导，坚持突出海洋高新技术的特色，重点推进海洋生物医药产业、海水淡化与综合利用业、海洋可再生能源业、海洋装备业及深海产业技术创新，对引进的海洋高新技术进行吸收、消化和创新，将海洋科技研发孵化和科技成果转化作为园区的最基本功能。最后，在注重海洋战略性新兴产业科技成果孵化的同时，将海洋战略性新兴产业园区作为传统海洋产业的技术辐射源，建立强大的技术创新体系，推动整体海洋科技的进步。海洋战略性新兴产业园区的突出优势在于统筹考虑海洋生物医药业、海水淡化与综合利用业、海洋可再生能源业、海洋装备业及深海产业科技成果转化要求，整合各类软硬件资源，进行资产重组与建构，实现综合效益的产业集聚，尽快实现海洋高新技术成果的商品化、产业化，最大限度地挖掘海洋战略性新兴产业的经济效益和社会效益。

三、海洋战略性新兴产业投融资支持体系

但凡某一产业具有战略性，通常是指能够引领国家经济发展潮流，对国家经济发展具有巨大的潜在贡献率，能够体现未来经济发展趋势和科技进步的方向，但这类产业往往需要可靠的巨额资金作为坚强后盾。因此，建立多渠道的有效的投融资体制，充分调动各种类型的资金投入国家战略产业领域，形成国家战略产业投资的良性循环，是我国培育战略性新兴产业的必要条件。海洋战略性新兴产业多为技术含量高、研发周期长、风险较高的产业，更需要大量、连续的资金注入。对海洋战略性新兴产业来说，要通过加大政府的资金投入，建立多元化的投融资机制，为海洋战略性新兴产业的发展提供物质保障。

(一)明确政府职责,加大政府投入

强大的资金投入是发展以海洋科技为主导的海洋战略性新兴产业的重要保障，发达国家纷纷意识到这一点，近年来政府投入海洋科技研究经费额度不断加大。美国在2001—2005年投入海洋科技研究与开发经费达390亿美元，2010—2015年达到1100亿美元，实施了一大批海洋科技研究与开发项目。日

本在积极发展海洋产业的同时，注重将海洋科技投入向海洋战略性新兴产业相关领域倾斜，极大地促进了海洋战略性新兴产业的发展，并带动起日本海洋科技整体水平的提高。借鉴发达国家的成功经验，在发展我国海洋战略性新兴产业过程中，应注意发挥政府在投资中的主导地位，不断加大政府投入，保证我国海洋战略性新兴产业的健康持续发展。政府在高新技术产业投融资制度中居于基础性地位，政府投融资应起引导、监控和辅助作用，其职能主要包括财政专项拨款，设立产业发展基金，立项融资，为资金融通提供协调、咨询服务和政策法规支持等。政府投资应以非营利性、战略性、全局性关键技术研发为主。

在海洋战略性新兴产业的发展中，政府应着重从以下几方面来体现在投融资体制中的基础性作用，不断加大资金的投入。其一，国家更应在财政预算中逐年提高用于海洋战略性新兴产业研究与开发的经费，形成一定的支持海洋战略性新兴产业发展的资金投入规模，建立专门的资金渠道；将国家自然科学基金和国家"863"高技术研究发展基金及各地方的重点基金积极向海洋战略性新兴产业倾斜，从源头上给予其有力的财政支持，以形成稳定的海洋战略性新兴产业政府投资的资金来源。其二，设立海洋战略性新兴产业发展的政府基金，用于支持海洋战略性新兴产业发展计划。政府基金可分为中央政府和地方政府两个层次，中央政府及主管部门的政策基金主要用于支持海洋战略性新兴产业的关键技术领域，地方政府的基金主要用于海洋生物医药、海水淡化等企业的技术创新。基金的管理应力求专业化，整体操作方式应与市场接轨，采取商业化方式运作，并保证一定的基金投资总体回报水平。其三，政府投资主要用于海洋生物医药、海水淡化与综合利用、海洋可再生能源、海洋装备及深海产业等领域的试验生产和大规模生产的产业化项目，在资金分配上要集中于具备高收益率和潜在发展前途的重大专项，尤其要优先用于集成创新的海洋战略性新兴产业各领域联合开发项目。其四，在加大资金投入的同时，为海洋战略性新兴产业资金融通提供协调、咨询服务和政策法规支持，保证政府资金投入的规范性和有效性。

(二)建立多层次的资本市场体系

发展多层次的资本市场融资方式，建立多层次的资本市场体系。首先，抓住我国债券市场的发展契机，努力探索债券市场对于海洋战略性新兴产业发展的支持机制和形式。一是通过银行和其他金融机构发行的债券，开辟海洋战略性新兴产业最直接的外源性债务融资渠道；二是政府出面设立企业担保投资公司，让海洋战略性新兴产业的企业发行企业债券，进行直接融资；三是继续完善我国高新技术园区债券发行机制，不断创造条件扩大其发行规模；四是加快债券品种创新，尤其是促进有条件的海洋战略性新兴产业企业增加可转换债券的发行。其次，要充分重视证券市场对海洋战略性新兴产业发展全过程的支持作用。一是要加大主板市场对海洋战略性新兴产业企业的支持力度，充分利用国外市场，努力为海洋战略性新兴产业的相关企业在海外上市创造便利条件，大力支持企业在海外市场融资；二是注重二板市场、三板市场对创新型中小企业的融资作用，发挥以创业板市场为核心的多层次支持作用。积极推动目前正处于研发或创业阶段的海洋药物、海水综合利用、海洋能源等领域的中小企业在创业板市场和三板市场中直接融资。最后，利用期货合约、期权合约、远期合同、互换合同等金融衍生工具为海洋战略性新兴产业融资，做好积极的资金储备。

(三)完善银行间接融资体系

进一步完善政策性金融支持体系，加大政策性银行的融资力度。随着高新技术在国民经济发展中的作用不断增大，国家正在逐步加大对自主创新的支持力度，规定在政策允许范围内，引导政策性银行对重大科技专项、重大科技产业化项目的规模化融资和科技成果转化项目、高新技术产业化项目、引进技术消化吸收项目、高新技术产品出口项目等提供贷款，对高新技术企业发展所需的核心技术和关键设备的进出口提供融资服务。国家开发银行向高新技术企业发放软贷款，用于项目的参股投资。中国进出口银行设立特别融资账户，对高新技术企业发展所需的核心技术和关键设备的进出口提供融资支持。中国农业发展银行对农业科技成果转化和产业化实施倾斜支持政策。以海洋高新技术为主要依托的海洋生物医药、海水淡化等企业可借由国家政策的东风，积极向国家开发银行、中国进出口银行和中国农业发展银行争取融资支持，在项目贷款、核心技术和关键设备的进出口及科技成果转化等方面获得专项长期的资金注入，以保证企业的正常高效运转。

(四)吸引外资参与,合理利用外资

随着海洋科技合作与交流的不断深入，海洋战略性新兴产业的国际化趋势日益明显。利用银行借贷、外商直接投资、国内证券市场融资、境外证券市场融资等多种渠道吸引国外资金，包括国际组织和外国政府的优惠贷款、赠款，境外企业的直接投资等，参与海洋生物医药、海水淡化与综合利用、海洋可再生能源、海洋装备及深海领域的高技术产业项目，还可以通过采取一些优惠政策吸引一批优秀的私营企业主来海洋战略性新兴产业科技园区投资创业，以扩大海洋战略性新兴产业的资金流入。在对外资的使用上，要采取一系列资本控制措施，使外资流入及其构成处于政府的严格控制之下。要以维护民族利益、保护民族品牌为重，在鼓励外资注入高附加值和高知识产权保护度的海洋战略性新兴产业项目时，要注意合作方式、股权控制等问题，防止核心技术外流、知识产权受侵害的事件发生，最大限度地保证我国海洋战略性新兴产业的利益。

四、海洋战略性新兴产业人才支撑体系

海洋人力资源是最重要的资源，是第一位资源，是海洋事业发展的动力之源。海洋事业发展的每一步，均须通过海洋人力资源直接或间接的参与才能实现。高质量的海洋人力资源不仅能深度开发和有效利用自然资源，而且能够创造出新的物质资源以弥补原有的不足，因而日益成为国家参与国际竞争、增强综合国力的重要砝码。海洋战略性新兴产业随着海洋科技的发展而发展，因而需要大量高科技人才作为坚强的发展后盾。面对海洋战略性新兴产业人才储备不足、高层次人才匮乏与海洋战略性新兴产业人才大量需求的矛盾，要把海洋高科技人才的培养、引进、激励与合理使用作为一项战略任务来抓，为海洋战略性新兴产业的可持续发展奠定坚实的基础。

(一)构筑人才培养体系,做好积极的人才储备

完善海洋教育结构，全面提高人才素质。海洋教育是提升海洋人才整体素

质的根本手段，21世纪海洋战略的实施最终要依靠教育来实现。首先，适当发展海洋高等教育，整合高校优势资源，完善与海洋战略性新兴产业相关的专业设置，实现与其他各类海洋教育的良好衔接。在专业设置上，为适应海洋科学多学科交叉渗透的发展趋势，大力发展与海洋经济、社会、科技密切相关的应用性专业和品牌特色专业，在设立海洋生物、海洋药物等技术密集型专业的同时，增设海洋法律、海洋文化、海洋企业经营管理等方面的专业，以增加对现有紧缺的海洋战略性新兴产业科技人才和管理人才的长期有效供给。在教育层次上，在抓好本科生教育的同时，要在研究生教育中有意识地培养海洋战略性新兴产业所需的科技领军人物和经营管理人才，注意理论知识传授的综合性和前瞻性，积极开拓学术视野，加强研究生与对应领域高层次人才的交流互动，为将来引领海洋战略性新兴产业发展潮流做好积极的准备。其次，要积极发展多形式、多层次的海洋职业教育和海洋成人教育，与海洋高等教育构成互为补充的海洋战略性新兴产业教育体系。职业技术教育的培养目标是面向海洋战略性新兴产业第一线工作的技术应用型人才。各类职业技术学院在设置专业时要有针对性，应当准确把握当前海洋战略性新兴产业的现状和变化，掌握由其变化而引起的技术结构和专业人才结构的变化，根据技术、人才与市场的最新需求及时调整专业设置，以保证教育的与时俱进性。与此同时，为了更有效地提升海洋战略性新兴产业人才的整体素质，必须加强人文精神和综合素质的培养，包括树立高尚的科学道德和严肃的敬业精神，增强将现有的知识技能融会贯通解决实际问题的能力，提高沟通能力与团队协作意识，使其拥有国际化海洋视野下的开拓创新能力等。

有针对性地开展系统的人才培训，加强培训力度。为了更好地挖掘海洋战略性新兴产业人才的潜力，实现其自身价值的增值，要有针对性地开展系统的海洋人才培训。所谓有针对性，是指针对不同层次人才的特点，在培训内容、培训方式等诸多方面的侧重点要有所不同。以海洋战略性新兴产业经营管理人才的培训为例，应以拓展训练为主要方式着力培养其国际化经营理念和海洋企业的综合管理能力，而不是侧重专业技术的培养。所谓系统，是指培训不仅注重某一海洋工作岗位专业知识、技能模块的总结、梳理，更要重视对海洋总体价值观的培养，高质量地激发员工的主体积极性和创造性，激发培养员工的个人责任心和海洋事业荣辱感、效益观与协作精神等，并通过培训将其融入实际工作中去，从而更出色地完成工作并有所创新。另外，针对当前海洋人才培训方式单一、积极性不高的现状，应采取多种方式加强培训力度。除开办传统的培训班之外，也可以通过研讨会、出国考察等方式拓展海洋战略性新兴产业的人才培训模式。更为重要的是，要从培训的根本目的出发，善于营造学习式的工作氛围：注重进行自主学习和培训，通过海洋内部的互联网及其他现代化知识平台实现各种资料和数据的共享，以海洋战略性新兴产业业务知识的全局意识进行跨部门学习，增加知识和技能的融会贯通；加强海外引进人才与内部人才的交流，不断激发人才的创新意识和再创新能力，使人才在优势互补中取得共同进步。总之，要构建海洋战略性新兴产业人才培训网络，形成培训全程优化的信息网络，创新培训模式，增添人才发展的后劲。

(二)加大人才引进力度,促进人才的国际合作与交流

在加强海洋战略性新兴产业人才培养的同时，还要积极从国外引进一批海洋生物医药业、海水淡化与综合利用业、海洋可再生能源、海洋装备业及深海产业的专业技术和管理的高层次人才，特别是海洋高新技术人才和具备国际化经营素质的海洋企业管理精英。人才的引进一方面可以为海洋战略性新兴产业充实人才队伍，弥补国内培养力所不及的专业人才缺口；另一方面也为海洋战略性新兴产业的科技创新与经营管理注入新鲜血液，有利于吸收国外海洋生物医药业、海水淡化与综合利用业、海洋可再生能源、海洋装备业及深海产业的先进技术和管理理念，更好地为海洋战略性新兴产业的可持续发展积聚力量。此外，要鼓励海洋战略性新兴产业的科研骨干赴国外相关机构进修访问和参加高级研讨班等学习交流，鼓励和支持海洋战略性新兴产业的专业技术人才和经营管理人才到国外相应的生产和经营机构参观考察，通过开阔视野、互动交流，尽快造就一支具备跟踪国际科技前沿、参与国际竞争与合作能力的创新人才队伍，加快海洋战略性新兴产业化发展的人才队伍建设，重点培养一批掌握核心技术、引

领海洋产业未来发展的海洋领军人才及其相应科技研发团队，促进海洋战略性新兴产业的长足发展。

(三)建立人才激励机制，引导和促进人才的创新

研究表明，组织中人员潜力的发挥与受到有效激励的程度有很大的关联度，如果受到充分的激励，他们的潜力可以由20%~30%的一般水平上升到80%~90%的较高水平。可见，要想充分促进海洋人才能力的发挥，必须建立全方位的人才激励机制。从物质层面上说，要把考核结果与奖惩、职级升降及工资调整紧密结合起来，按照对海洋事业贡献的大小拉开收入档次及奖金、福利的分配等级，强化工资分配对海洋人力资源的基础性激励作用。从精神层面上讲，要根据需要理论中人对尊重、自我实现等精神层面的追求，运用情感激励、赏识、责任感、成就感等精神激励对工作绩效发挥更持久的促进作用。另外，要善于引导每个员工在企业整体目标下设定个人目标，把个人发展和企业的发展、个人理想和企业长远目标紧密结合起来，建立同时满足企业和个人的双重发展的激励机制；重视工作过程本身提供的趣味性、挑战性及员工从工作中获得的愉悦与成长的享受。归结起来，就是要把物质激励和精神激励相结合、外在激励和内在激励相结合，从物质、精神、目标、工作等各个方面进行有效激励，最大限度地调动海洋人才的积极性。

人力资源可持续发展的主题在于培养人才的创新精神，开发人才的创新能力。为了充实21世纪具有创造性思维和创新能力的高素质人才队伍，首先必须依据国家的海洋人才战略，制定相应的鼓励创新、奖励优秀和促进发展的政策，激励海洋战略性新兴产业人才努力开拓、不断创新。其次要进一步深化分配制度改革，给创新人才提供必要的物质驱动。各类专业技术岗位和管理岗位可以逐步实行市场工资制，建立国内外各产业、行业领域的顶尖人才的市场价格参照指数。特别是对专业技术人才，实行一流人才、一流贡献、一流报偿，激励优秀拔尖人才积极创新。再次，还要将海洋战略性新兴产业发展与国家、区域发展紧密结合起来，对各种利于创新的资源给予有效供给，积极开发具有市场导向性的技术成果，使创新成果转化为现实社会效益的速度大大提高。最

后，更重要的是要形成一种鼓励创新、培育冒险、容许失败的氛围，建立适合海洋战略性新兴产业特点的学习型组织，树立终生学习、全员学习、全过程学习、团体学习、自我学习的新观念，使人才具备自身知识结构更新、自身能力素质提升、自身精神心态调整的能力，最终达到创新意识贯穿始终的可持续发展。

第九章 黄河三角洲海洋战略性新兴产业的可持续发展问题

第一节 海洋战略性新兴产业的可持续发展理论基础

一、可持续发展理论

(一)可持续发展定义

发展是人类社会不断进步的永恒主题。可持续发展观的提出，反映了人类发展观的演变和更新。在1987年，世界环境与发展委员会在《我们共同的未来》中提出了可持续发展公认的定义，那就是"既满足当代人的需求，又不对后代人满足自身需求的能力构成危害的发展"。这个定义要求我们在生态环境可以支持的前提条件下，同时满足人类当前和将来的需要。

(二)可持续发展的内涵

本书从事的是海洋产业的可持续发展研究，主要涉及海洋经济、海洋的生态环境与海洋科学技术的发展，因此，笔者重点从经济、生态环境和科技三个角度来理解可持续发展的内涵。

1.经济角度

许多学者从发展的经济视角定义了可持续发展。可持续发展中的经济发展不再是传统经济中以牺牲资源与环境为代价的经济发展，而是以不降低环境质量和不破坏世界资源基础为特征的经济发展，也就是要保持自然资源的质量和所提供服务的质量，并且使经济的净利益增加到最大值。

可持续发展并不意味着以保护环境为理由限制经济增长，反而是鼓励经济增长。粗放的经济增长是以高污染、高投入、高消耗为主要特征的，而集约的经济增长是以节约资源、减少污染、提高效益为主要特征的。我们所指提倡的经济增长就是集约型经济增长，不仅指数量方面的增长，还包括质量方面的增长。可持续经济增长模式不仅能够为我国产业的可持续发展提供必要的财力和物力，而且增强了我国的综合国力、提高了我国人民的生活水平。

2.生态环境角度

在生态学中最早出现了可持续发展的概念，它是以保护自然环境、资源为基本出发点，并且将自然生态因素考虑进去的一种良性发展方式。生态环境角度下的可持续发展要求在对环境的利用和对资源的开发过程中充分考虑环境承载力，将环境系统的生产与再生产能力维持在一个良好水平，保持自然资源开发与自然资源存量之间的一个平衡状态，使人类生存环境是一个生态完整并且能够满足人类需求的最佳环境。目前，实现生态环境的可持续发展，最主要的就是改变那种以高污染、高投入、高消耗为主要特征的生产消耗模式，倡导以节约资源、减少污染为主要特征的绿色生产方式，在环境承载力的范围内实现生态环境、资源的高效利用。

3.科技角度

可持续发展离不开科技的支持，国内外很多学者从科技角度对可持续发展角度进行了诠释：在发展中不断提高科学技术的应用水平，充分发挥科学技术的作用，尽可能减少能源和其他自然资源的消耗，放弃传统的粗放型发展方式而使用更清洁、更有效的技术，尽量做到污染物的"零排放"或"密封式"。

二、产业理论

(一)产业结构理论

产业结构的演变对产业经济的影响是产业结构理论研究的主要内容。保持经济总量的高增长率会导致产业结构的高变换率，同时产业结构的高变换率会导致经济总量的高增长率，这就是产业结构演变与经济增长之间存在的内在联系。产业结构的演变能够影响产业发展的方向和发展水平。本书是以海洋产业为研究对象，分析海洋产业内部的产业分类和比例，进而判断对海洋产业可持续发展的影响。此外站在可持续发展的角度，不断演变海洋产业结构，会对海洋产业政策的选择造成影响，同时海洋科技水平也会制约海洋结构的演变。

(二)产业布局理论

产业布局是指一个国家或地区产业各部门、各环节在地域上的动态组合分布，是国民经济各部门发展运动规律的具体表现。合理的产业布局不仅是国家或者区域经济发展的基础，也是实现单个产业的可持续发展的前提条件。根据产业布局理论，研究黄河三角洲高效生态经济区海洋产业可持续发展问题，首相应该科学界定该区域的地理范围，并明确该区域海洋产业发展的目的及意义；其次是发挥高效生态经济区的区位优势，协同产业资源的整合和联动作用，避免各种资源浪费和产业内耗；最后是通过分析定位该区域内的海洋主导产业，在主导产业的带动下，进行科学规划，从而带动整个区域的海洋产业发展。

(三)产业发展理论

产业发展理论就是研究产业发展过程中的发展规律、发展政策、发展周期、资源配置、影响因素、产业转移等相关问题。产业发展研究的内容就是产业个体或者总体的各个方面由不合理走向合理、由不成熟走向成熟、由不协调走向协调、由低级走向高级的过程，也是产业结构优化、产业布局合理化、产业组织合理化的过程。本书所研究的海洋产业属于单一产业理论研究的范畴，海洋产业的发展也会经历产生、成长、繁荣、衰亡或者是向其归属的大类产业演化的过程，这是一般单一产业的发展阶段。对海洋产业发展规律的研究的意义主要包括两个方面：一是有利于决策部门根据海洋产业发展各个不同阶段的发展规律采取不同的产业政策；二是有利于海洋企业根据这些规律采取相应的发展战略。

(四)产业政策理论

一个国家的中央或者地方政府会主要出台一些干预经济活动的政策来保全

其全局利益或者长远利益，这些政策总和就是产业政策。合理的产业政策能够弥补市场失灵的缺陷，促进产业结构的合理化与高度化，实现产业资源的优化配置。本书对探讨黄河三角洲高效生态经济区在产业结构演变规律及其原因的基础上，通过对本区域海洋产业结构的历史、现状及其未来的分析，寻找海洋产业结构的发展变化规律，为制定合理的产业结构政策服务。

三、海洋产业可持续发展的定义及影响因素

依照上文中对海洋产业、可持续发展理论、产业相关理论的相关诠释，本书将海洋产业的可持续发展理解为：科学合理地开发利用海洋资源，不断提高海洋资源的开发利用水平及能力，形成合理的海洋资源开发体系；同时不断加强海洋生态环境保护，形成海洋资源生态系统的良性循环，保证后代有一个良好的海洋资源生态环境，进而实现海洋产业的经济与环境的协调发展。

依据本书对海洋产业可持续发展的理解，笔者认为，海洋产业的可持续发展主要可以从两个方面得到体现：一是海洋产业自身发展水平，主要为相关经济指标与环境指标的体现；二是海洋产业的经济与环境协调发展的状况。而这两个方面主要受海洋产业发展的软环境、海洋产业科技水平和海洋产业结构三个因素的影响。

海洋产业发展软环境。海洋产业发展的软环境指海洋产业发展的政策、文化、制度、法律、思想观念等因素的总和。是一个国家或地区对海洋经济进行宏观调控，促进海洋产业结构的合理化，提高产业结构的转换能力，弥补市场缺陷，有效配置资源，熨平经济震荡，发挥后发优势，增强适应能力的重要保障。

海洋产业科技水平。海洋产业的可持续发展，需要不断提高海洋产业的科技水平，以海洋产业科技进步作为动力。海洋科学技术进步可以提高资源的利用率和产出率，促进新能源的开发，提升海洋产业结构，引领海洋科技进步使海洋产业的生产方式变化。

海洋产业结构。海洋产业结构是海洋产业可持续发展的基础，海洋产业结构合理性将决定其能否稳定而快速地发展，而海洋产业的发展环境将直接影响

海洋产业结构的优化。在海洋产业的可持续发展中，产业结构和发展环境都应随着发展的进行而积极调整，以最大限度地发挥海洋产业的各项优势，实现海洋产业的可持续发展。

第二节　黄河三角洲海洋战略性新兴产业可持续发展评价

按照上文对海洋战略性新兴产业可持续发展的理解，认为海洋产业的可持续发展主要可以从以下两个方面体现：一是海洋产业自身发展水平，二是海洋产业的经济与环境协调发展的状况。因此，本章建立模型，从这两个方面对黄河三角洲高效生态经济区海洋战略性新兴产业的可持续发展做出评价。

一、可持续发展评价指标体系构建

海洋战略性新兴产业定位为战略性、新兴性、可持续性，如何能够体现就要对产业发展的效应进行科学评价，这些产业特点不同于传统产业的产出与效果，评价和判断标准也完全不同，不能再以牺牲环境来获得产出，世界各国也都是这样做的。美国20世纪就启动了战略性新兴产业发展项目，重新定位了新兴产业的范围，把战略性、可持续性作为选择基础；欧盟以环保、低碳、生态为标准，开创产业细化方向，重点支持发展新兴产业；英国已经开始实施新兴产业发展规划，通过技术创新、人才引进、平台建设、资金投入、设定法规等来支持新兴产业快速发展，帮助国家摆脱发展缓慢的状态。

根据理论界的相关阐述及各国实践，本书认为：战略性新兴产业的可持续发展效应是指产业发展所追求的过程性目标和结果性目标。过程性目标是指资源集约（以下称资源效应），结果性目标是指经济高效（以下称经济效应）和环境友好（以下称环境效应）。

资源效应可用单位产值能耗和节能率来衡量，经济效应可用劳动生产率和产业增加值率来衡量，环境效应可通过生命周期性评价法进行定性衡量，并采用"三废"排放与相关指标进行定量衡量。据此建立如下指标体系（见图9-1）：

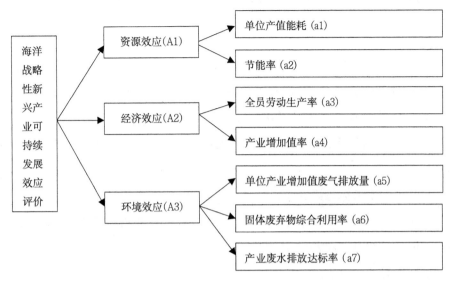

图9-1 海洋战略性新兴产业可持续发展效应评价指标体系

按照黄河三角洲海洋战略性新兴产业发展效应评价指标体系，分别测算资源（A1）、经济（A2）、环境（A3）三大一级指标的单位产值能耗指标（a1）、节能率（a2）、全员劳动生产率（a3）、产业增加值率（a4）、单位产业增加值的废气排放量（a5）、固体废弃物综合利用率（a6）、产业废水排放达标率（a7）七个二级指标。

二、评价模型构建

(一)指标测算公式

1.资源效应评价指标与标准

资源效应是指海洋战略性新兴产业的生产过程应该具有资源、能源消耗少，资源利用效率高的特点。考虑到资源的通用性和数据的可获性，本书选取单位产值能耗和节能率作为海洋战略性新兴产业资源效应的评价指标。

（1）单位产值能耗指标与评价标准。

单位产值能耗是指一定时期内产业单位产值（一般为万元）内所消耗的能

源（一般为吨标准煤），即该产业能源消费总量与产业产值之比。

$$h_i = \sum_{i=1}^{n} e_{ij} / y_i \qquad (9\text{-}1)$$

式中，h_i 为产业 i 的单位产值能耗，y_i 为 i 产业部门产值，e_{ij} 为 i 产业利用 j 能源的总量，n 为划分的能源种类，主要包括煤炭、焦炭、原油、汽油、煤油、柴油、燃料油、天然气和电力消费等。海洋战略性新兴产业应该是能耗低、科技含量高的产业，单位产值能耗反映了产业部门的耗能，该指标值越低越好。

（2）节能率指标与评价标准。

节能率，即单位产值能耗下降率。它是反映能源节约程度的综合指标，是衡量节能效果的重要标志。

节能率有两种算法：

其一，累计节能率。它是衡量单位产值能耗在一定时期内总体变化的指标，其计算公式如下：

$$S = (e_t - e_{t+x}) / e_t \times 100\% \qquad (9\text{-}2)$$

式中 e_t 为基期 t 年的单位产值能耗，e_{t+x} 为报告期 $t+x$ 年的单位产值能耗。

其二，年均节能率。它是衡量单位产值能耗年平均变化的指标，其计算公式如下：

$$\Delta S = 1 - \sqrt[x]{1 - S} \qquad (9\text{-}3)$$

根据《国民经济和社会发展第十一个五年规划纲要》，"十二五"期间我国单位 GDP 能耗将下降 17.3%，"十三五"期间将下降 16.6%，2020 年要实现单位 GDP 能耗比 2010 年降低 31%。综合上述分析，建议将海洋战略性新兴产业节能率评价标准的下限确定为 3.37%，上限确定为 14.5%。

2.经济效应评价指标与标准

经济效应是指与传统产业相比，海洋战略性新兴产业能够吸收先进的科技成果，更有效地利用资源，实现更高的生产率和更大的附加值。本书选取全员劳动生产率和产业增加值率，作为海洋战略性新兴产业经济效应的评价指标。

（1）全员劳动生产率指标和评价标准。

全员劳动生产率是根据产品价值量计算的每个从业人员单位时间内的产品生产量，是企业生产技术水平、经营管理水平、职工技术熟练程度和劳动积极性的综合表现。目前，我国的全员劳动生产率是将工业企业的工业增加值除以同一时期全部从业人员的平均数计算得到的。其计算公式为：

$$P = G/W \tag{9-4}$$

根据《中关村科技园区2010年主要统计数据》计算得到，2010年中关村科技园区的全员劳动生产率为18.98万元人民币／人。综合上述分析，建议将海洋战略性新兴产业全员劳动生产率评价标准的下限确定为18.98万元人民币／人，上限确定为77.9万元人民币／人。

（2）产业增加值率指标与评价标准。

产业增加值率是指产业增加值占产业总产值的比重。产业增加值率的大小直接反映了投入产出效果。产业增加值率越高，产业附加值越高，盈利水平越高，投入产出效果越佳。其计算公式为：

$$R = G/Y \times 100\% \tag{9-5}$$

式中，R为产业增加值率，G为产业增加值，Y为产业总产值。

根据科技部火炬高技术产业开发中心提供的数据，2010年我国高新区工业增加值率的最大值为25.4%。综合以上数据，建议将海洋战略性新兴产业增加值率评价标准的下限确定为25.4%，上限确定为43%。

3.环境效应评价指标与标准

环境效应是指与传统产业相比，海洋战略性新兴产业在环境污染、职业健康和生命安全等方面的绩效更佳。本书采用定量和定性评价结合的方法来评价海洋战略性新兴产业的环境效应。

（1）单位产业增加值的废气排放量与评价标准。

《国民经济和社会发展第十一个五年规划纲要》确定，对化学需氧量（COD）和二氧化硫（SO_2）实施总量控制。因此，本书选取单位产业增加值的化学需氧量（COD）排放量和单位产业增加值SO_2的排放量作为海洋战略性新兴产业废气排放量的评价指标。单位产业增加值COD的排放量是指万元产业增加值排放的污水中污染物所需的COD排放量，单位工业增加值SO₂的排放量是指万元产业增加值中向大气排放的SO₂量，计算公式为：

$$单位产业增加值COD（SO_2）的排放量 = COD（SO_2）排放量 / G \qquad (9-6)$$

环境保护部在2010年发布的《综合类生态工业园区标准》中，将单位工业增加值COD和SO₂排放量均确定为小于或等于1千克/万元。综合以上数据，建议将战略性新兴产业单位工业增加值的COD排放量的评价标准下限确定为3.38千克/万元，上限确定为1千克/万元；建议将战略性新兴产业单位工业增加值的SO₂排放量评价标准的下限确定为2.09千克/万元，上限确定为1千克/万元。

（2）固体废弃物综合利用率与评价标准。

固体废物综合利用率是指产业固体废物综合利用量占产业固体废物产生量（包括综合利用往年贮存量）的百分率，其计算公式为：

$$U = q / (Q + P) \times 100\% \qquad (9-7)$$

式中，U为固体废弃物综合利用率，q为产业固体废物的综合利用量，Q为产业固体废弃物的产生量，P为综合利用的往年贮存量。

《国民经济和社会发展第十二个五年规划纲要》指出："十二五"期间，工业固体废物的综合利用率将达到72%。综合以上数据，建议将海洋战略性新兴产业的固体废弃物综合利用率评价指标的下限确定为72%，上限确定为85%。

（3）产业废水排放达标率与评价标准。

产业废水排放达标率是产业废水经过治理达标排放总量占产业废水总量的百分比，计算公式为：

$$r = w / W \times 100\% \qquad (9-8)$$

式中，r为产业废水排放达标率，W为产业废水总量，w为产业废水经过治理达标排放总量。

环境保护部在2010年发布的《综合类生态工业园区标准》中，将工业产业废水排放达标率确定为大于或等于95%。

(二)产业可持续发展综合评价模型

1.海洋产业经济与环境发展水平指数

海洋经济发展综合指数函数：

$$f(X) = \sum_{i=1}^{m} \alpha_i \overline{X_i} \tag{9-9}$$

海洋环境发展综合指数函数：

$$g(Y) = \sum_{i=1}^{n} \beta_i \overline{Y_i} \tag{9-10}$$

式中，α_i 与 β_i 为待定权重；$\overline{X_i}$ 为指标 X_i 的规范值，$\overline{Y_i}$ 为指标 Y_i 的规范值。

$$\overline{X_i} = \begin{cases} \dfrac{X_i}{X_{i\max}} & \text{当指标 } X_i \text{越大越好} \\[2mm] \dfrac{X_{i\min}}{X_i} & \text{当指标} X_i \text{越小越好} \end{cases} \tag{9-11}$$

$$\overline{Y_i} = \begin{cases} \dfrac{Y_i}{Y_{i\max}} & \text{当指标 } Y_i \text{越大越好} \\[2mm] \dfrac{Y_{i\min}}{Y_i} & \text{当指标} Y_i \text{越小越好} \end{cases} \tag{9-12}$$

式中 $X_{i\max}$、$X_{i\min}$、$Y_{i\max}$、$Y_{i\min}$ 分别为相应指标的标准值。

2.协调与协调发展度模型

协调度模型：

$$C = \left[\frac{f(X) \cdot g(Y)}{\left(\dfrac{f(x) + g(y)}{2} \right)^2} \right]^k \tag{9-13}$$

式中，k 为辨别系数且 $k \geq 2$；$C \in [0, 1]$，它反映了在海洋经济与环境发展水平一定的条件下，两者之间组合协调的程度，C 值越大，海洋经济与环境发展越协调；反之，则越不协调。

协调度反映了海洋经济与环境系统的协调程度，而不能反映出系统当时所处的发展水平。为此，可以将协调度与系统的发展水平进行综合，利用相关的数学原理和离差分析，推导出海洋经济与环境的协调发展度模型：

$$D = \sqrt{C \cdot T} \tag{9-14}$$

式中，C 为协调度；D 为协调发展度；T 为海洋经济与环境发展水平的综合评价指数，且 $T = W_X \cdot f(X) + W_Y \cdot g(Y)$，式中，$W_X$、$W_Y$ 为待定权数。依据协调发展度的大小将海洋经济与环境协调发展状况划分等级和类型（见表9-1）。

表9-1　协调发展等级和类型划分表

级别	协调发展度	协调发展类型
1	[0.9，1)	优质协调发展型
2	[0.8，0.9)	良好协调发展型
3	[0.7，0.8)	中级协调发展型
4	[0.6，0.7)	初级协调发展型
5	[0.5，0.6)	勉强协调发展型
6	[0.4，0.5)	濒临失调衰退型
7	[0.3，0.4)	轻度失调衰退型
8	[0.2，0.3)	中度失调衰退型
9	[0.1，0.2)	严重失调衰退型
10	[0，0.1)	极度失调衰退型

根据 $f(X)$ 和 $g(Y)$ 大小的对比关系，可以将海洋经济与环境协调发展划分为3类，即当 $f(X) > g(Y)$，为海洋环境滞后海洋经济型；$f(X) = g(Y)$，为海洋经济与海洋环境同步型；$f(X) < g(Y)$，为海洋经济滞后海洋环境型。

三、数据的选取和标准化

笔者根据《中国统计年鉴（2012—2015）》《中国海洋统计年鉴（2012—2015）》《山东统计年鉴（2012—2015）》《黄河三角洲6市（滨州、东营、淄博、潍坊、德州、烟台）统计年鉴（2012—2015）》数据资料，摘选出黄河三角洲海洋战略性新兴产业的具体数据，这些数据充分反映了黄河三角洲海洋战略性新兴产业在2011年到2014年的发展状况。同时，根据第五章第四节整理出的数据表5-4、表5-5、表5-6、表5-7、表5-8、表5-9、表5-10，作为测算数据。

四、可持续发展评价测算

依据指标测算式（9-1）、式（9-2）、式（9-3）、式（9-4）、式（9-5）、式（9-6）、式（9-7）、式（9-8）、式（9-9）、式（9-10）、式（9-11）、式（9-12）、式（9-13）、式（9-14），利用黄河三角洲高效生态经济区海洋战略性新兴产业发展状况实际数据测算可持续发展指数。

单位产值能耗指标测算按照上述公式，数据使用表9-2中各个产业的能源消耗总量和表5-4、表5-5、表5-6、表5-7、表5-8、表5-9、表5-10中各个海洋战略性新兴产业部门的产值，进行分类汇总计算得出表9-3山东省海洋战略性新兴产业单位产值能耗指标。

表9-2　按行业分能耗消费量（2014年）

行业	消费量	比上年增长（%）
海洋海底资源开发	222.3	1.5
海洋生物医药制造业	0.65	2.3
海洋机械及器材制造业	2.2	2.3
海洋能源生产和供应业	8.25	6.5
海水利用	33.1	8.9
海洋化工	96.1	3.1
海洋高端船舶制造	2.6	3.6

注：本表数据使用等价折标系数折算标准煤。

表9-3　按行业分单位产值能耗（2014年）

行业	总耗能（吨标准煤）	总产值（万元）	单位产值耗能
海洋海底资源开发	2223000	4446000.0	0.5
海洋生物医药制造业	6500	144444.4	0.045
海洋机械及器材制造业	22000	628571.4	0.035
海洋能源生产和供应业	82500	2171052.6	0.038
海水利用	331000	1379166.7	0.24
海洋化工	961000	3203333.3	0.3
海洋高端船舶制造	26000	619047.6	0.042
平均值	–	–	0.171428

通过测算得出海洋海底资源开发、海洋生物医药制造业、海洋机械及器材制造业、海洋能源生产和供应业、海水利用、海洋化工、海洋高端船舶制造的单位产值耗能为0.5、0.045、0.035、0.038、0.24、0.3、0.042，平均值为0.171428，按照产业能耗指导指标比较，海洋海底资源开发、海洋化工、海洋高端船舶制造的单位产值耗能超出国家标准，分别高出0.1、0.06、0.002，而海洋生物医药制造业、海洋机械及器材制造业、海洋能源生产和供应业、海水利用符合能耗指导指标，整个产业的平均值略高于全国控制标准，超出0.006428。

累计节能率和年均节能率测算按照上述公式，以2013年为基期，2014年为报告期，数据使用表9-2和表9-3中2014年各个产业的单位产值能源消耗量和表5-4、表5-5、表5-6、表5-7、表5-8、表5-9、表5-10中的各个海洋战略性新兴产业部门的2013年和2014年的产值，进行分类汇总计算得出表9-4黄河三角洲海洋战略性新兴产业累计节能率和年均节能率。

表9-4　按行业分节能率（2014年）

行业	单位产值耗能（吨标准煤/万元）（2013年）	单位产值耗能（吨标准煤/万元）（2014年）	累计节能率	年均节能率
海洋海底资源开发	0.51	0.5	0.01960784	0.00985246
海洋生物医药制造业	0.048	0.045	0.0625	0.03175416
海洋机械及器材制造业	0.039	0.035	0.1025641	0.05266907
海洋能源生产和供应业	0.039	0.038	0.02564103	0.01290377
海水利用	0.249	0.24	0.03614458	0.01823861
海洋化工	0.37	0.3	0.18918919	0.09954966
海洋高端船舶制造	0.051	0.042	0.17647059	0.09251479
平均值	0.186571429	0.171428571	0.08744533	0.04535465

根据《国民经济和社会发展第十一个五年规划纲要》，"十二五"期间我国单位GDP能耗将下降17.3%，"十三五"期间将下降16.6%，2020年要实现单位GDP能耗比2010年降低31%。据此计算：2011—2015年年均节能率评价标

准的下限确定为3.37%，上限确定为14.5%。黄河三角洲海洋战略性新兴产业2013—2014年累计节能率平均值为8.745%，年均节能率平均值为4.535%，都符合国家"十二五"规划对节能率的要求，但是按照产业内部的行业划分来看，海洋化工和海洋高端船舶制造的累计节能率和年均节能率较高，超出全国节能标准要求。

全员劳动生产率指标测算按照上述公式，数据使用表5-4、表5-5、表5-6、表5-7、表5-8、表5-9、表5-10中的各个海洋战略性新兴产业部门的工业增加值与全部从业人员人数，进行分类汇总计算得出表9-5黄河三角洲海洋战略性新兴产业全员劳动生产率指标。

表9-5　按行业分全员劳动生产率(2014年)　　　　单位：万元/人

行业	产业增加值（万元）	全部从业职工人数（人）	全员劳动生产率
海洋海底资源开发	889200.00	12134	57.6
海洋生物医药制造业	36111.10	1096	90.2
海洋机械及器材制造业	119428.57	14286	64.8
海洋能源生产和供应业	499342.10	16447	56.8
海水利用	303416.67	8443	68.2
海洋化工	768799.99	15971	58.9
海洋高端船舶制造	117619.04	7409	57.2
平均值	390559.64	10135	64.81

根据《国家科技园区2014年主要统计数据》计算得到，2014年国家科技园区的全员劳动生产率为62.58万元人民币/人，黄河三角洲海洋战略性新兴产业全员劳动生产率平均值高于全国水平，为64.81万元/人，其中海洋生物医药制造业全员劳动生产率最高达到90.2万元/人，海水利用和海洋机械及器材制造业也高于全国水平，但海洋能源生产和供应业及高端船舶制造略低于全国水平。

产业增加值率指标测算按照上述公式，数据使用表5-4、表5-5、表5-6、表5-7、表5-8、表5-9、表5-10中的各个海洋战略性新兴产业部门的工业增加值与产业总产值，进行分类汇总计算得出表9-6黄河三角洲海洋战略性新兴产业增加值率指标。

表9-6　按行业分产业增加值率（2014年）

行业	产业增加值（万元）	产业总产值（万元）	产业增加值率
海洋海底资源开发	889200.00	4446000.00	0.20
海洋生物医药制造业	36111.10	144444.40	0.25
海洋机械及器材制造业	119428.57	628571.40	0.19
海洋能源生产和供应业	499342.10	2171052.60	0.23
海水利用	303416.67	1379166.70	0.22
海洋化工	768799.99	3203333.30	0.24
海洋高端船舶制造	117619.04	619047.60	0.19
平均值	390559.64	1798802.286	0.22

根据科技部火炬高技术产业开发中心提供的数据，2014年我国高新区工业增加值率的最大值为26.4%。黄河三角洲海洋战略性新兴产业的平均产业增加值率为22%，低于全国最高水平，行业中只有海洋生物制药行业接近于全国最高水平，为25%，其他海洋海底资源开发、海洋机械及器材制造业、海洋能源生产和供应业、海水利用、海洋化工、海洋高端船舶制造等行业均低于全国最高，尤其是海洋机械及器材制造业和海洋高端船舶制造为19%。

单位产业增加值的废气排放量指标测算按照上述公式，数据使用表9-7、表9-8和表5-4、表5-5、表5-6、表5-7、表5-8、表5-9、表5-10中的各个海洋战略性新兴产业部门的废气排放数据资料和产业增加值数据资料，进行分类汇总计算得出表9-9黄河三角洲海洋战略性新兴产业单位产业增加值的废气排放量指标。

表9-7　按行业分废气排放量（2014年）

行业	废气排放量（亿标立方米）	废气治理设施数（套）	废气治理设施运行费用（万元）	二氧化硫去除量（吨）	二氧化硫排放量（吨）
海洋海底资源开发	45.1	38.0	372.8	—	2192.2
海洋化工、海水利用	1867.0	293.0	83085.6	260587.3	66200.0

续表

行业	废气排放量（亿标立方米）	废气治理设施数（套）	废气治理设施运行费用（万元）	二氧化硫去除量（吨）	二氧化硫排放量（吨）
海洋生物医药制造业	73.5	172.0	2638.4	6299.6	5716.6
海洋机械及器材制造业	38.3	95.0	647.4	468.4	471.4
海洋能源生产和供应业	4.21	24.0	210.6	63.6	52.6

表9-8　按行业分废水排放量（2014年）

行业	工业废水排放量	工业废水排放达标量（万吨）	废水治理设施（套）	废水治理设施运行费用（万元）	化学需氧量去除量（吨）	氨氮去除量（吨）	化学需氧量排放量（吨）	氨氮排放量（吨）
海洋海底资源开发	3413.23	3413.23	55	21525.2	31109.61	1619.12	7145.62	324.64
海洋化工、海水利用	7457.14	7451.77	181	39592.7	104990.1	3902.79	9649.73	723.11
海洋生物医药制造业	5859.46	5852.23	145	14896.5	79188.44	2517.36	6326.53	308.86
海洋机械及器材制造业	419.13	416.73	42	877.8	961.91	16.83	379.2	38.8
海洋能源生产和供应业	160.26	160.26	1	105	9.12	4.33	88.69	23.48

表9-9　按行业分单位产业增加值的废气排放量（2014年）

行业	产业增加值（万元）	COD排放量（kg）	SO_2的排放量（kg）	单位产业增加值的COD排放量	单位产业增加值的SO_2排放量
海洋海底资源开发	889200.00	1484964.00	919220.00	1.67	1.03
海洋化工、海水利用	10772216.66	41580756.31	23360000.00	3.86	2.17
海洋生物医药制造业	36111.10	74027.76	66000.00	2.05	1.83
海洋机械及器材制造业	119428.57	157645.71	134000.00	1.32	1.12
海洋能源生产和供应业	499342.10	793953.94	526000.00	1.59	1.05

环境保护部在2014年发布的《综合类生态工业园区标准》中，将单位工业增加值COD和SO_2排放量均确定为小于或等于1千克/万元。黄河三角洲海洋战略性新兴产业单位产业增加值的废气排放量COD和SO_2排放量分行业看海洋化工、海水利用没有达到国家最低标准3.38和2.09千克/万元，为3.86和2.17都超标，其他海洋海底资源开发、海洋生物医药制造业、海洋机械及器材制造业、海洋能源生产和供应业都接近国标，尤其是海洋海底资源开发、海洋能源生产和供应业的单位产业增加值SO_2排放量接近于最低值1。

固体废物综合利用率的测算数据使用表9-10的黄河三角洲按行业分固体废物产生、利用量数据，进行分类汇总计算得出表9-11黄河三角洲海洋战略性新兴产业固体废物综合利用率指标。

表9-10　按行业分固体废物产生、利用量（2014年）　　　　　单位：万吨

行业	固体废物产生量	固体废物综合利用量	固体废物贮存量	处置往年贮存量	固体废物排放量
海洋海底资源开发	29.70	17.03	0.03	—	—
海洋化工、海水利用	235.95	220.89	0.14	—	—
海洋生物医药制造业	35.30	34.51	0.04	—	—
海洋机械及器材制造业	3.47	3.16	0.00	0.01	—
海洋能源生产和供应业	4.21	4.21	—	—	—

表9-11　按行业分固体废物综合利用率（2014年）

行业	固体废物产生量（万吨）	固体废物综合利用量（万吨）	固体废物贮存量（万吨）	固体废物综合利用率（%）
海洋海底资源开发	29.70	17.03	0.03	0.57
海洋化工、海水利用	235.95	220.89	0.14	0.94
海洋生物医药制造业	35.30	34.51	0.04	0.98
海洋机械及器材制造业	3.47	3.16	0.00	0.91
海洋能源生产和供应业	4.21	4.21	0.00	1.00

《国民经济和社会发展第十二个五年规划纲要》指出："十二五"期间，工业固体废物的综合利用率将达到72%。环境保护部在2014年发布的《综合类生态工业园区标准》中，将固体废弃物的综合利用率确定为大于或等于85%。黄河三角洲海洋战略性新兴产业中按行业分海洋海底资源开发没有达到国家和环境保护部门的要求，而且相差较大，接近20%，其他海洋化工、海水利用、海洋生物医药制造业、海洋机械及器材制造业、海洋能源生产和供应业都达到并超出国标近10%，尤其是海洋能源生产和供应业固体废物综合利用率达到100%。

海洋战略性新兴产业废水排放达标率，数据使用表9-8的黄河三角洲工业废水排放及处理情况数据，进行分类汇总计算得出表9-12黄河三角洲海洋战略性新兴产业废水排放达标率指标。

表9-12　沿海地区工业废水排放及处理情况（2014年）　　　　单位：万吨

地区	工业废水			
	排放总量	直接排入海的	符合排放标准的	达标率（%）
黄河三角洲	145700	102120	142040	97.5

环境保护部在2014年发布的《综合类生态工业园区标准》中，将工业产业废水排放达标率确定为大于或等于95%。黄河三角洲沿海地区海洋战略性新兴产业工业废水排放达标率为97.5%，符合国家规定标准。

第三节　黄河三角洲海洋战略性新兴产业的可持续发展问题分析

通过计算与分析可以看出，黄河三角洲高效生态经济区海洋战略性新兴产业的环境发展落后于经济发展，其海洋产业的经济发展是以在一定程度上牺牲环境为代价的。

一、产业资源分散，耗能高，产业集群效应不明显

黄河三角洲海洋资源丰富，范围广泛，可开发程度较高，但是我们对黄河

三角洲沿海区域海洋资源布局的范围进行了分析，发现资源不集中，分布不均匀，即使省政府做了部分规划，但是仍然存在资源分散的问题，这将很大程度上影响海洋资源的充分、高效地利用，对整个海洋开发战略不利。同时，我们经过测算黄河三角洲海洋战略性新兴产业的单位产值耗能和节能率得出单位产值耗能平均值为0.171428，按照产业能耗指导指标比较，海洋海底资源开发、海洋化工、海洋高端船舶制造的单位产值耗能超出国家标准，分别高出0.1、0.06、0.002，整个产业的平均值略高于全国控制标准，超出0.006428；2013—2014年累计节能率平均值为8.745%，年均节能率平均值为4.535%，都符合国家"十二五"规划对节能率的要求，但是按照产业内部的行业划分来看，海洋化工和海洋高端船舶制造的累计节能率和年均节能率较高，超出全国节能标准要求。有些新兴产业耗能高，节能率低，也就表明这些产业虽然产出较高，但是能耗也高，这样效率就低，不符合战略性新兴产业的发展要求和目标，影响到整个产业的长期高效的发展。产业资源分散，效率不高，就不能形成产业集群，没法提升整体竞争力，就更不会有集群效应了，那么就没办法发挥海洋资源的战略性地位和效果，阻碍了海洋经济的发展。黄河三角洲高效生态经济区海洋资源丰富，基数大、种类多，但由于人口密集，人均资源少且分布不均匀，部分沿海地区资源在现有的海洋科技水平下开发难度较大。近些年由于过度开采导致资源大量消耗。资源过度消耗表现最明显的是渔业资源。黄河三角洲高效生态经济区沿海长期过度捕捞海水产品，缺乏相应程度的养护，渔业资源严重衰退。据笔者实地调研后不完全统计，2015年，经济区近海46种水产品中已经有34种很难捕捞到，枯竭比率占到73.91%，优质经济鱼比例已经下降至26%；从2010年开始，沿海渔民远海捕捞难度也逐年加大，渤海湾鱼类大量减少，滨州黄河入海口平均每百立方米海水中仅有几条鱼。渔业资源枯竭成因来源于过度捕捞和海水环境恶化。黄河三角洲高效生态经济区人均水资源少，是全国最缺水的区域之一，多河流导致水资源不易储存。生活和工业用水大都开采地下水，2015年经济区城市平均地下水开采率约70%，水资源骤减导致地下水沉降漏斗，海水入侵，地下水恶化，可用水资源愈加减少。近些年，随着黄河三角洲高效生态经济区海洋化工业、电力业的快速增长，海洋能源矿产也急剧减少。对石油、天然气和煤炭的开发愈演愈烈，2015年消耗原油约146万吨，天然气3.9亿立方米，严重制约了海洋产业的可持续发展。

二、经济效应不突出，增加值不高，带动作用不强

黄河三角洲海洋产业总产出占整个省总产出的近10%，在经济总量上超过了其他产业，但是对海洋战略性新兴产业的经济效应测评中我们得出经济效应不突出，产业增加值不高，对黄河三角洲经济的带动作用不强。黄河三角洲海洋战略性新兴产业全员劳动生产率平均值高于全国水平，为64.81万元/人，其中海洋生物医药制造业全员劳动生产率最高达到90.2万元/人，海水利用和海洋机械及器材制造业也高于全国水平，但海洋能源生产和供应业及高端船舶制造略低于全国水平。还有产业的平均产业增加值率为22%，低于全国最高水平，行业中只有海洋生物制药行业高于全国最高水平，为25%，其他海洋海底资源开发、海洋机械及器材制造业、海洋能源生产和供应业、海水利用、海洋化工、海洋高端船舶制造等行业均低于全国最高，尤其是海洋机械及器材制造业和海洋高端船舶制造为19%。这些经济指标充分体现了海洋战略性新兴产业的经济效应，产业中劳动生产率仅有海洋生物制药业可以体现科技创新的效果，劳动生产率高于电子等科技行业，其他行业没有完全发挥新兴产业科技创新和科技应用的水平，经济效应和科技效应不突出。产业中大部分行业的产业增加值率不高，这也就表明产业发展缓慢，还没有成为真正意义上的新兴产业，科技创新成果、科技人才、科学技术等没有发挥作用，或是根本就不足，这样就起不了带动作用，和传统产业相比体现不出竞争优势和发展潜力，影响全省经济发展步伐。自2009年成立以来，黄河三角洲高效生态经济区海洋产业经济产值绝对值增加迅速，并带动了内陆经济的整体发展，但是海洋经济效益却没有得到提高。销售净利率、成本利润率、资金利税率等增长缓慢，固定资产投资较多。经济区海洋战略性新兴产业经济发展主要是粗放型经济，大多是资源密集型和劳动密集型产业，对资源的开采和耗竭严重；新兴技术支撑的企业较少，资金和技术集约

发展缓慢。粗放型的经济加重了海洋生态的压力，并且难以达到长远可持续，经济效率也不易提高。因此经济区海洋战略性新兴产业在结构调整后面临的主要问题是集约型经济发展。

三、海洋科技发展水平较低，产业结构不合理

黄河三角洲高效生态经济区海洋产业科技发展水平较低是造成经济区海洋环境污染和产业结构不合理的主要原因之一，主要表现为科技人员结构和分布不合理、海洋产业科技进步贡献率与投入产出率相对较低、海洋产业技术装备落后。海洋科技人才缺乏，黄河三角洲高效生态经济区海洋战略性新兴产业科研机构及院校和海洋开发人才相对缺乏，高等院校内设置的与海洋相关的专业也较少；海洋科研机构和科研力量相对薄弱，缺乏一大批海洋科技人员与高素质的作业人员，导致海洋科技创新能力不足，影响经济区海洋产业竞争力的进一步提高。海洋产业科技进步贡献率与投入产出率较低，2014年，黄河三角洲高效生态经济区海洋产业的科技进步贡献率约为56%，较上年相比上升了4个百分点，这个数值与国外海洋产业发达地区80%的水平比起来仍有较大差距；海洋产业投入产出比约为1∶1.9，与国外海洋产业发达地区的1∶2.5也存在较大差距。技术装备落后，海洋高新技术产业的发展对技术装备具有很高的要求。从国家层面上讲，我国的海洋技术装备总体相对落后于发达国家，黄河三角洲高效生态经济区的海洋产业开发的技术装备也落后于其他发达地区，在经济区主要海洋产业领域如海洋油气资源开发、海和信息服务、深海矿产资源勘探、海洋渔业资源开发和海洋农牧化等，技术装备相对落后，仍然需要大批引进国外先进的技术装备，往往是在国外发达地区海洋调查研究和海洋开发中已得到广泛应用的技术装备在经济区仍处于研究空白或开发研制之中；而已有的开发技术设备与国外发达地区相比也有不小的差距，需要进一步改进和完善技术性能，这使得经济区海洋高新技术产业的发展受到了技术装备的严重制约。

目前，黄河三角洲高效生态经济区的海洋产业已经初具规模，其产业结构正由传统产业为主向传统和新兴产业相结合的方向发展，势头良好，但仍存在

明显的产业结构问题，主要表现为海洋战略性新兴产业发展缓慢和主导产业不明确两个方面。新兴海洋产业发展缓慢，传统产业仍占主导地位，是黄河三角洲高效生态经济区海洋产业结构不合理的主要问题。在经济区海洋经济中，传统海洋产业比重相对新兴海洋产业比重较大，其产业比约为 3 : 2，海洋战略性新兴产业的产值占经济区海洋产业总产值不到 1/3，在经济区未来海洋产业中，高新技术产业如海洋药物、海水淡化海水综合利用、深海采矿及海洋能源（潮汐能、波浪能、温差能等）基本处于研究试验或初步形成产业化阶段，对经济区海洋经济拉动作用微弱。在经济区传统海洋产业中，技术相对落后，需要通过大范围的技术改造提高其产业化水平，这个问题在经济区当前海洋经济大比重产业海洋捕捞业中显得尤为突出，其投入产出比较低；另一大比重产业海盐业的生产也是科技含量偏低，技术落后，港口和海上运输综合管理水平需要提高。而且，黄河三角洲高效生态经济区海洋产业涉及的门类广泛，有较大的市场空间，但主导产业不明确的问题十分明显。海洋水产业虽然在经济区的海洋产业当中占据主导地位，是经济区的海洋支柱产业，但应随着高新技术的发展，属于海洋第二、第三产业的海洋药业、滨海旅游业、海洋交通运输业等新兴产业在迅速发展，在未来的世界海洋产业中必将占据重要比重，在国际海洋产业发展序列中必将占据较高序次，而经济区内此类海洋第三产业比重较低，未来可以大力培养海洋战略性新兴产业成为区域内主导产业。

四、环境保护效果不理想，可持续发展能力不足

海洋战略性新兴产业是要建设环境友好型产业，不同于传统产业以牺牲环境来换取产业经济效益，黄河三角洲海洋战略性新兴产业也是这样定位的，但是从近期的产业发展看，对环境的保护还没有完全做到位，保护效果不甚理想。我们测算了沿海区域内单位产业增加值的废气排放量 COD 和 SO_2 排放量，海洋海底资源开发、海洋能源生产和供应业的单位产业增加值 SO_2 排放量接近于最低值 1，效果较好，但是海洋化工、海水利用业没有达到国家最低标准 3.38 和 2.09 千克/万元，为 3.86 和 2.17 都超标。海洋能源生产和供应业固体废物综合利用率达到 100%，但是，海洋海底资源开发没有达到国家和环境保护

部门的要求，而且相差较大，差接近20%。欣慰的是工业废水排放达标率为97.5%，符合国家规定标准。从这些指标来看，大部分行业在废气、废水、废物的治理方面还是符合要求的，能够体现产业的战略性发展，但是，进一步分析看海洋化工和海水利用这两个在行业中产值比重较高的产业，对于环境保护的效果却不甚理想，虽然从整个行业看符合国家排放要求，但仔细分析却发现并不是这样，不能很好地处理环境保护和产业发展之间的关系，也就谈不上新兴产业的发展优势了，无法实现本产业的可持续发展。2011年黄河三角洲高效生态经济区沿海海域只有莱州湾西海岸的局部海域油类和重金属微量超标，超过二类海水标准，此外绝大部分海岸海水受到油类和重金属的污染，符合二类海水标准，至2013年，莱州和昌邑局部地区活性磷酸盐超过四类水质标准，潍坊和东营局部海域石油类污染超过二类海水标准；至2015年莱州湾和德州东北部海域严重污染，潍坊北部的寒亭区、寿光市、昌邑市海岸海域无机物和活性盐类污染严重，超过四类水质标准，滨州和东营的局部海域为营养物中度污染。由于海水水质污染引起的海洋灾害也逐渐增加。2011—2015年黄河三角洲高效生态经济区近海岸平均发生赤潮3起；平均受灾面积为138平方千米。由于海水受工业和生活废弃物污染，导致水质下降，引起赤潮增加。此外，绿潮浒苔灾害也开始发生，覆盖面积多达150平方千米。由于经济区内各设区市过度开采地下水和气候等因素，造成海水入侵现象，政府相关部门每年都要投入大量人力物力监测海水入侵和盐渍化状况。其中，莱州湾海岸现象最为严重，入侵面积超过1500平方千米。至2015年该现象继续加重，使得地下水咸碱化，很大程度影响居民饮用和灌溉。黄河三角洲高效生态经济区海洋战略性新兴产业可持续发展中的一个重要问题是环境污染问题，环保工作不到位是一个重要的原因。近年来，经济区虽然加强了对自身流域的治理和沿岸废弃物排放的控制，但治理和控制效果并不明显；推进了生态渔业等工程的实施，但生态环境继续退化，海洋生物资源持续锐减的趋势得不到有效遏制；建立了相关海洋环境调查监测系统，提升对相关海域的监测能力，但检测系统的建立速度还有待提高，这些问题与海洋科技水平较低是经济区海洋环境恶化的主要原因。

第四节   黄河三角洲海洋战略性新兴产业的可持续发展的对策建议

推进黄河三角洲高效生态经济区海洋战略性新兴产业的可持续发展，是经济区海洋经济保持稳定、快速、可持续增长的关键，对于充分发挥经济区海洋优势，提高海洋经济在经济区国民经济中的比重，使海洋产业成为经济区支柱产业具有重要的作用。

一、加强海洋战略顶层设计，完善海洋产业政策扶持体系

制定并完善财政投入政策，财政投入政策的科学性决定海洋战略性新兴产业发展的可持续性。因此，黄河三角洲高效生态经济区应加大政府引导性投入，制定相关产业发展政策扶持经济区海洋产业发展，将重点放在海洋船舶、海洋工程、海洋旅游、海洋生物等主导海洋战略性新兴产业中，加强对技术含量高、资金密集型的海洋产业扶持，从可持续性角度保证海洋战略性新兴产业发展，推进涉海基础设施等公益性项目发展。制定并完善税收优惠政策，针对海洋油气、海洋医药、海洋能源、海洋新材料、海水淡化综合利用等海洋战略性新兴产业，黄河三角洲高效生态经济区应制定扶持政策，鼓励相关新兴海洋产业的发展，对新兴产业和国家支持的重点海洋产业项目实行税收减免等优惠政策，对高新技术企业的税收条件要放宽，充分调动涉海企业的积极性。制定并完善金融扶持政策，完善信贷体系，加大对涉海产业信贷投入，要将银行、保险和担保机构对高风险海洋产业提供一定的金融支持与服务，对重点涉海企业要通过多种金融形式如通过上市、发型企业债券等方式融资；支持和引导民间资本、社会资本参与黄河三角洲高效生态经济区海洋产业开发，并积极争取国际金融和国外资本，扩大外资利用规模；逐步建立以政府为主导、企业参与、外资补充、社会资本参与的多元经济投入体系，为经济区相关涉海企业发展提供资本基础。同时，黄河三角洲高效生态经济区内各地市政府各相关部门要进一步提高认识、齐心协力，结合各部门的职能和职责共同推动经济区海洋产业的发展，只有切实加强各部门之间的统筹协调，才能团结一切力量促进高

效生态经济区内海洋产业的可持续发展，充分发挥海洋产业的综合带动作用和产业集聚功能，把海洋产业培育成经济区的新经济增长点，进而促进经济区经济社会的发展。各部门要加强对经济区海洋产业发展任务的分解落实，并积极招商引资投入重大项目建设；要加快对改造提升和建设项目的审批，并加大财政支持力度，积极争取上级政府的资金支持，切实推进海洋产业相关项目的建设发展。

二、优化海洋战略性新兴产业结构，实现海洋产业结构转型

根据笔者不完全统计，目前黄河三角洲高效生态经济区海洋产业三次产业的比重基本符合现代经济的发展规律，但是根据资料显示，发达国家的海洋第三产业的比重高达70%~80%，而黄河三角洲高效生态经济区的海洋第三产业比重还不到一半，显然与发达地区的发展水平还有不小的差距，因此进一步优化该地区的海洋产业结构有一定的必要性。

(一)调整海洋产业发展结构

提升海洋第一产业整体水平，第一产业以建设和修复渔场渔业资源、生态环境为主。海洋渔业是黄河三角洲高效生态经济区海洋第一产业重要支柱，根据经济区海洋渔业发展现状，深化海洋渔业第一产业，推动海洋渔业结构战略性调整，实现现代海洋渔业的转变，科学发展经济区海洋渔业，增强远洋捕捞渔业，运用现代科技提高海水养殖产量与质量，实现经济区海洋渔业产业协调可持续发展。推进海洋第二产业均衡化发展，海洋第二产业发展的不均衡，是黄河三角洲高效生态经济区海洋产业结构不合理的重要表现之一，是经济区现阶段海洋产业发展的薄弱环节，也是今后发展的重点。在保持良好海洋生态环境的条件下，大力提升传统产业海洋盐业和海洋化工业的科技含量，提高资源利用率并降低污染排放，适当发展海洋船舶工业；逐步培育海洋生物医药业、海洋电力业等新兴产业，增加其在经济区海洋经济中的比重，构建有特色有规模的海洋特色产业群。提高海洋第三产业比重，黄河三角洲高效生态经济区海洋第三产业比重相对较低，落后于海洋产业发达的地区。现阶段经济区海洋主

要集中于交通运输业和滨海旅游业，而知识和技术密集的现代化海洋服务业如涉海金融、教育、科技、通信、咨询等不论整体发展还是专业化程度还处于较低水平，作为海洋服务业的重点，应逐步培育壮大海洋金融、教育、咨询、设计与推广、信息服务业和海洋科研推广服务业，提升海洋第三产业比重。

(二)提升海洋战略性新兴产业整体水平

海洋生物医药业、海洋交通运输业、滨海旅游业、海洋电力业4个海洋产业，是黄河三角洲高效生态经济区近些年海洋经济发展较快的产业，未来也将是经济区发展潜力最大的产业，完全有成为经济区未来海洋主导产业的潜力，经济区应针对产业发展现状及未来发展趋势，提出经济区海洋产业结构发展的针对性对策，将其培育为未来海洋产业的主导产业。合理发展海洋生物医药业，海洋生物医药业是目前海洋开发最重要的方向之一，是发展海洋经济产业的重要组成部分，也是医药行业中最具潜力的新兴产业之一。黄河三角洲高效生态经济区有近海鱼类155种，头足类和甲壳类生物20多种，藻类131种，无脊椎动物479种，发展海洋药业具有得天独厚的优势；海洋微生物是最具开发前景的可持续性利用药源。因此，经济区应将微生物活性物质作为海洋药业开发的重点，借助现代科技医疗手段，开展海洋生物活性物质提取和基础研究工在抗癌、防止心脑血管疾病及生物保健食品开发方面下大力气，由山东省内有关单位和专家联合组建海洋药物中心，投入力度并重点扶持，建立健全有经济区海洋特色的药研发、生产、加大科研加工体系，全面支持海洋生物医药业的发展。提升海洋交通产业整体水平，海洋交通运输业是黄河三角洲高效生态经济区海洋产业中的重要产业，也是未来海洋产业中有很大发展空间的产业之一。经济区应提升海洋交通产业整体水平，未来应以东营港为龙头，整合经济区资源，增强集疏运能力，形成"滨州港—东营港—潍坊港—莱州港"一条龙的水运网络，着力培植航运业的发展，以更好地发挥经济区的港航资源的整体功能；提倡"大港口"的发展思路，通过构建结构合理、功能完善的沿海港口体系，构建干支直达、通江达海的内河航运体系，构建水路配套、优质高效的服务保障体系，构建临港沿河、相对集聚的蓝色产业支持体系，使经济区港航发展综合水平不断提升；经济区应以航运企业作为航运节能减排主体，通过完善航运船只环保节能设计规范、技术标准、积极开发和利用新能源、提高燃油效率、废料循环利用等达到节能减排的目的。黄河三角洲高效生态经济区的风能资源十分丰富，经济区沿渤海近海是目前国内最大、条件最好的海上风场，而近年来，随着科学技术的不断运用，经济区潮汐发电与海浪发电也取得了不小的进步。海上风力发电、潮汐发电与海浪发电都属于沿海地区和岛屿取之不尽、用之不竭的可再生能源，与河川电能源相比，有循环往复、年内年际变化不大、无丰枯水区别、无须移民等优点，因此，经济区应抓住发展机遇，积极投入海洋电力产业的建设发展。首先，经济区应设立相应的资金，建立相应海洋电力研究机构，吸引高端人才拓展技术，为产业的发展奠定基础；其次，经济区应提供相关的优惠政策，如投融资和税收等，促进海洋电力产业的发展；最后，经济区应与有实力的企业合作，开拓海洋电力产业市场，促进海洋电力产业发展。

三、实施海洋科技创新工程，提升产业科技含量

(一)加大海洋科技人才培养

形成海洋产业人才培育成长机制，促进黄河三角洲高效生态经济区海洋产业的可持续发展，要不断优化人才发展环境，优先保证人才投资，通过创新人才培养机制，搭建人才发展平台，开发海洋产业人才资源，来促进人才结构调整，形成"人尽其才、才尽其用、用当其时、人才辈出"的良性人才发展机制，努力建设一支能力强、素质高的人才队伍，促进经济区海洋产业的可持续发展，为促进经济区海洋产业"开发建设、招商引资、产业培育、机制创新"提供坚强的人才保证和广泛的智力支持。扩大海洋产业人才培养途径加强经济区海洋产业人才培育，一方面要选派海洋产业相关从业人员，尤其是科技和管理人员到海洋产业发达的地区、大专院校等进行学习交流，更多地去了解海洋产业科技创新、新业态和新趋势，对口培养一批高级专业海洋产业人才；另一方面，要从体制、资金、环境等方面创造条件，加大海洋产业相关人才引进力

度，吸引山东省内乃至国内的高水平海洋产业科技与管理人才，并为他们提供良好的工作条件；同时，可以与国内高等院校合作，建立海洋产业员工培训基地，培养海洋产业实用对口人才。加强海洋产业人才队伍的科学管理，在加强黄河三角洲高效生态经济区海洋产业人才培育的同时，还要完善人才管理体制和机制，建立人才发展工作责任制，加强人才队伍科学管理，推进人才工作的科学化、制度化、规范化发展。建立健全海洋产业人才专职管理机构和人才培育管理体系，制订包括人才需求评估、引进培养、选拔任用、流动配置和激励保障等内容在内的海洋产业人才制度和机制，不断提高经济区海洋产业人才队伍建设效率和作用。

(二)推进海洋高新技术产业化发展

高新技术是企业和产业运营绩效的源泉，在提高海洋产业市场绩效中起到决定性的作用，其作用的发挥是通过渗透到各个生产投入要素中实现的，如通过提高投资效率、劳动组织效率等来提高企业，进而产业的运行绩效。根据熊·彼特的创新理论，技术创新对于企业绩效的提高是通过建立一种"新的生产函数"来实现，而海洋产业新的生产函数的建立需要通过提高海洋产业科技含量，推进海洋高新技术产业化发展来实现。以技术为依托，发展海洋高新技术企业，在科学技术飞速发展的今天，高新技术的快速开发与市场化时间直接影响技术的价值，如果高新技术可以在相对较短的时间被研发成技术产品并很快地推向市场，就会被广泛接受并应用，否则，就会因开发和转化时间过长而错过技术的黄金期，进而价值贬值甚至被新技术所代替。因此，经济区应大力建立以海洋高新技术为支撑的产业基地，积极支持海洋高新技术企业的发展，紧密结合海洋高新技术的开发与海洋产品的生产，从整体上带动经济区内整个海洋高新技术产业的发展，尽最大努力将海洋高新技术和海洋产品在其黄金期转化为效益。提高企业管理效率和创新能力，创新是一个企业进步的源泉。创新能力的提高对企业管理效率有直接的影响，同时提高企业的管理效率能够促进企业创新能力的实现。在企业管理过程中，要善于运用海洋高新技术企业的创办与发展的规律，同时应将企业自身实际情况、自身行业特点及高新技术产业的特点综合考虑，按照现代企业制度运作规律，施行经营者年薪制这种分配制度，将经营者的责任、业绩与收入等相关因素紧密挂钩，为企业的经营发展提供动力和方向，进一步提高企业的管理效率、经营效率和创新能力。加大研究与实验性发展资金投入，海洋高新技术产业的发展受资金供给的影响显著。主要体现在海洋高新技术的研制、开发、转化等各方面都需要大量的资金支持，因此应该从以下几个方面加大海洋产业研究与实验性发展资金投入。首先，在资金、技术产业化方面有优势的企业可以引进那些处于成熟期或者已经有一定发展基础的海洋高新技术。在充分调研的基础之上，企业以高新技术产业为背景，与研制单位共同开发和生产有市场前景的产品，从而加快海洋高新技术产业发展的进程。其次，在招商引资方面，要积极鼓励利用高新技术和海洋产业市场潜力，将更多的资金和资源吸收进海洋产业领域。再次，要将各种专项扶持资金和风险资金等进行合理分配与利用，从而促进海洋高新技术产业发展。最后，要充分发挥自身的技术优势，研发机构要尽可能吸引更多的企业加入，共同组建成资金雄厚的技术开发企业，实现优势互补与力量整合。同时，研究机构也要积极配合相关企业的开发，如积极接受企业的授权与委托，将专题研究成果和相关技术服务应用于企业生产。并且，研发机构要想在推进海洋高新技术产业发展的道路上走得更加长远，也要不断提高自身的技术开发能力。

四、加大海洋环境保护力度，提高区域可持续发展能力

加大各类污染物排放处理管理力度，黄河三角洲高效生态经济区应完善沿海城市污染物处理设施的建设，提高对生活污水和工业三废的处理能力和处理效率，从源头上做到大幅度减少各种污染物的入海量。首先，在经济条件良好的城区，利用装置对污水做到三级处理，实现废水的循环利用；在经济条件较差的城区，尽可能实现污水的二级处理，或者将废水深海集中排放；其次，对于大气污染物，采用清洁生产技术降低源头污染，或者采用后处理设施来降低废气的污染量；最后，还要严格控制固体污染物的排放，尽可能实现资源回收重复利用和建立固体垃圾分类处理，从而减少垃圾对海洋环境的污染。同时，

推进海洋特别保护区与生态恢复工程建设，推进黄河三角洲高效生态经济区海洋特别保护区与生态恢复工程建设是一项长期的任务。首先，应从海洋生态系统管理的角度，通过控制海洋捕捞量和养殖规模，加强对沿海植被、防护林和滨海湿地的保护等措施来维持生态系统的稳定；其次，保护包括近海岛屿、海湾、渴湖、海草床等在内的典型海洋生态系统，使其维持基本的生态功能；再次，加强特别保护区的建设，保护海洋生物繁殖地和栖息地，增加保护区物种的多样性及群落的协调生存环境；最后，依靠科技手段，如生物技术等，修复海域各生物的生存环境，进而保护并逐渐恢复生态功能。还要完善海洋环境监测体系的建设与运用，面对海洋环境监测体系的不完善，黄河三角洲高效生态经济区首先应配合国家相关的政策计划，对包括海洋环境承载力、海洋资源可开发量等在内的各项指标进行系统的调查，获得第一手资料，从而为经济区内海洋环境监测提供参考的数据；其次，通过学习国内外的先进技术手段，开发借鉴先进的海洋环境监测系统；再次，经济区内行政主体之间要密切合作，全面调动各级海洋监测部门和科研力量，建立和完善经济区近海海洋环境监测网络，实现网络监督与实地实施监督的一体化；最后，通过改进硬件设施来提升海洋环境监测能力，如对观测台站进行改造升级，在重污染控制区域建立区域性海洋监督系统，从而为全面地实现监督监测打下基础。

第十章 结论与展望

第一节 结 论

本书运用经济学、统计学、管理学等学科的基本原理，在分析黄河三角洲海洋战略性新兴产业发展现状的基础上，运用产业发展综合绩效评价模型，对黄河三角洲海洋战略性新兴产业的发展绩效进行综合定量评价，根据定量测算结果，分析发现产业发展存在的问题及成因，借鉴国外海洋战略性新兴产业发展的成功经验，提出了黄河三角洲海洋战略性新兴产业发展的对策和可持续发展建议。通过研究，本书得出以下几点结论：

首先，黄河三角洲海洋战略性新兴产业发展存在相关的政策法规不健全、缺乏相应的管理和协调机构、技术自主研发能力薄弱、科技成果转化率低、缺乏有效的投融资机制、人才储备不足、高层次人才匮乏及国际合作有待加强等诸多问题。这些问题的出现归结起来是由于产业发展所处的阶段及技术、资金和人才等因素的制约，这也正是从这些层面解决这些问题的切入点。

其次，依据黄河三角洲高效生态经济区海洋战略性新兴产业发展状况实际数据，运用产业发展综合绩效评价理论和模型，经过定量测算和定性分析，得出黄河三角洲海洋战略性新兴产业发展在政策、管理、科技、人才、投融资等方面存在的问题。

再次，发达国家和地区通过实施产业发展战略和策略有效地促进了海洋战略性新兴产业的发展。美国、日本等海洋经济发达国家由于具体国情与海洋经济发展阶段的不同，其海洋战略性新兴产业发展战略与具体发展政策也呈现出一定的差异。我国广东、福建、天津、上海等区域的海洋战略性新兴产业发展虽然在全国范围内总体外部环境一样，但是各地区资源禀赋、发展水平、科技水平等也不尽相同。总结各个国家和地区有效的发展举措，普遍采取制定政策规划、成立管理与协调机构、加强技术研发与成果转化、建立有效的投融资机制、加强人才培养和国际合作等措施，有效地规范和推动了海洋战略性新兴产业的发展。结合黄河三角洲海洋战略性新兴产业的具体特点，借鉴它们共同的成功经验和模式来制定黄河三角洲海洋战略性新兴产业发展对策和建议，对于促进黄河三角洲高效生态经济区海洋战略性新兴产业的跨越式发展具有积极意义。

最后，通过分析黄河三角洲海洋战略性新兴产业现有发展状况的特点、缺失和政策需求，参考和借鉴国内外发展经验，提出黄河三角洲海洋战略性新兴产业发展的对策和可持续发展建议。在21世纪"后危机时代"，适逢"十三五"发展的战略机遇期，要以增强自主创新能力为主线，秉承基于生态系统的海洋综合管理理念，制定海洋战略性新兴产业发展战略和具体发展措施，形成一个层次分明、效力有别、科学合理且又运行有效的海洋战略性新兴产业发展体系，并以此促进海洋产业结构的调整、海洋经济增长方式的转变及长期可持续发展。

第二节　展　望

由于本书研究内容涉及多个学科，再加上笔者专业知识限制，并且数据和资料的相对缺乏等原因，本书选择了较为基础的研究方法，建立的模型较为初级，分析结果相对浅显和直观，受主观能力和客观资料的制约，研究的广度和深度都存在一定的局限性，主要表现在以下几个方面。

首先，本书的数据搜集不全面，笔者大量收集、整理、汇总、提取各类、各层次、各范围的统计年鉴数据，但是由于海洋战略性新兴产业所涉及的领域在国家、地区统计年鉴中，有的没有明确划分出来，有的没有具体数据，有的数据也相对笼统，因此只能在分析黄河三角洲海洋战略性新兴产业发展现状时做一个大体的态势反映，从而影响了我们研究的准确性，使得在构建具体发展对策和建议时缺少相应的数据支撑。

其次，对黄河三角洲海洋战略性新兴产业发展对策和可持续发展建议方面，本书主要从发展战略及技术、资金、人才、法律法规几个方面提出了大致的研究框架，研究的角度、深度和范围有限。

再次，本书运用统计学分析方法和模型，对黄河三角洲海洋战略性新兴产业的发展状况、主导产业选择、产业布局评价、可持续发展状况进行定量测算和评价，这些测算方法和评价模型的使用，虽然具有广泛性，但具体问题具体分析，方法、模型的使用与黄河三角洲地区的实际情况是否契合，测算结果是否科学、准确、有效还需要验证。

最后，海洋战略性新兴产业发展研究是一个复杂的系统，是一个涉及范围广、需要长期予以关注的焦点问题。由于笔者的精力和能力所限，本书的研究只是就发展战略，从技术、资金、人才和法律法规方面对黄河三角洲海洋战略性新兴产业发展做了初步的探索，研究的广度和深度都有待进一步提高。

接下来，笔者将会继续研读相关文献资料，在海洋战略性新兴产业发展方面继续进行深入的研究，以期获取更大的研究成果。本书仅是抛砖引玉，以期对海洋战略性新兴产业发展的相关理论研究和黄河三角洲高效生态经济区海洋战略性新兴产业发展的提升有所裨益。

参考文献

滨州市统计局,2015.滨州统计年鉴2015[Z].北京:中国统计出版社.

波特,2007.国家竞争优势(中文版)[M].北京:华夏出版社.

陈文锋,刘薇,2010.战略性新兴产业发展的国际经验与我国的对策[J].经济纵横(9):45-47.

陈颖辉,2011.世界主要海洋强国的发展战略及对中国的启示[J].中国物价(7):55-58.

崔凌云,陈砺,2016.山东半岛蓝色经济区制造业空间转移研究[J].北方经贸(3):46-48.

德州市统计局,2015.德州统计年鉴2015.[Z].北京:中国统计出版社.

邓术章,朱保华,王才范,2016.山东半岛蓝色经济区与朝鲜半岛海运市场现状SWOT评估分析及发展策略研究[J].改革与开放(12):7-8.

邸娜,2016.黄河三角洲高效生态经济区政策研究[J].滨州学院学报(5):35-39.

丁娟,葛雪倩,2012.国内外关于海洋新兴产业的理论研究[J].产业经济评论(4):86-88.

丁娟,葛雪倩,2013.制度供给、市场培育与海洋战略性新兴产业发展[J].华东经济管理(11):88-93.

东营市统计局,2015.东营统计年鉴2015[Z].北京:中国统计出版社.

董景荣,2012.技术创新扩散的理论、方法与实践[M].北京:科学出版社.

杜飞轮,2009.对我国发展低碳经济的思考[J].中国经贸导刊(10):55-57.

杜军,宁凌,胡彩霞,2014.基于主成分分析法的我国海洋战略性新兴产业选择的实证研究[J].生态经济(4):103-109.

AMICO P D,ARMANI A,CASTIGLIEGO L,et al.,2014.Seafood traceability issues in Chinese food business activities in the light of the European provisions[J].Food Control,35(1):7-20.

ANICA-POPAI,2012.Food traceability systems and information sharing in food supply chain[J].Management & Marketing Challenges for Knowledge Society(15):22-39.

AUNG M M,CHANG Y S,2014.Traceability in a food supply chain:Safety and quality perspectives[J].Food control(39):172-356.

BAIRD A J, 2010.Rejoinder: extending the life cycle of container mainports in upstream urban loca. tions[J].Maritime Policy&management(17):158-168.

C N KIM, T KYAW, K YOUNGDEUK, et al., 2013.Adsorption desalination: An emerging low-cost thermal desalination method[J].Desalination:161-179.

CHUAN-HENG S, WEN-YONG L, CHAO Z, et al., 2014.Anti-counterfeit code for aquatic product identification for traceability and supervision in China[J].Food Control(37):126-260.

KATHRYN AMD, KARLSEN K M, 2010.Lesson form two case studies of implementing traceability in the dried salted fish industry[J].Journal of aquatic food product technology, 19(1):38-47.

KWAKA, YOOB, CHANG, 2008.The role of the marinetime industry in the Korean national economy: an input-output analysis[J].Marine Policy(9):142-144.

MACEDONIO F, DRIOLI E, GUSEV AA, et al., 2012.Efficient technologies for worldwide clean water supply[J].Chemical Engineering and Processing:2-17.

MARTINELLI C, SICOTTE R, 2007.Voting in Cartels: Theory and Evidence from the Shipping Industry[R].Discussion Paper(8):56-57.

MCCONNELL M, 2008.Capacity building for a sustainable shipping industry: a key ingredient in improving coastal and ocean and management[J].Ocean & Coastal management(12):58-62.

PARREÑO-MARCHANTE A, ALVAREZ-MELCON A, TREBARM, et al., 2014.Advanced traceability system in aquaculture supply chain[J].Journal of Food Engineering(122):260-274.

SHIMADA K, TANAKA Y, GOMI K, et al, 2007.Developing a long-term local society design-methodology towards a low-carbon economy: An application to Shiga Prefecture in Japan[R].Energy Policy:4688-4703.

STEJSKALI V, 2008.Obtaining Approvals for Oil and Gas Projects in Shallow Water Marine Areas in Western Australia using an Environmental Risk Assessment Framework [J].Spill science & Technology bulletin(12):22-27.

YANB, HUD, SHIP, 2012.A traceable platform of aquatic foods supply chain based on RFID and EPC Internet of Things[J].International Journal of RF Technologies, 1754-5730, 4(1):55-125.